电子信息与电气工程技术丛书 E&E

CONTROL SYSTEM DESIGN, ANALYSIS AND MATLAB SIMULATION BASED ON LMI

基于LMI的控制系统设计、分析及MATLAB仿真

刘金琨　刘志杰　著

Liu Jinkun　Liu Zhijie

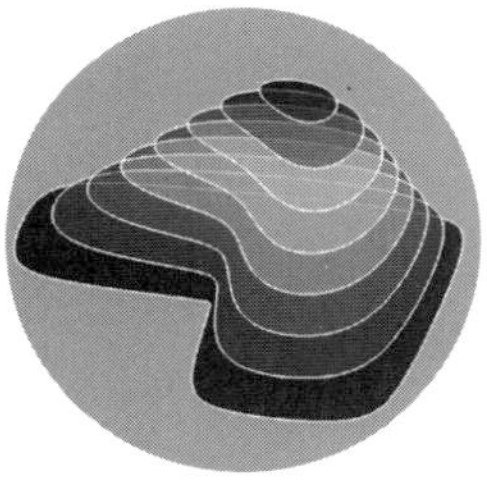

清华大学出版社

北京

内容简介

本书从 MATLAB 仿真角度系统地介绍了基于 LMI 控制系统设计的基本理论、基本方法和应用技术，是作者多年来从事控制系统教学和科研工作的结晶，同时融入了近年来国内外取得的新成果。

全书共 13 章，包括 LMI 设计方法及仿真实例、基于 LMI 的控制系统基本设计方法、基于 LMI 的输入受限控制算法设计、基于 LMI 的输入及其变化率受限下的控制算法、基于 LMI 的控制系统抗饱和控制、基于 LMI 的状态观测器设计、基于 LMI 的干扰观测器设计、基于 LMI 的滑模控制、基于 LMI 的非线性系统 T-S 模糊控制、基于 LMI 的小车倒立摆的 H_∞ 控制、基于 LMI 的神经网络自适应控制、基于 LMI 的 Lipschitz 非线性系统控制、基于扰动观测器的控制算法 LMI 设计。每种控制方法都通过应用实例及 MATLAB 仿真程序进行了仿真分析。

本书各部分内容既相互联系又相互独立，读者可根据自己的需要选择学习。本书适用于从事生产过程自动化、计算机应用、机械电子和电气自动化领域工作的工程技术人员，也可作为大专院校工业自动化、自动控制、机械电子、自动化仪表、计算机应用等专业的教学参考书。

图书在版编目（CIP）数据

基于 LMI 的控制系统设计、分析及 MATLAB 仿真/刘金琨，刘志杰著. —北京：清华大学出版社，2020.8
（电子信息与电气工程技术丛书）
ISBN 978-7-302-55012-9

Ⅰ. ①基… Ⅱ. ①刘… ②刘… Ⅲ. ①Matlab 软件—应用—控制系统设计—系统仿真 Ⅳ. ①TP273

中国版本图书馆 CIP 数据核字（2020）第 043689 号

责任编辑：盛东亮　钟志芳
封面设计：李召霞
责任校对：时翠兰
责任印制：丛怀宇

出版发行：清华大学出版社
　　网　　址：http：//www.tup.com.cn，http：//www.wqbook.com
　　地　　址：北京清华大学学研大厦 A 座　　**邮　　编**：100084
　　社 总 机：010-62770175　　**邮　　购**：010-83470235
　　投稿与读者服务：010-62776969，c-service@tup.tsinghua.edu.cn
　　质量反馈：010-62772015，zhiliang@tup.tsinghua.edu.cn
　　课件下载：http：//www.tup.com.cn，010-83470236
印 装 者：大厂回族自治县彩虹印刷有限公司
经　　销：全国新华书店
开　　本：185mm×260mm　　**印　张**：14　　**字　　数**：313 千字
版　　次：2020 年10月第 1 版　　**印　　次**：2020 年10月第1 次印刷
印　　数：1～1000
定　　价：69.00 元

产品编号：083473-01

前言

有关控制系统 LMI 设计与分析，近年来已有大量的论文发表。作者多年来一直从事控制理论及应用方面的教学和研究工作，为了促进控制理论和自动化技术的进步，反映控制系统 LMI 设计的最新研究成果，并使广大研究人员和工程技术人员能了解、掌握和应用这一领域的最新技术，学会用 MATLAB 语言进行基于 LMI 的控制算法分析和设计，作者编写了这本书，以抛砖引玉，供广大读者学习参考。

本书是在总结作者多年研究成果的基础上，进一步理论化、系统化、规范化、实用化而成的，其特点是：

(1) LMI 设计算法取材新颖，内容先进，重点置于学科交叉部分的前沿研究和介绍一些有潜力的新思想、新方法和新技术，取材着重于基本概念、基本理论和基本方法。

(2) 针对每种 LMI 设计算法给出了完整的 MATLAB 仿真程序，并给出了程序的说明和仿真结果。具有很强的可读性。

(3) 着重从应用角度出发，突出理论联系实际，面向广大工程技术人员，具有很强的工程性和实用性。书中有大量应用实例及其结果分析，为读者提供了有益的借鉴。

(4) 所给出的各种 LMI 设计算法完整，程序设计力求简单明了，便于自学和进一步开发。

(5) 介绍的 LMI 设计方法不局限于所举出的仿真实例，同时也适合于解决运动控制领域其他背景的控制问题。

本书主要以机械系统、电机、倒立摆为被控对象辅助说明。全书共 13 章，包括 LMI 设计方法及仿真实例、基于 LMI 的控制系统基本设计方法、基于 LMI 的输入受限控制算法设计、基于 LMI 的输入及其变化率受限下的控制算法、基于 LMI 的控制系统抗饱和控制、基于 LMI 的状态观测器设计、基于 LMI 的干扰观测器设计、基于 LMI 的滑模控制、基于 LMI 的非线性系统 T-S 模糊控制、基于 LMI 的小车倒立摆的 H_∞ 控制、基于 LMI 的神经网络自适应控制、基于 LMI 的 Lipschitz 非线性系统控制、基于扰动观测器的控制算法 LMI 设计。每种 LMI 设计方法都通过应用实例及 MATLAB 仿真程序进行了说明。

本书介绍的 LMI 设计方法有些选自高水平国际杂志和著作中的经典方法，并对其中的一些算法进行了修正或补充。通过对一些典型控制系统 LMI 设计方法较详细的理论分析和仿真分析，使深奥的控制理论易于掌握，为读者的深入研究打下基础。

本书中的例子采用英文版 MATLAB 软件仿真，其输出图形均为英文。书中各章内容具有很强的独立性，读者可以结合自己的方向深入研究。书中实例的程序代码可通过扫描二维码获取。

由于作者水平有限，书中难免存在不足之处，真诚欢迎广大读者批评指正。

刘金琨

2020 年 5 月于北京航空航天大学

目录

目录

目录

目录

第1章 LMI设计方法及仿真实例

1.1 LMI及其MATLAB求解

线性矩阵不等式(Linear Matrix Inequality,LMI)是控制领域的一个强有力的设计工具。许多控制理论及分析与综合问题都可简化为相应的LMI问题,通过构造有效的计算机算法求解。

随着控制技术的迅速发展,在反馈控制系统的设计中,常需要考虑许多系统的约束条件,例如系统的不确定性约束等。在处理系统鲁棒控制问题及其他控制理论引起的许多控制问题时,都可将所控制问题转化为一个线性矩阵不等式或带有线性矩阵不等式约束的最优化问题。目前,线性矩阵不等式技术已成为控制工程、系统辨识、结构设计等领域的有效工具。利用线性矩阵不等式技术求解一些控制问题,是目前和今后控制理论发展的一个重要方向。

1.2 控制系统分析中的LMI研究方向

在过去的几年里,LMI在控制系统分析和设计方面得到了较为广泛的应用[1],可描述为LMI表述形式的控制问题很多,并呈现继续增长的趋势。例如,利用LMI不确定系统的鲁棒控制器设计,利用LMI分析不确定系统的鲁棒稳定性和鲁棒性能,利用LMI设计时滞系统的鲁棒控制器,利用LMI解决不确定性系统的滤波问题等。

1.3 一种新的LMI求解工具箱——YALMIP工具箱

YALMIP是MATLAB的一个独立的工具箱,具有很强的优化求解能力,该工具箱具有以下特点:

(1) 是基于符号运算工具箱编写的工具箱;

(2) 是一种定义和求解高级优化问题的模化语言;

(3) 用于求解线性规划、整数规划、非线性规划、混合规划等标准优化问题以及 LMI 问题。

采用 YALMIP 工具箱求解 LMI 问题，通过 set 指令可以很容易描述 LMI 约束条件，不需具体地说明不等式中各项的位置和内容，运行的结果可以用 double 语句查看。

使用工具箱中的集成命令，只需直接写出不等式的表达式，就能很容易地求解不等式了。YALMIP 工具箱的关键集成命令为[2]

(1) 实型变量 sdpvar 是 YALMIP 的一种核心对象，它所代表的是优化问题中的实型决策变量；

(2) 约束条件 set 是 YALMIP 的一种关键对象，用它囊括优化问题的所有约束条件；

(3) 求解函数 solvesdp 用来求解优化问题；

(4) 求解未知量 x 完成后，用 x=double(x)提取解矩阵。

YALMIP 工具箱可从网络上免费下载，工具箱名为 yalmip. rar。工具箱的安装方法：先把 rar 文件解压到 MATLAB 安装目录下的 Toolbox 子文件夹；然后在 MATLAB 界面下选择 File→set path 命令，并单击 add with subfolders，然后找到解压文件目录。这样，MATLAB 就能自动找到工具箱里的命令了。

本书的仿真实例都是采用 YALMIP 工具箱设计的。

1.4 仿真实例

YALMIP 工具箱求解下列 LMI 问题，LMI 不等式为

$$\boldsymbol{A}^{\mathrm{T}}\boldsymbol{P}+\boldsymbol{F}^{\mathrm{T}}\boldsymbol{B}^{\mathrm{T}}\boldsymbol{P}+\boldsymbol{P}\boldsymbol{A}+\boldsymbol{P}\boldsymbol{B}\boldsymbol{F}<0 \tag{1.1}$$

已知矩阵 $\boldsymbol{A}$，$\boldsymbol{B}$，$\boldsymbol{P}$，求矩阵 $\boldsymbol{F}$。

一个具体的求解实例如下：取

$$\boldsymbol{A}=\begin{bmatrix}-2.548 & 9.1 & 0\\ 1 & -1 & 0\\ 0 & -14.2 & 0\end{bmatrix},\quad \boldsymbol{B}=\begin{bmatrix}1 & 0 & 0\\ 0 & 1 & 0\\ 0 & 0 & 1\end{bmatrix},\quad \boldsymbol{P}=\begin{bmatrix}1000000 & 0 & 0\\ 0 & 1000000 & 0\\ 0 & 0 & 1000000\end{bmatrix}$$

解 LMI 式(1.1)，可得

$$\boldsymbol{F}=\begin{bmatrix}-492.47 & -68 & 5.05\\ -5.05 & -494.02 & 4\\ 0 & 6.6 & -49\end{bmatrix}$$

仿真程序：chap1_1LMI. m

```
clear all;
close all;

% First example on the paper by M. Rehan
A = [ - 2.548 9.1 0;1 - 1 0;0 - 14.2 0];
B = [1 0 0;0 1 0;0 0 1];
F = sdpvar(3,3);
M = sdpvar(3,3);
P = 1000000 * eye(3);

FAI = (A' + F' * B') * P + P * (A + B * F);
```

```
%LMI description
L = set(FAI < 0);
solvesdp(L);
F = double(F)
```

1.5 Schur 补定理及在 LMI 求解中的应用

Schur 补定理[3]：假设 $\boldsymbol{C}$ 为正定矩阵，则 $\boldsymbol{A}-\boldsymbol{B}\boldsymbol{C}^{-1}\boldsymbol{B}^{\mathrm{T}}\geqslant 0$ 等价为 $\begin{bmatrix}\boldsymbol{A} & \boldsymbol{B}\\ \boldsymbol{B}^{\mathrm{T}} & \boldsymbol{C}\end{bmatrix}\geqslant 0$。

Schur 补定理是针对 LMI 的一个重要的定理。下面以两个应用实例加以说明。

应用实例 1：求解 $\boldsymbol{x}^{\mathrm{T}}\boldsymbol{P}\boldsymbol{x}\leqslant 0.10$，其中 $\boldsymbol{P}>0$ 为对称正定阵。

根据 $\boldsymbol{P}$ 的定义，可设计第 1 个 LMI：

$$\boldsymbol{P}>0,\quad \boldsymbol{P}=\boldsymbol{P}^{\mathrm{T}} \tag{1.2}$$

要满足 $\boldsymbol{x}^{\mathrm{T}}\boldsymbol{P}\boldsymbol{x}\leqslant 0.10$，即 $0.10-\boldsymbol{x}^{\mathrm{T}}\boldsymbol{P}\boldsymbol{x}\geqslant 0$，由该不等式可见，式中含有非线性项，必须转化为线性矩阵不等式才能求解。根据 Schur 补定理，式(1.2)等价为

$$\begin{bmatrix}0.10 & \boldsymbol{x}^{\mathrm{T}}\\ \boldsymbol{x} & \boldsymbol{P}^{-1}\end{bmatrix}\geqslant 0$$

取 $\boldsymbol{N}=\boldsymbol{P}^{-1}$，可将其设计为第 2 个 LMI：

$$\begin{bmatrix}0.10 & \boldsymbol{x}^{\mathrm{T}}\\ \boldsymbol{x} & \boldsymbol{N}\end{bmatrix}\geqslant 0 \tag{1.3}$$

取状态值为 $\boldsymbol{x}=[1\quad 0]^{\mathrm{T}}$，仿真程序为 chap1_2.m，仿真结果为

$$\boldsymbol{P}=\begin{bmatrix}0.0258 & 0\\ 0 & 0.0264\end{bmatrix}$$

仿真程序：chap1_2.m

```
clear all;
close all;
x = [1 0]';
P = sdpvar(2,2,'symmetric');
N = sdpvar(2,2,'symmetric');
L1 = set(N > 0);
M = [0.10 x';x N];
L2 = set(M > = 0);
L = L1 + L2;
solvesdp(L);
N = double(N);
P = inv(N)
```

应用实例 2：求解不等式

$$\boldsymbol{X}+\boldsymbol{X}^{\mathrm{T}}-\boldsymbol{X}^{\mathrm{T}}\boldsymbol{X}\geqslant\boldsymbol{\Gamma} \tag{1.4}$$

其中，$\boldsymbol{X}>0$，$\boldsymbol{\Gamma}>0$ 为对称正定阵。

由不等式(1.4)可见，式中含有非线性项，必须转化为线性矩阵不等式才能求解。令 $\boldsymbol{Y}=\boldsymbol{X}^{-1}$，将 $\boldsymbol{Y}^{\mathrm{T}}=(\boldsymbol{X}^{-1})^{\mathrm{T}}$ 和 $\boldsymbol{Y}=\boldsymbol{X}^{-1}$ 分别乘以式的左右两边，得

$$\boldsymbol{Y}^{\mathrm{T}}+\boldsymbol{Y}-I\geqslant\boldsymbol{Y}^{\mathrm{T}}\boldsymbol{\Gamma}\boldsymbol{Y}$$

即

$$\boldsymbol{Y}^{\mathrm{T}}+\boldsymbol{Y}-\boldsymbol{I}-\boldsymbol{Y}^{\mathrm{T}}\boldsymbol{\Gamma}\boldsymbol{Y}\geqslant 0$$

根据 Schur 补定理，上式等价为

$$\begin{bmatrix}\boldsymbol{Y}^{\mathrm{T}}+\boldsymbol{Y}-\boldsymbol{I} & \boldsymbol{Y}^{\mathrm{T}}\\ \boldsymbol{Y} & \boldsymbol{\Gamma}^{-1}\end{bmatrix}\geqslant 0 \tag{1.5}$$

通过 MATLAB 下的 LMI 求解式(1.5)，便可求得 $\boldsymbol{Y}$，从而得到 $\boldsymbol{X}$。$\boldsymbol{\Gamma}$ 越小，越容易得到有效的解。取 $\boldsymbol{\Gamma}=\begin{bmatrix}0.1 & 0\\ 0 & 0.3\end{bmatrix}$，仿真程序为 chap1_3. m，仿真结果为：

$$\boldsymbol{X}=\begin{bmatrix}0.2651 & 0\\ 0 & 0.2651\end{bmatrix}$$

仿真程序：chap1_3. m

```
clear all;
close all;
Y = sdpvar(2,2);
Gama = 0.10 * [1 0;0 3];
FAI = [Y + Y' - eye(2) Y';Y inv(Gama)];
L1 = set(Y > 0);
L2 = set(FAI > 0);
L = L1 + L2;

solvesdp(L);
Y = double(Y);
X = inv(Y)
```

参考文献

[1] 俞立. 鲁棒控制——线性矩阵不等式处理方法[M]. 北京：清华大学出版社，2002.

[2] 戴江涛. Yalmip 优化工具箱及其在控制理论中的应用[J]. 江西科学，2015(6)：915-919.

[3] Gahinet P, Nemirovsky A, Laub A J, et al. LMI control toolbox: For use with MATLAB[M]. Natick, MA: The MathWorks, Inc., 1995.

第2章 基于LMI的控制系统基本设计方法

线性矩阵不等式(LMI)作为一种有效的数学工具,被广泛地应用于控制系统设计中。本章介绍基于 LMI 的控制系统两种基本设计方法,并采用 MATLAB 下 LMI 工具箱——YALMIP 工具箱求解 LMI 问题。

2.1 控制系统 LMI 控制算法设计

2.1.1 系统描述

考虑状态方程

$$\dot{\boldsymbol{x}} = \boldsymbol{A}\boldsymbol{x} + \boldsymbol{B}u \tag{2.1}$$

其中,$\boldsymbol{x}=[x_1 \quad x_2]^{\mathrm{T}}$,$u$ 为控制输入。

控制器设计为

$$u = \boldsymbol{K}\boldsymbol{x} \tag{2.2}$$

其中,$\boldsymbol{K}=[k_1 \quad k_2]$。

控制目标为通过设计 LMI 求解 $\boldsymbol{K}$,实现 $\boldsymbol{x}\rightarrow 0$。

2.1.2 控制器的设计与分析

设计 Lyapunov 函数如下:

$$V = \boldsymbol{x}^{\mathrm{T}}\boldsymbol{P}\boldsymbol{x}$$

其中,$\boldsymbol{P}>0$,$\boldsymbol{P}=\boldsymbol{P}^{\mathrm{T}}$。

通过 $\boldsymbol{P}$ 的设计可有效地调节 $\boldsymbol{x}$ 的收敛效果,并有利于 LMI 的求解。则

$$\begin{aligned}
\dot{V} &= \dot{\boldsymbol{x}}^{\mathrm{T}}\boldsymbol{P}\boldsymbol{x} + \boldsymbol{x}^{\mathrm{T}}\boldsymbol{P}\dot{\boldsymbol{x}} \\
&= (\boldsymbol{A}\boldsymbol{x} + \boldsymbol{B}u)^{\mathrm{T}}\boldsymbol{P}\boldsymbol{x} + \boldsymbol{x}^{\mathrm{T}}\boldsymbol{P}(\boldsymbol{A}\boldsymbol{x} + \boldsymbol{B}u) \\
&= (\boldsymbol{A}\boldsymbol{x} + \boldsymbol{B}\boldsymbol{K}\boldsymbol{x})^{\mathrm{T}}\boldsymbol{P}\boldsymbol{x} + \boldsymbol{x}^{\mathrm{T}}\boldsymbol{P}(\boldsymbol{A}\boldsymbol{x} + \boldsymbol{B}\boldsymbol{K}\boldsymbol{x}) \\
&= \boldsymbol{x}^{\mathrm{T}}(\boldsymbol{A} + \boldsymbol{B}\boldsymbol{K})^{\mathrm{T}}\boldsymbol{P}\boldsymbol{x} + \boldsymbol{x}^{\mathrm{T}}\boldsymbol{P}(\boldsymbol{A} + \boldsymbol{B}\boldsymbol{K})\boldsymbol{x} \\
&= \boldsymbol{x}^{\mathrm{T}}\boldsymbol{Q}_1^{\mathrm{T}}\boldsymbol{x} + \boldsymbol{x}^{\mathrm{T}}\boldsymbol{Q}_1\boldsymbol{x} = \boldsymbol{x}^{\mathrm{T}}\boldsymbol{Q}\boldsymbol{x}
\end{aligned}$$

其中,$\boldsymbol{Q}_1=\boldsymbol{P}(\boldsymbol{A}+\boldsymbol{B}\boldsymbol{K})$,$\boldsymbol{Q}=\boldsymbol{Q}_1^{\mathrm{T}}+\boldsymbol{Q}_1$。

为了实现 $\boldsymbol{x}$ 指数收敛，即 $\dot{V}\leqslant-\alpha V$，取

$$\alpha V+\dot{V}=\alpha\boldsymbol{x}^{\mathrm{T}}\boldsymbol{P}\boldsymbol{x}+\boldsymbol{x}^{\mathrm{T}}\boldsymbol{Q}\boldsymbol{x}=\boldsymbol{x}^{\mathrm{T}}(\alpha\boldsymbol{P}+\boldsymbol{Q})\boldsymbol{x}$$

取 $\alpha\boldsymbol{P}+\boldsymbol{Q}<0,\alpha>0$，则 $\alpha V+\dot{V}\leqslant0$，即 $\dot{V}\leqslant-\alpha V$，由 $\dot{V}\leqslant-\alpha V$ 可得解为

$$V(t)\leqslant V(0)\exp(-\alpha t)$$

如果 $t\to\infty$，则 $V(t)\to0$，从而 $\boldsymbol{x}\to0$ 且指数收敛。

构造的 LMI 如下：

$$\alpha\boldsymbol{P}+\boldsymbol{Q}<0 \tag{2.3}$$

不等式(2.3)中，$\boldsymbol{Q}$ 中含有 $\boldsymbol{P}$ 和 $\boldsymbol{K}$，将式(2.3)中的 $\boldsymbol{Q}$ 展开如下：

$$\alpha\boldsymbol{P}+\boldsymbol{PA}+\boldsymbol{PBK}+\boldsymbol{A}^{\mathrm{T}}\boldsymbol{P}+\boldsymbol{K}^{\mathrm{T}}\boldsymbol{B}^{\mathrm{T}}\boldsymbol{P}<0$$

左右同乘以 $\boldsymbol{P}^{-1}$，可得

$$\alpha\boldsymbol{P}^{-1}+\boldsymbol{AP}^{-1}+\boldsymbol{BKP}^{-1}+\boldsymbol{P}^{-1}\boldsymbol{A}^{\mathrm{T}}+\boldsymbol{P}^{-1}\boldsymbol{K}^{\mathrm{T}}\boldsymbol{B}^{\mathrm{T}}<0 \tag{2.4}$$

令 $\boldsymbol{F}=\boldsymbol{KP}^{-1}$ 和 $\boldsymbol{N}=\boldsymbol{P}^{-1}$，则 $\boldsymbol{P}^{-1}\boldsymbol{K}^{\mathrm{T}}=\boldsymbol{F}^{\mathrm{T}}$，由式(2.4)可得第 1 个 LMI：

$$\alpha\boldsymbol{N}+\boldsymbol{AN}+\boldsymbol{BF}+\boldsymbol{NA}^{\mathrm{T}}+\boldsymbol{F}^{\mathrm{T}}\boldsymbol{B}^{\mathrm{T}}<0 \tag{2.5}$$

根据 $\boldsymbol{P}$ 的定义，可设计第 2 个 LMI：

$$\boldsymbol{N}>0,\quad \boldsymbol{N}=\boldsymbol{N}^{\mathrm{T}} \tag{2.6}$$

通过上面 2 个 LMI，即式(2.5)和式(2.6)，通过设计合适的 α 值，可求得有效的 $\boldsymbol{K}$。

2.1.3 仿真实例

实际模型为 $J\ddot{\theta}=u-b\dot{\theta}$，其中 J 为转动惯量，b 为黏性系数，该模型可写为：

$$\ddot{\theta}=-25\dot{\theta}+133u(t)$$

考虑模型式(2.1)，取其中 $x_1=\theta,x_2=\dot{\theta}$，则对应于式 $\dot{\boldsymbol{x}}=\boldsymbol{Ax}+\boldsymbol{Bu}$，有 $\boldsymbol{A}=\begin{bmatrix}0 & 1\\ 0 & -\dfrac{b}{J}\end{bmatrix}$，$\boldsymbol{B}=\begin{bmatrix}0\\ \dfrac{1}{J}\end{bmatrix}$，$J=\dfrac{1}{133}$，$b=\dfrac{25}{133}$，初始状态值为 $\boldsymbol{x}(0)=[1\quad 0]$。

采用 LMI 程序 chap2_1LMI.m，取 $\alpha=3$，求解 LMI 式(2.5)和式(2.6)，MATLAB 运行后显示有可行解，解为 $\boldsymbol{K}=[-0.0802\quad 0.1519]$。控制律采用式(2.2)，将求得的 $\boldsymbol{K}$ 代入控制器程序 chap2_1ctrl.m，仿真结果如图 2.1 和图 2.2 所示。

仿真程序：

(1) LMI 不等式求 $\boldsymbol{K}$ 程序：chap2_1LMI.m

```
clear all;
close all;

J = 1/133;b = 25/133;
A = [0 1;0 - b/J];
B = [0 1/J]';

F = sdpvar(1,2);
P = sdpvar(2,2,'symmetric');
```

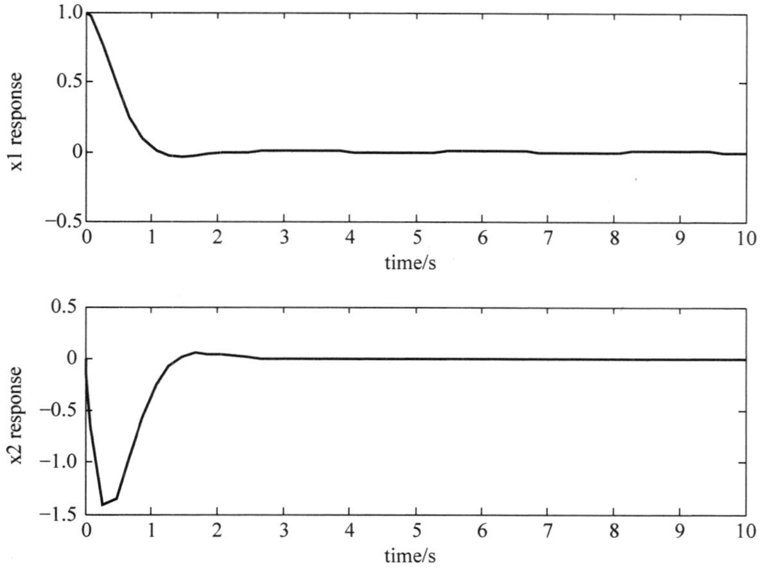

图 2.1 状态响应

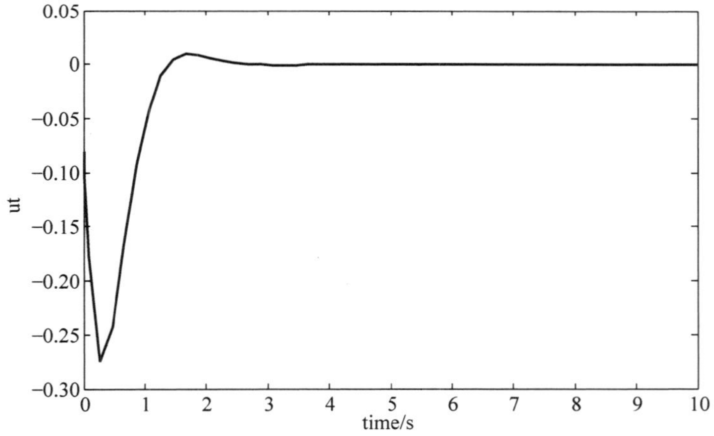

图 2.2 控制输入信号

```
N = sdpvar(2,2,'symmetric');

alfa = 3;

% First LMI
L1 = set((alfa * N + A * N + B * F + N * A' + F' * B')< 0);

% Second LMI
L2 = set(N > 0);

L = L1 + L2;
solvesdp(L);
```

```
F = double(F);
N = double(N);

P = inv(N);
K = F * P
```

(2) Simulink 主程序：chap2_1sim. mdl

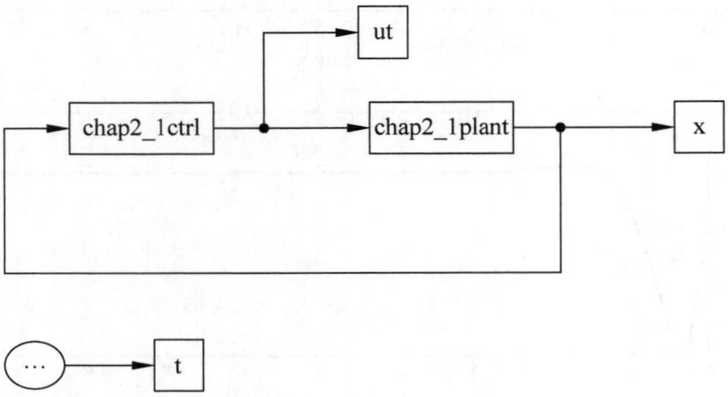

(3) 被控对象 S 函数：chap2_1plant. m

```
function [sys,x0,str,ts] = spacemodel(t,x,u,flag)
switch flag,
case 0,
    [sys,x0,str,ts] = mdlInitializeSizes;
case 1,
sys = mdlDerivatives(t,x,u);
case 3,
sys = mdlOutputs(t,x,u);
case {2,4,9}
sys = [];
otherwise
error(['Unhandled flag = ',num2str(flag)]);
end
function [sys,x0,str,ts] = mdlInitializeSizes
sizes = simsizes;
sizes.NumContStates  = 2;
sizes.NumDiscStates  = 0;
sizes.NumOutputs     = 2;
sizes.NumInputs      = 1;
sizes.DirFeedthrough = 0;
sizes.NumSampleTimes = 0;
sys = simsizes(sizes);
x0 = [1 0];
str = [];
ts = [];
function sys = mdlDerivatives(t,x,u)
A = [0 1;0 -25];
B = [0 133]';

ut = u(1);
```

```
dx = A * x + B * ut;

sys(1) = dx(1);
sys(2) = dx(2);
function sys = mdlOutputs(t,x,u)
sys(1) = x(1);
sys(2) = x(2);
```

(4) 控制器 S 函数：chap2_1ctrl. m

```
function [sys,x0,str,ts] = spacemodel(t,x,u,flag)
switch flag,
case 0,
    [sys,x0,str,ts] = mdlInitializeSizes;
case 3,
sys = mdlOutputs(t,x,u);
case {2,4,9}
sys = [];
otherwise
error(['Unhandled flag = ',num2str(flag)]);
end
function [sys,x0,str,ts] = mdlInitializeSizes
sizes = simsizes;
sizes.NumContStates   = 0;
sizes.NumDiscStates   = 0;
sizes.NumOutputs      = 1;
sizes.NumInputs       = 2;
sizes.DirFeedthrough  = 1;
sizes.NumSampleTimes  = 1;
sys = simsizes(sizes);
x0 = [];
str = [];
ts = [0 0];
function sys = mdlOutputs(t,x,u)
x1 = u(1);
x2 = u(2);
X = [x1 x2]';

K = [ - 0.0802 0.1519];
ut = K * X;
sys(1) = ut;
```

(5) 作图程序：chap2_1plot. m

```
close all;

figure(1);
subplot(211);
plot(t,x(:,1),'r','linewidth',2);
xlabel('time(s)');ylabel('x1 response');
subplot(212);
```

```
plot(t,x(:,2),'b','linewidth',2);
xlabel('time(s)');ylabel('x2 response');

figure(2);
plot(t,ut(:,1),'r','linewidth',2);
xlabel('time(s)');ylabel('ut');
```

2.2 位置跟踪控制系统 LMI 算法设计

2.2.1 系统描述

考虑电机-负载模型如下：

$$J\ddot{\theta}=-b\dot{\theta}+u(t) \tag{2.7}$$

其中，θ 为角度，J 为转动惯量，b 为黏性系数，u 为控制输入。

式(2.7)可写为

$$\ddot{\theta}=-\frac{b}{J}\dot{\theta}+\frac{1}{J}u(t)$$

取角度指令为 θ_{d}，则角度跟踪误差为 $x_1=\theta-\theta_{\mathrm{d}}$，角速度跟踪误差为 $x_2=\dot{\theta}-\dot{\theta}_{\mathrm{d}}$，则控制目标为角度和角速度的跟踪，即 $t\to\infty$ 时，$x_1\to 0$，$x_2\to 0$。

由于

$$\begin{aligned}\dot{x}_2&=-\frac{b}{J}\dot{\theta}+\frac{1}{J}u-\ddot{\theta}_{\mathrm{d}}\\&=-\frac{b}{J}(x_2+\dot{\theta}_{\mathrm{d}})+\frac{1}{J}u-\ddot{\theta}_{\mathrm{d}}\\&=-\frac{b}{J}x_2+\frac{1}{J}u-\ddot{\theta}_{\mathrm{d}}-\frac{b}{J}\dot{\theta}_{\mathrm{d}}\\&=-\frac{b}{J}x_2+\frac{1}{J}(u-J\ddot{\theta}_{\mathrm{d}}-b\dot{\theta}_{\mathrm{d}})\end{aligned}$$

取 $\tau=u-J\ddot{\theta}_{\mathrm{d}}-b\dot{\theta}_{\mathrm{d}}$，即 $u=\tau+J\ddot{\theta}_{\mathrm{d}}+b\dot{\theta}_{\mathrm{d}}$。由

$$\dot{x}_2=-\frac{b}{J}x_2+\frac{1}{J}\tau$$

可得

$$\begin{aligned}\dot{x}_1&=x_2\\\dot{x}_2&=-\frac{b}{J}x_2+\frac{1}{J}\tau\end{aligned}$$

则误差状态方程为

$$\dot{\boldsymbol{x}}=\boldsymbol{A}\boldsymbol{x}+\boldsymbol{B}\tau \tag{2.8}$$

其中，$\boldsymbol{x}=[x_1\quad x_2]^{\mathrm{T}}$，$\boldsymbol{A}=\begin{bmatrix}0&1\\0&-\dfrac{b}{J}\end{bmatrix}$，$\boldsymbol{B}=\begin{bmatrix}0\\\dfrac{1}{J}\end{bmatrix}$。

控制器设计为

$$\tau = \boldsymbol{Kx} \tag{2.9}$$

其中，$\boldsymbol{K}=[k_1 \quad k_2]$。

控制目标转化为通过设计 LMI，实现 $t\to\infty$ 时，$\boldsymbol{x}\to 0$。

2.2.2 控制器的设计与分析

设计 Lyapunov 函数如下：

$$V = \boldsymbol{x}^{\mathrm{T}}\boldsymbol{Px}$$

其中，$\boldsymbol{P}>0$，$\boldsymbol{P}=\boldsymbol{P}^{\mathrm{T}}$。

则

$$\begin{aligned}
\dot{V} &= \dot{\boldsymbol{x}}^{\mathrm{T}}\boldsymbol{Px} + \boldsymbol{x}^{\mathrm{T}}\boldsymbol{P}\dot{\boldsymbol{x}} \\
&= (\boldsymbol{Ax}+\boldsymbol{B}\tau)^{\mathrm{T}}\boldsymbol{Px} + \boldsymbol{x}^{\mathrm{T}}\boldsymbol{P}(\boldsymbol{Ax}+\boldsymbol{B}\tau) \\
&= (\boldsymbol{Ax}+\boldsymbol{BKx})^{\mathrm{T}}\boldsymbol{Px} + \boldsymbol{x}^{\mathrm{T}}\boldsymbol{P}(\boldsymbol{Ax}+\boldsymbol{BKx}) \\
&= \boldsymbol{x}^{\mathrm{T}}(\boldsymbol{A}+\boldsymbol{BK})^{\mathrm{T}}\boldsymbol{Px} + \boldsymbol{x}^{\mathrm{T}}\boldsymbol{P}(\boldsymbol{A}+\boldsymbol{BK})\boldsymbol{x} \\
&= \boldsymbol{x}^{\mathrm{T}}\boldsymbol{Q}_1^{\mathrm{T}}\boldsymbol{x} + \boldsymbol{x}^{\mathrm{T}}\boldsymbol{Q}_1\boldsymbol{x} = \boldsymbol{x}^{\mathrm{T}}\boldsymbol{Qx}
\end{aligned}$$

其中，$\boldsymbol{Q}_1=\boldsymbol{P}(\boldsymbol{A}+\boldsymbol{BK})$，$\boldsymbol{Q}=\boldsymbol{Q}_1^{\mathrm{T}}+\boldsymbol{Q}_1$。

则

$$\alpha V + \dot{V} = \alpha\boldsymbol{x}^{\mathrm{T}}\boldsymbol{Px} + \boldsymbol{x}^{\mathrm{T}}\boldsymbol{Qx} = \boldsymbol{x}^{\mathrm{T}}(\alpha\boldsymbol{P}+\boldsymbol{Q})\boldsymbol{x}$$

取 $\alpha\boldsymbol{P}+\boldsymbol{Q}<0$，$\alpha>0$，则 $\alpha V+\dot{V}\leqslant 0$，即 $\dot{V}\leqslant-\alpha V$，$\dot{V}\leqslant-\alpha V$ 的解为

$$V(t)\leqslant V(0)\exp(-\alpha t)$$

如果 $t\to\infty$，则 $V(t)\to 0$，从而 $x\to 0$ 且指数收敛。

通过上述分析，构造 LMI 如下：

$$\alpha\boldsymbol{P}+\boldsymbol{Q}<0 \tag{2.10}$$

将式(2.10)中的 $\boldsymbol{Q}$ 展开如下：

$$\alpha\boldsymbol{P}+\boldsymbol{PA}+\boldsymbol{PBK}+\boldsymbol{A}^{\mathrm{T}}\boldsymbol{P}+\boldsymbol{K}^{\mathrm{T}}\boldsymbol{B}^{\mathrm{T}}\boldsymbol{P}<0$$

左右同乘以 $\boldsymbol{P}^{-1}$，可得

$$\alpha\boldsymbol{P}^{-1}+\boldsymbol{AP}^{-1}+\boldsymbol{BKP}^{-1}+\boldsymbol{P}^{-1}\boldsymbol{A}^{\mathrm{T}}+\boldsymbol{P}^{-1}\boldsymbol{K}^{\mathrm{T}}\boldsymbol{B}^{\mathrm{T}}<0 \tag{2.11}$$

令 $\boldsymbol{F}=\boldsymbol{KP}^{-1}$，$\boldsymbol{N}=\boldsymbol{P}^{-1}$，则 $\boldsymbol{P}^{-1}\boldsymbol{K}^{\mathrm{T}}=\boldsymbol{F}^{\mathrm{T}}$，由式(2.11)可得第 1 个 LMI：

$$\alpha\boldsymbol{N}+\boldsymbol{AN}+\boldsymbol{BF}+\boldsymbol{NA}^{\mathrm{T}}+\boldsymbol{F}^{\mathrm{T}}\boldsymbol{B}^{\mathrm{T}}<0 \tag{2.12}$$

根据 $\boldsymbol{P}$ 的定义，可设计第 2 个 LMI：

$$\boldsymbol{N}>0, \quad \boldsymbol{N}=\boldsymbol{N}^{\mathrm{T}} \tag{2.13}$$

通过上面 2 个 LMI，即式(2.12)和式(2.13)，可求得有效的 $\boldsymbol{K}$。

2.2.3 仿真实例

实际模型为

$$\ddot{\theta}=-25\dot{\theta}+133u(t)$$

则 $J=\dfrac{1}{133}, b=\dfrac{25}{133}$。

被控对象角度和角速度的初始值为$[1.0\quad 0]^{\mathrm{T}}$，取角度指令为 $\theta_{\mathrm{d}}=\sin t$，则 $\dot{\theta}_{\mathrm{d}}=\cos t$，角度跟踪误差为 $x_1(0)=\theta(0)-\theta_{\mathrm{d}}(0)=1.0$，角速度跟踪误差为 $x_2(0)=\dot{\theta}(0)-\dot{\theta}_{\mathrm{d}}(0)=-1.0$，$\boldsymbol{x}(0)=[1\quad -1]$。

取 $\alpha=10$，采用 LMI 程序 chap2_2LMI. m，求解 LMI 式(2.12)和式(2.13)，MATLAB 运行后显示有可行解，解为 $\boldsymbol{K}=[-1.0261\quad -0.0406]$。控制律采用式(2.9)，将求得的 $\boldsymbol{K}$ 代入控制器程序 chap2_2ctrl. m，仿真结果如图 2.3 和图 2.4 所示。

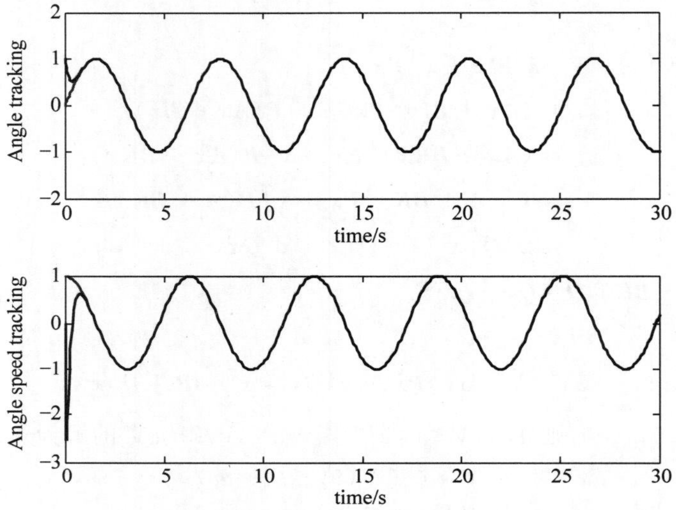

图 2.3　角度和角速度跟踪

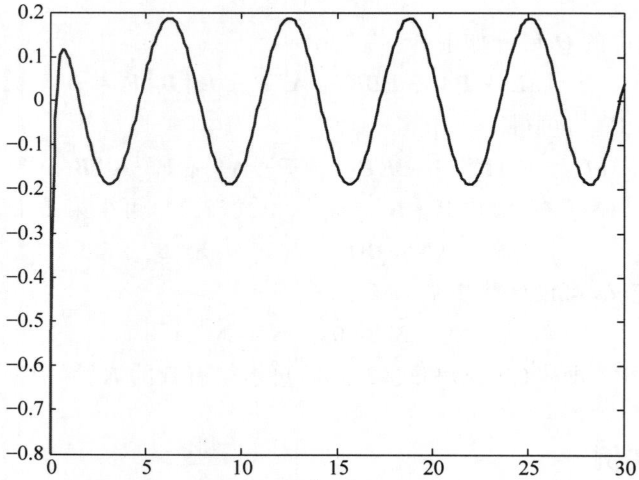

图 2.4　控制输入信号

仿真程序：

(1) LMI 不等式求 ***K*** 程序：chap2_2LMI.m

```
clear all;
close all;

J = 1/133;
b = 25/133;

A = [0 0;0 -b/J];
B = [0 1/J]';

K = sdpvar(1,2);

M = sdpvar(3,3);
F = sdpvar(1,2);

P = sdpvar(2,2,'symmetric');
N = sdpvar(2,2,'symmetric');
alfa = 10;

% First LMI
L1 = set((alfa * N + A * N + B * F + N * A' + F' * B')< 0);
% Second LMI
L2 = set(N > 0);

L = L1 + L2;
solvesdp(L);

F = double(F);
N = double(N);

P = inv(N)
K = F * P
```

(2) Simulink 主程序：chap2_2sim.mdl

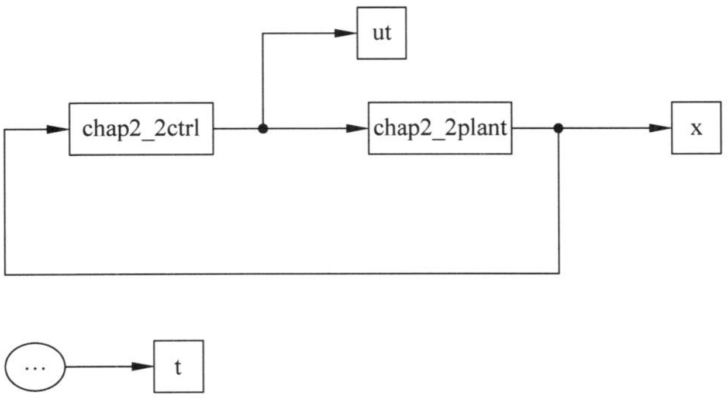

(3) 被控对象 S 函数：chap2_2plant.m

```
function [sys,x0,str,ts] = spacemodel(t,x,u,flag)
switch flag,
case 0,
    [sys,x0,str,ts] = mdlInitializeSizes;
case 1,
sys = mdlDerivatives(t,x,u);
case 3,
sys = mdlOutputs(t,x,u);
case {2,4,9}
sys = [];
otherwise
error(['Unhandled flag = ',num2str(flag)]);
end
function [sys,x0,str,ts] = mdlInitializeSizes
sizes = simsizes;
sizes.NumContStates  = 2;
sizes.NumDiscStates  = 0;
sizes.NumOutputs     = 2;
sizes.NumInputs      = 1;
sizes.DirFeedthrough = 0;
sizes.NumSampleTimes = 0;
sys = simsizes(sizes);
x0 = [1 0];
str = [];
ts = [];
function sys = mdlDerivatives(t,x,u)
A = [0 1;0 -25];
B = [0 133]';

ut = u(1);

dx = A* +B*ut;

sys(1) = dx(1);
sys(2) = dx(2);
function sys = mdlOutputs(t,x,u)
sys(1) = x(1);
sys(2) = x(2);
```

(4) 控制器 S 函数：chap2_2ctrl.m

```
function [sys,x0,str,ts] = spacemodel(t,x,u,flag)
switch flag,
case 0,
    [sys,x0,str,ts] = mdlInitializeSizes;
case 3,
sys = mdlOutputs(t,x,u);
case {2,4,9}
sys = [];
```

```
otherwise
error(['Unhandled flag = ',num2str(flag)]);
end
function [sys,x0,str,ts] = mdlInitializeSizes
sizes = simsizes;
sizes.NumContStates  = 0;
sizes.NumDiscStates  = 0;
sizes.NumOutputs     = 1;
sizes.NumInputs      = 2;
sizes.DirFeedthrough = 1;
sizes.NumSampleTimes = 1;
sys = simsizes(sizes);
x0 = [];
str = [];
ts = [0 0];
function sys = mdlOutputs(t,x,u)
x1 = u(1);
x2 = u(2);

xd = sin(t);
dxd = cos(t);
ddxd = - sin(t);
e = x1 - xd;
de = x2 - dxd;

K = [ - 0.5363 0.0969];

tol = K * [e de]';

ut = tol + 1/133 * ddxd + 25/133 * dxd;

sys(1) = ut;
```

(5) 作图程序：chap2_2plot. m

```
close all;

figure(1);
subplot(211);
plot(t,sin(t),'r',t,x(:,1),'b','linewidth',2);
xlabel('time(s)');ylabel('Angle tracking');
subplot(212);
plot(t,cos(t),'r',t,x(:,2),'b','linewidth',2);
xlabel('time(s)');ylabel('Angle speed tracking');

figure(2);
plot(t,ut(:,1),'r','linewidth',2);
xlabel('time(s)');ylabel('ut');
```

2.3 基于扰动观测器的控制系统 LMI 控制

2.3.1 系统描述

考虑状态方程

$$\dot{\boldsymbol{x}} = \boldsymbol{A}\boldsymbol{x} + \boldsymbol{B}(u + d) \tag{2.14}$$

其中，$\boldsymbol{x}=[x_1 \quad x_2]^{\mathrm{T}}$，$u$ 为控制输入，d 为扰动，$\boldsymbol{B}=[0 \quad b]^{\mathrm{T}}$。

扰动观测器设计为

$$\begin{aligned} \dot{z} &= -\boldsymbol{K}_1[\boldsymbol{A}\boldsymbol{x} + \boldsymbol{B}(u + \hat{d})] \\ \hat{d} &= z + \boldsymbol{K}_1\boldsymbol{x} \end{aligned} \tag{2.15}$$

定义 $\tilde{d}=d-\hat{d}$，则

$$\begin{aligned} \dot{\tilde{d}} &= \dot{d} - \dot{\hat{d}} = \dot{d} - (\dot{z} + \boldsymbol{K}_1\dot{\boldsymbol{x}}) \\ &= \dot{d} - \{-\boldsymbol{K}_1[\boldsymbol{A}\boldsymbol{x} + \boldsymbol{B}(u + \hat{d})] + \boldsymbol{K}_1[\boldsymbol{A}\boldsymbol{x} + \boldsymbol{B}(u + d)]\} \\ &= \dot{d} - (-\boldsymbol{K}_1\boldsymbol{B}\hat{d} + \boldsymbol{K}_1\boldsymbol{B}d) = \dot{d} - \boldsymbol{K}_1\boldsymbol{B}\tilde{d} \end{aligned}$$

定义$\boldsymbol{\xi}=[\boldsymbol{x}^{\mathrm{T}} \quad \tilde{d}]^{\mathrm{T}}$，则

$$\dot{\boldsymbol{\xi}} = [\dot{\boldsymbol{x}}^{\mathrm{T}} \quad \dot{\tilde{d}}]^{\mathrm{T}} = \bar{\boldsymbol{A}}\boldsymbol{\xi} + \bar{\boldsymbol{B}}\dot{d}$$

其中，$\bar{\boldsymbol{A}} = \begin{bmatrix} \boldsymbol{A}+\boldsymbol{B}\boldsymbol{K} & \boldsymbol{B} \\ 0 & -\boldsymbol{K}_1\boldsymbol{B} \end{bmatrix}$，$\bar{\boldsymbol{B}} = \begin{bmatrix} 0 \\ 1 \end{bmatrix}$。

控制器设计为

$$u = \boldsymbol{K}\boldsymbol{x} - \hat{d} \tag{2.16}$$

其中，$\boldsymbol{K}=[k_1 \quad k_2]$。

控制目标为通过设计 LMI 求解 $\boldsymbol{K}$，实现 $\boldsymbol{x}\rightarrow 0$。

2.3.2 控制器的设计与分析

设计 Lyapunov 函数如下：

$$V = \boldsymbol{\xi}^{\mathrm{T}}\boldsymbol{P}\boldsymbol{\xi} \tag{2.17}$$

则

$$V = \boldsymbol{\xi}^{\mathrm{T}}\boldsymbol{P}\boldsymbol{\xi} = \boldsymbol{x}^{\mathrm{T}}\boldsymbol{P}_1\boldsymbol{x} + \tilde{d}^2$$

其中，$\boldsymbol{P} = \begin{bmatrix} \boldsymbol{P}_1 & 0 \\ 0 & \boldsymbol{I} \end{bmatrix}$，$\boldsymbol{P}_1 > 0$，$\boldsymbol{P}_1 = \boldsymbol{P}_1^{\mathrm{T}}$。

定义 $V_1=\boldsymbol{x}^{\mathrm{T}}\boldsymbol{P}_1\boldsymbol{x}$，$V_2=\tilde{d}^2$，通过 $\boldsymbol{P}_1$ 的设计可有效地调节 $\boldsymbol{x}$ 的收敛效果，并有利于 LMI 的求解。则

$$\dot{V}_1 = 2\boldsymbol{x}^{\mathrm{T}}\boldsymbol{P}_1\dot{\boldsymbol{x}} = 2\boldsymbol{x}^{\mathrm{T}}\boldsymbol{P}_1(\boldsymbol{A}+\boldsymbol{B}\boldsymbol{K})\boldsymbol{x} + 2\boldsymbol{x}^{\mathrm{T}}\boldsymbol{P}_1\boldsymbol{B}\tilde{d}$$

$$\dot{V}_2 = 2\tilde{d}\dot{\tilde{d}} = 2\tilde{d}(\dot{d} - \boldsymbol{K}_1\boldsymbol{B}\tilde{d})$$

$$= -2\boldsymbol{K}_1\boldsymbol{B}\tilde{d}^2 + 2\tilde{d}\dot{d} \leqslant -2\boldsymbol{K}_1\boldsymbol{B}\tilde{d}^2 + \sigma_1\tilde{d}^2 + \frac{1}{\sigma_1}\bar{D}^2$$

其中，$|\dot{d}| \leqslant \bar{D}$，$\bar{D}$ 是一个常数。

则

$$\dot{V} = \dot{V}_1 + \dot{V}_2 \leqslant 2\boldsymbol{x}^{\mathrm{T}}\boldsymbol{P}_1(\boldsymbol{A}+\boldsymbol{BK})\boldsymbol{x} + 2\boldsymbol{x}^{\mathrm{T}}\boldsymbol{P}_1\boldsymbol{B}\tilde{d} - 2\boldsymbol{K}_1\boldsymbol{B}\tilde{d}^2 + \sigma_1\tilde{d}^2 + \frac{1}{\sigma_1}\bar{D}^2$$

$$= \xi^{\mathrm{T}}\boldsymbol{\Phi}\xi + \frac{1}{\sigma_1}\bar{D}^2 \tag{2.18}$$

其中，

$$\boldsymbol{\Phi} = \begin{bmatrix} \boldsymbol{P}_1(\boldsymbol{A}+\boldsymbol{BK}) + * & \boldsymbol{P}_1\boldsymbol{B} \\ * & -(\boldsymbol{K}_1\boldsymbol{B} + *) + \sigma_1 \end{bmatrix}$$

$$\boldsymbol{\xi}^{\mathrm{T}}\boldsymbol{\Phi\xi} = [\boldsymbol{x}^{\mathrm{T}} \quad \tilde{d}] \begin{bmatrix} \boldsymbol{P}_1(\boldsymbol{A}+\boldsymbol{BK}) + [\boldsymbol{P}_1(\boldsymbol{A}+\boldsymbol{BK})]^{\mathrm{T}} & \boldsymbol{P}_1\boldsymbol{B} \\ (\boldsymbol{P}_1\boldsymbol{B})^{\mathrm{T}} & -[\boldsymbol{K}_1\boldsymbol{B} + (\boldsymbol{K}_1\boldsymbol{B})^{\mathrm{T}}] + \sigma_1 \end{bmatrix} [\boldsymbol{x}^{\mathrm{T}} \quad \tilde{d}]^{\mathrm{T}}$$

$$= \boldsymbol{x}^{\mathrm{T}}\{\boldsymbol{P}_1(\boldsymbol{A}+\boldsymbol{BK}) + [\boldsymbol{P}_1(\boldsymbol{A}+\boldsymbol{BK})]^{\mathrm{T}}\}\boldsymbol{x} + \boldsymbol{x}^{\mathrm{T}}\boldsymbol{P}_1\boldsymbol{B}\tilde{a} + \tilde{d}(\boldsymbol{P}_1\boldsymbol{B})^{\mathrm{T}}\boldsymbol{x} +$$

$$\{-[\boldsymbol{K}_1\boldsymbol{B} + (\boldsymbol{K}_1\boldsymbol{B})^{\mathrm{T}}] + \sigma_1\}\tilde{d}^2$$

$$= 2\boldsymbol{x}^{\mathrm{T}}\boldsymbol{P}_1(\boldsymbol{A}+\boldsymbol{BK})\boldsymbol{x} + 2\boldsymbol{x}^{\mathrm{T}}\boldsymbol{P}_1\boldsymbol{B}\tilde{d} - 2\boldsymbol{K}_1\boldsymbol{B}\tilde{d}^2 + \sigma_1\tilde{d}^2$$

其中，$\boldsymbol{A} + * = \boldsymbol{A} + \boldsymbol{A}^{\mathrm{T}}$，$\begin{bmatrix} & A \\ * & \end{bmatrix} = \begin{bmatrix} & A \\ A^{\mathrm{T}} & \end{bmatrix}$，为使$\boldsymbol{\Phi} + \alpha\boldsymbol{P} < 0$，即$\boldsymbol{\Phi} < -\alpha\boldsymbol{P}$，$\alpha > 0$，则由式(2.18)可得

$$\dot{V} = -\alpha V + \frac{1}{\sigma_1}\bar{D}^2$$

且考虑 $\boldsymbol{P} = \begin{bmatrix} \boldsymbol{P}_1 & 0 \\ 0 & \boldsymbol{I} \end{bmatrix}$，$\boldsymbol{\Phi} + \alpha\boldsymbol{P} < 0$ 变为

$$\begin{bmatrix} \boldsymbol{P}_1(\boldsymbol{A}+\boldsymbol{BK}) + * + \alpha\boldsymbol{P}_1 & \boldsymbol{P}_1\boldsymbol{B} \\ * & -\boldsymbol{K}_1\boldsymbol{B} + * + \sigma_1 + \alpha \end{bmatrix} < 0$$

左右同乘以 diag$\{\boldsymbol{P}_1^{-1}, \boldsymbol{I}\}$，可得

$$\begin{bmatrix} (\boldsymbol{A}+\boldsymbol{BK})\boldsymbol{P}_1^{-1} + * + \alpha\boldsymbol{P}_1^{-1} & \boldsymbol{B} \\ * & -(\boldsymbol{K}_1\boldsymbol{B} + *) + \sigma_1 + \alpha \end{bmatrix} < 0$$

令 $\boldsymbol{Q}_1 = \boldsymbol{P}_1^{-1}$，$\boldsymbol{R}_1 = \boldsymbol{KQ}_1$，可得第一个 LMI 为

$$\boldsymbol{\Psi} = \begin{bmatrix} \boldsymbol{AQ}_1 + \boldsymbol{BR}_1 + * + \alpha\boldsymbol{Q}_1 & \boldsymbol{B} \\ * & -(\boldsymbol{K}_1\boldsymbol{B} + *) + \sigma_1 + \alpha \end{bmatrix} < 0 \tag{2.19}$$

根据 $\boldsymbol{Q}_1 = \boldsymbol{P}_1^{-1}$，$\boldsymbol{P}_1 > 0$，可得第二个 LMI 为

$$\boldsymbol{Q}_1 > 0 \tag{2.20}$$

根据以上两个 LMI，可求 $\boldsymbol{K}_1$，$\boldsymbol{R}_1$ 和 $\boldsymbol{Q}_1$，由 $\boldsymbol{R}_1 = \boldsymbol{KQ}_1$，可得

$$\boldsymbol{K} = \boldsymbol{R}_1\boldsymbol{Q}_1^{-1} \tag{2.21}$$

注：在不等式(2.19)中，存在 $\boldsymbol{K}_1\boldsymbol{B}$ 项，由于 $\boldsymbol{B}=[0\quad b]^{\mathrm{T}}$，$\boldsymbol{K}_1$ 的第一个元素可取任意值，故可取 $\boldsymbol{K}_1=[0\quad k]$。

收敛分析：根据 $\dot{V}=-\alpha V+\frac{1}{\sigma_1}\bar{D}^2$，根据不等式方程求解引理①，不等式方程 $\dot{V}=-\alpha V+\frac{1}{\sigma_1}\bar{D}^2$ 的解为

$$V(t)\leqslant \mathrm{e}^{-\alpha t}V(0)+\frac{1}{\sigma_1}\bar{D}^2\int_0^t \mathrm{e}^{-\alpha(t-\tau)}\,\mathrm{d}\tau=\mathrm{e}^{-\alpha t}V(0)+\frac{1}{\alpha\sigma_1}\bar{D}^2(1-\mathrm{e}^{-\alpha t})$$

其中，$\int_0^t \mathrm{e}^{-\alpha(t-\tau)}\,\mathrm{d}\tau=\frac{1}{\alpha}\mathrm{e}^{-\alpha t}\int_0^t \mathrm{e}^{\alpha\tau}\,\mathrm{d}\alpha\tau=\frac{1}{\alpha}\mathrm{e}^{-\alpha t}(\mathrm{e}^{\alpha t}-1)=\frac{1}{\alpha}(1-\mathrm{e}^{-\alpha t})$。

即

$$\lim_{t\to\infty}V(t)\leqslant\frac{1}{\alpha\sigma_1}\bar{D}^2$$

且 $V(t)$ 渐进收敛，收敛精度取决于 r。

2.3.3 仿真实例

实际模型为

$$\ddot{\theta}=-25\dot{\theta}+133[u(t)+d(t)]$$

考虑模型式(2.14)，取其中 $x_1=\theta$，$x_2=\dot{\theta}$，则对应于式 $\dot{\boldsymbol{x}}=\boldsymbol{A}\boldsymbol{x}+\boldsymbol{B}(u+d)$，有 $\boldsymbol{A}=\begin{bmatrix}0 & 1\\ 0 & -25\end{bmatrix}$，$\boldsymbol{B}=\begin{bmatrix}0\\ 133\end{bmatrix}$。取 $d(t)=5\sin(0.1t)$，初始状态值为 $\boldsymbol{x}(0)=[1\quad 0]$。

采用 LMI 程序 chap2_3LMI. m，取 $\alpha=3$，求解 LMI 式(2.19)和式(2.20)，MATLAB 运行后显示有可行解，解为 $\boldsymbol{K}=[-0.0802\quad 0.1519]$。控制律采用式(2.16)，观测器采用式(2.15)，将求得的 $\boldsymbol{K}$ 代入控制器程序 chap2_3ctrl. m 中，仿真结果如图 2.5 至图 2.7 所示。

仿真程序：

(1) LMI 不等式求 $\boldsymbol{K}$ 程序：chap2_3LMI. m

```
clear all;
close all;

J = 1/133;b = 25/133;
A = [0 1;0 -b/J];
B = [0 1/J]';
```

① 不等式方程求解引理　针对 V：$[0,\infty)\in R$，不等式方程 $\dot{V}\leqslant-\alpha V+f$，$\forall t\geqslant t_0\geqslant 0$ 的解为

$$V(t)\leqslant \mathrm{e}^{-\alpha(t-t_0)}V(t_0)+\int_{t_0}^t \mathrm{e}^{-\alpha(t-t_0)}f(\tau)\mathrm{d}\tau$$

其中，α 为任意常数。

可参考：Petros A loannou, Jing Sun. Robust Adaptive Control[M]. PTR Prentice-Hall, 1996, 75-76。

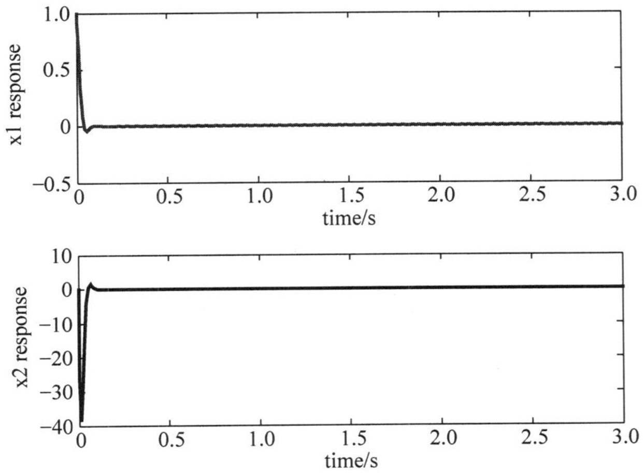

图 2.5 状态响应

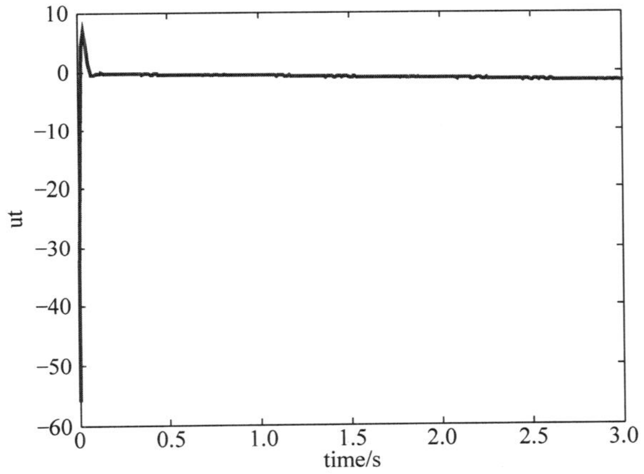

图 2.6 控制输入信号

```
P1 = sdpvar(2,2,'symmetric');
Q1 = sdpvar(2,2,'symmetric');

R1 = sdpvar(1,2);
K1 = sdpvar(1,2);
K1(1) = 0;

alfa = 100;
sigma1 = 10;

Fai = [A * Q1 + B * R1 + (A * Q1 + B * R1)' + alfa * Q1 B;
    B' - (K1 * B + (K1 * B)') + sigma1 + alfa];

 % First LMI
L1 = set(Fai < 0);
```

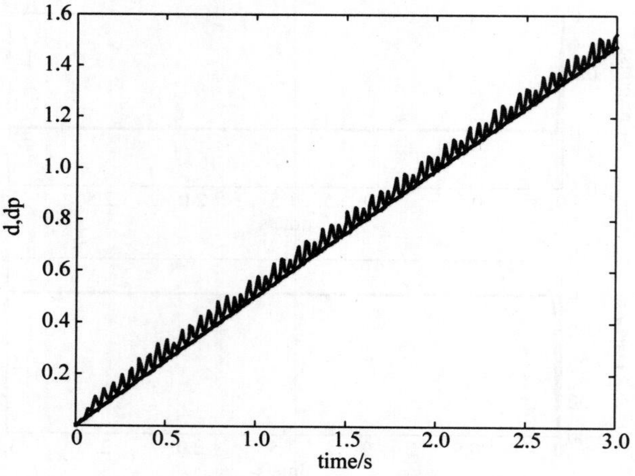

图 2.7 扰动及其观测

```
L2 = set(Q1 > 0);
L = L1 + L2;
solvesdp(L);

K1 = double(K1)
Q1 = double(Q1);
R1 = double(R1);
P1 = inv(Q1);

K = R1 * inv(Q1)
```

(2) Simulink 主程序：chap2_3sim. mdl

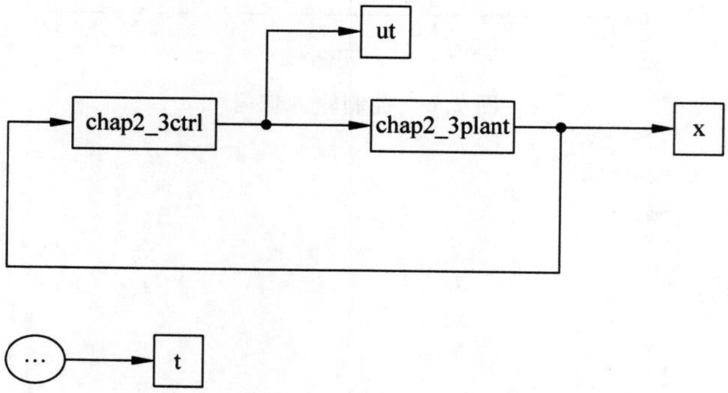

(3) 被控对象 *S* 函数：chap2_3plant. m

```
function [sys,x0,str,ts] = spacemodel(t,x,u,flag)
switch flag,
case 0,
    [sys,x0,str,ts] = mdlInitializeSizes;
case 1,
    sys = mdlDerivatives(t,x,u);
case 3,
```

```
    sys = mdlOutputs(t,x,u);
case {2,4,9}
    sys = [];
otherwise
    error(['Unhandled flag = ',num2str(flag)]);
end
function [sys,x0,str,ts] = mdlInitializeSizes
sizes = simsizes;
sizes.NumContStates  = 2;
sizes.NumDiscStates  = 0;
sizes.NumOutputs     = 3;
sizes.NumInputs      = 2;
sizes.DirFeedthrough = 0;
sizes.NumSampleTimes = 0;
sys = simsizes(sizes);
x0 = [1 0];
str = [];
ts = [];
function sys = mdlDerivatives(t,x,u)
A = [0 1;0 -25];
B = [0 133]';

ut = u(1);
dt = 5 * sin(0.1 * t);
dx = A * x + B * (ut + dt);

sys(1) = dx(1);
sys(2) = dx(2);
function sys = mdlOutputs(t,x,u)
dt = 5 * sin(0.1 * t);
sys(1) = x(1);
sys(2) = x(2);
sys(3) = dt;
```

(4) 控制器 S 函数：chap2_3ctrl. m

```
function [sys,x0,str,ts] = spacemodel(t,x,u,flag)
switch flag,
case 0,
    [sys,x0,str,ts] = mdlInitializeSizes;
case 1,
    sys = mdlDerivatives(t,x,u);
case 3,
    sys = mdlOutputs(t,x,u);
case {2,4,9}
    sys = [];
otherwise
    error(['Unhandled flag = ',num2str(flag)]);
end
function [sys,x0,str,ts] = mdlInitializeSizes
sizes = simsizes;
```

```
sizes.NumContStates  = 1;
sizes.NumDiscStates  = 0;
sizes.NumOutputs     = 2;
sizes.NumInputs      = 3;
sizes.DirFeedthrough = 1;
sizes.NumSampleTimes = 1;
sys = simsizes(sizes);
x0  = [0];
str = [];
ts  = [0 0];
function sys = mdlDerivatives(t,x,u)
x1 = u(1);
x2 = u(2);
X = [x1 x2]';

A = [0 1;0 -25];
B = [0 133]';
K = [  -55.6261   -0.7457];

z = x(1);
dp = z + K1 * X;
ut = K * X - dp;

sys(1) = - K1 * (A * X + B * (ut + dp));
function sys = mdlOutputs(t,x,u)
x1 = u(1);
x2 = u(2);
X = [x1 x2]';

K1 = [     0     2.7568];

K = [   -55.6261      -0.7457];
z = x(1);
dp = z + K1 * X;
ut = K * X - dp;
sys(1) = ut;
sys(2) = dp;
```

(5) 作图程序：chap2_3plot.m

```
close all;

figure(1);
subplot(211);
plot(t,x(:,1),'r','linewidth',2);
xlabel('time(s)');ylabel('x1 response');
subplot(212);
plot(t,x(:,2),'b','linewidth',2);
xlabel('time(s)');ylabel('x2 response');

figure(2);
```

```
plot(t,ut(:,1),'r','linewidth',2);
xlabel('time(s)');ylabel('ut');

figure(3);
plot(t,ut(:,2),'r',t,x(:,3),'k','linewidth',2);
xlabel('time(s)');ylabel('d,dp');
```

2.4 基于扰动观测器的控制系统 LMI 跟踪控制

2.4.1 系统描述

考虑电机-负载模型如下：

$$J\ddot{\theta} = -b\dot{\theta} + u + d \tag{2.22}$$

其中，θ 为角度，J 为转动惯量，b 为黏性系数，u 为控制输入，d 为扰动。

2.4.2 控制器的设计

式(2.22)可写为

$$\ddot{\theta} = -\frac{b}{J}\dot{\theta} + \frac{1}{J}(u + d)$$

取角度指令为 θ_{d}，则角度跟踪误差为 $x_1 = \theta - \theta_{\mathrm{d}}$，角速度跟踪误差为 $x_2 = \dot{\theta} - \dot{\theta}_{\mathrm{d}}$，控制目标为角度和角速度的跟踪，即 $t \to \infty$时，$x_1 \to 0$，$x_2 \to 0$。

由于

$$\begin{aligned}\dot{\boldsymbol{x}}_2 &= -\frac{b}{J}\dot{\theta} + \frac{1}{J}(u + d) - \ddot{\theta}_{\mathrm{d}} = -\frac{b}{J}(x_2 + \dot{\theta}_{\mathrm{d}}) + \frac{1}{J}(u + d) - \ddot{\theta}_{\mathrm{d}} \\ &= -\frac{b}{J}x_2 + \frac{1}{J}(u + d) - \ddot{\theta}_{\mathrm{d}} - \frac{b}{J}\dot{\theta}_{\mathrm{d}} \\ &= -\frac{b}{J}x_2 + \frac{1}{J}(u + d - J\ddot{\theta}_{\mathrm{d}} - b\dot{\theta}_{\mathrm{d}})\end{aligned}$$

取

$$\tau = u - J\ddot{\theta}_{\mathrm{d}} - b\dot{\theta}_{\mathrm{d}} \tag{2.23}$$

即 $u = \tau + J\ddot{\theta}_{\mathrm{d}} + b\dot{\theta}_{\mathrm{d}}$。由 $\dot{\boldsymbol{x}}_2 = -\frac{b}{J}x_2 + \frac{1}{J}\tau + d$，可得

$$\dot{\boldsymbol{x}}_1 = x_2$$

$$\dot{\boldsymbol{x}}_2 = -\frac{b}{J}x_2 + \frac{1}{J}(\tau + d)$$

则误差状态方程为

$$\dot{\boldsymbol{x}} = \boldsymbol{A}\boldsymbol{x} + \boldsymbol{B}(\tau + d) \tag{2.24}$$

其中，$\boldsymbol{x}=[x_1 \quad x_2]^{\mathrm{T}}$，$\boldsymbol{A}=\begin{bmatrix}0 & 1\\ 0 & -\dfrac{b}{J}\end{bmatrix}$，$\boldsymbol{B}=\begin{bmatrix}0\\ \dfrac{1}{J}\end{bmatrix}$。

控制目标转化为通过设计 LMI，实现 $t\rightarrow\infty$ 时，$\boldsymbol{x}\rightarrow 0$。

针对模型式(2.24)进行控制器的设计、收敛性分析及 LMI 的设计，与 2.3 节"基于扰动观测器的控制系统 LMI 控制"相同。

2.4.3 仿真实例

实际模型为

$$\ddot{\theta}=-25\dot{\theta}+133[u(t)+d(t)]$$

考虑模型式(2.22)，取其中 $x_1=\theta$，$x_2=\dot{\theta}$，则对应于式 $\dot{\boldsymbol{x}}=\boldsymbol{A}\boldsymbol{x}+\boldsymbol{B}(u+d)$，有 $\boldsymbol{A}=\begin{bmatrix}0 & 1\\ 0 & -25\end{bmatrix}$，$\boldsymbol{B}=\begin{bmatrix}0\\ 133\end{bmatrix}$。取 $d(t)=5\sin(0.1t)$，初始状态值为 $\boldsymbol{x}(0)=[1 \quad 0]$。

取角度指令为 $\theta_{\mathrm{d}}=\sin t$（默认为弧度单位），则 $\dot{\theta}_{\mathrm{d}}=\cos t$。采用 LMI 程序 chap2_4LMI.m，取 $\alpha=3$，求解 LMI 式(2.19)和式(2.20)，MATLAB 运行后显示有可行解，解为 $\boldsymbol{K}=[-0.0802 \quad 0.1519]$。控制律采用式(2.16)，观测器采用式(2.15)，将求得的 $\boldsymbol{K}$ 代入控制器程序 chap2_4ctrl.m 中，仿真结果如图 2.8 至图 2.10 所示。

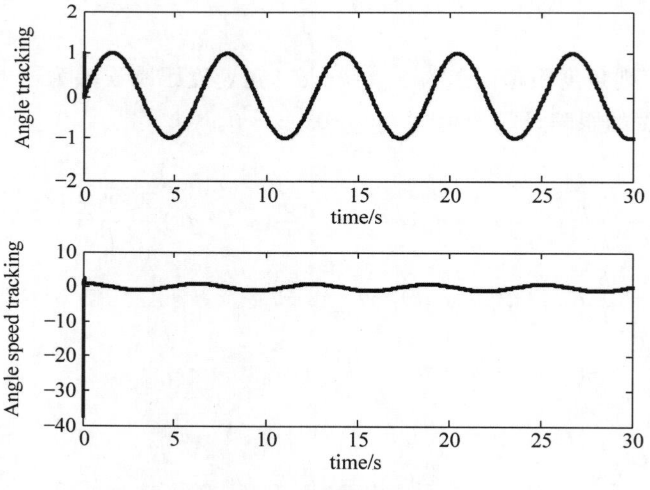

图 2.8 角度和角速度跟踪

仿真程序：

(1) LMI 不等式求 $\boldsymbol{K}$ 程序：chap2_4LMI.m

```
clear all;
close all;

J = 1/133;b = 25/133;
```

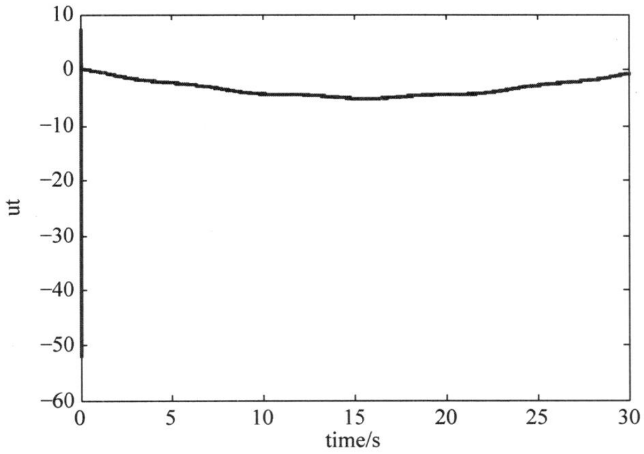

图 2.9 控制输入信号

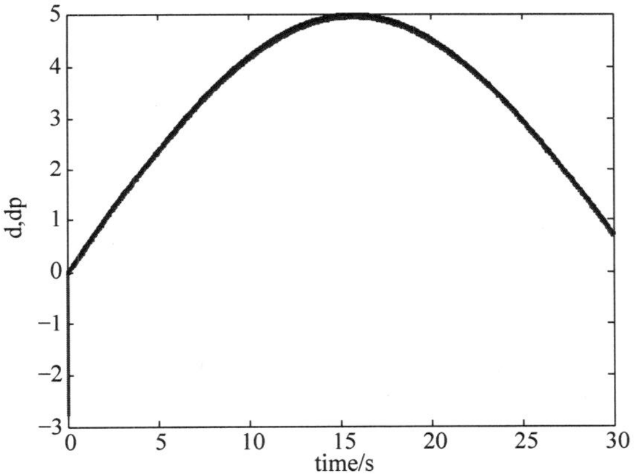

图 2.10 扰动及其观测

```
A = [0 1;0  - b/J];
B = [0 1/J]';

P1 = sdpvar(2,2,'symmetric');
Q1 = sdpvar(2,2,'symmetric');

R1 = sdpvar(1,2);
K1 = sdpvar(1,2);
K1(1) = 0;

alfa = 100;
sigma1 = 10;

Fai = [A * Q1 + B * R1 + (A * Q1 + B * R1)' + alfa * Q1 B;
    B' - (K1 * B + (K1 * B)') + sigma1 + alfa];

 % First LMI
L1 = set(Fai < 0);
```

```
L2 = set(Q1 > 0);
L = L1 + L2;
solvesdp(L);

K1 = double(K1)
Q1 = double(Q1);
R1 = double(R1);
P1 = inv(Q1);

K = R1 * inv(Q1)
```

(2) Simulink 主程序：chap2_4sim. mdl

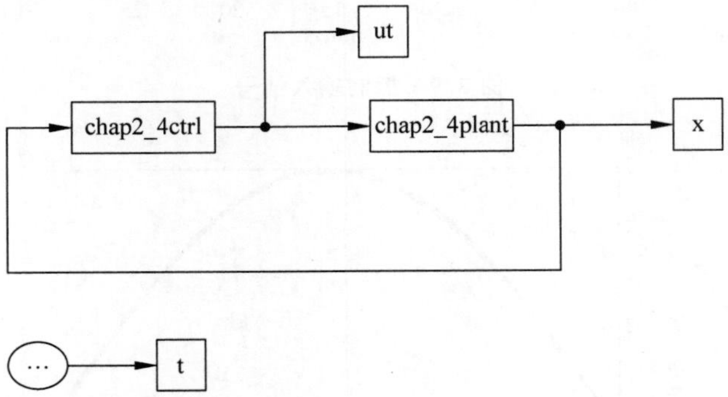

(3) 被控对象 S 函数：chap2_4plant. m

```
function [sys,x0,str,ts] = spacemodel(t,x,u,flag)
switch flag,
case 0,
    [sys,x0,str,ts] = mdlInitializeSizes;
case 1,
    sys = mdlDerivatives(t,x,u);
case 3,
    sys = mdlOutputs(t,x,u);
case {2,4,9}
    sys = [];
otherwise
    error(['Unhandled flag = ',num2str(flag)]);
end
function [sys,x0,str,ts] = mdlInitializeSizes
sizes = simsizes;
sizes.NumContStates   = 2;
sizes.NumDiscStates   = 0;
sizes.NumOutputs      = 3;
sizes.NumInputs       = 2;
sizes.DirFeedthrough  = 0;
sizes.NumSampleTimes  = 0;
sys = simsizes(sizes);
x0 = [1 0];
str = [];
ts = [];
function sys = mdlDerivatives(t,x,u)
A = [0 1;0 -25];
```

```
B = [0 133]';

ut = u(1);
dt = 5 * sin(0.1 * t);
dx = A * x + B * (ut + dt);

sys(1) = dx(1);
sys(2) = dx(2);
function sys = mdlOutputs(t,x,u)
dt = 5 * sin(0.1 * t);
sys(1) = x(1);
sys(2) = x(2);
sys(3) = dt;
```

(4) 控制器 S 函数：chap2_4ctrl.m

```
function [sys,x0,str,ts] = spacemodel(t,x,u,flag)
switch flag,
case 0,
    [sys,x0,str,ts] = mdlInitializeSizes;
case 1,
    sys = mdlDerivatives(t,x,u);
case 3,
    sys = mdlOutputs(t,x,u);
case {2,4,9}
    sys = [];
otherwise
    error(['Unhandled flag = ',num2str(flag)]);
end
function [sys,x0,str,ts] = mdlInitializeSizes
sizes = simsizes;
sizes.NumContStates   = 1;
sizes.NumDiscStates   = 0;
sizes.NumOutputs      = 2;
sizes.NumInputs       = 3;
sizes.DirFeedthrough  = 1;
sizes.NumSampleTimes  = 1;
sys = simsizes(sizes);
x0 = [0];
str = [];
ts = [0 0];
function sys = mdlDerivatives(t,x,u)
x1 = u(1);x2 = u(2);
xd = sin(t);dxd = cos(t);
e = x1 - xd;de = x2 - dxd;

A = [0 1;0 -25];
B = [0 133]';

K1 = [0 2.7568];
K = [-55.6261 -0.7457];

X = [e de]';
z = x(1);
```

```
dp = z + K1 * X;

tol = K * [e de]' - dp;

sys(1) = - K1 * (A * X + B * (tol + dp));
function sys = mdlOutputs(t,x,u)
x1 = u(1);x2 = u(2);
xd = sin(t);dxd = cos(t);
ddxd = - sin(t);

e = x1 - xd;de = x2 - dxd;
K1 = [0      2.7568];
K  = [ - 55.6261      - 0.7457];
X = [e de]';
z = x(1);
dp = z + K1 * X;

tol = K * [e de]' - dp;
ut = tol + 1/133 * ddxd + 25/133 * dxd;

sys(1) = ut;
sys(2) = dp;
```

(5) 作图程序：chap2_4plot. m

```
close all;

figure(1);
subplot(211);
plot(t,sin(t),'r',t,x(:,1),'b','linewidth',2);
xlabel('time(s)');ylabel('Angle tracking');
subplot(212);
plot(t,cos(t),'r',t,x(:,2),'b','linewidth',2);
xlabel('time(s)');ylabel('Angle speed tracking');

figure(2);
plot(t,ut(:,1),'r','linewidth',2);
xlabel('time(s)');ylabel('ut');

figure(3);
plot(t,ut(:,2),'r',t,x(:,3),'k','linewidth',2);
xlabel('time(s)');ylabel('d,dp');
```

第3章 基于LMI的输入受限控制算法设计

3.1 控制输入受限下的 LMI 控制算法设计

在实际控制系统的设计中，通常面临控制输入受限的问题。采用 LMI 方法，可实现控制输入受限下的控制算法设计[1~4]。

3.1.1 系统描述

考虑状态方程

$$\dot{\boldsymbol{x}} = \boldsymbol{A}\boldsymbol{x} + \boldsymbol{B}u \tag{3.1}$$

其中 $\boldsymbol{x} = [x_1 \quad x_2]^{\mathrm{T}}$，$u$ 为控制输入。

控制器设计为

$$u = \boldsymbol{K}\boldsymbol{x} \tag{3.2}$$

其中，$\boldsymbol{K} = [k_1 \quad k_2]$。

控制目标为通过设计 LMI 求解 $\boldsymbol{K}$，实现 $\boldsymbol{x} \to 0$，$|u| \leqslant u_{\max}$。

3.1.2 控制器的设计与分析

设计 Lyapunov 函数如下：

$$V = \boldsymbol{x}^{\mathrm{T}}\boldsymbol{P}\boldsymbol{x}$$

其中，$\boldsymbol{P} > 0$，$\boldsymbol{P} = \boldsymbol{P}^{\mathrm{T}}$。通过 $\boldsymbol{P}$ 的设计可有效地调节 $\boldsymbol{x}$ 的收敛效果，并有利于 LMI 的求解。

则

$$\begin{aligned}
\dot{V} &= \dot{\boldsymbol{x}}^{\mathrm{T}}\boldsymbol{P}\boldsymbol{x} + \boldsymbol{x}^{\mathrm{T}}\boldsymbol{P}\dot{\boldsymbol{x}} \\
&= (\boldsymbol{A}\boldsymbol{x} + \boldsymbol{B}u)^{\mathrm{T}}\boldsymbol{P}\boldsymbol{x} + \boldsymbol{x}^{\mathrm{T}}\boldsymbol{P}(\boldsymbol{A}\boldsymbol{x} + \boldsymbol{B}u) \\
&= (\boldsymbol{A}\boldsymbol{x} + \boldsymbol{B}\boldsymbol{K}\boldsymbol{x})^{\mathrm{T}}\boldsymbol{P}\boldsymbol{x} + \boldsymbol{x}^{\mathrm{T}}\boldsymbol{P}(\boldsymbol{A}\boldsymbol{x} + \boldsymbol{B}\boldsymbol{K}\boldsymbol{x}) \\
&= \boldsymbol{x}^{\mathrm{T}}(\boldsymbol{A} + \boldsymbol{B}\boldsymbol{K})^{\mathrm{T}}\boldsymbol{P}\boldsymbol{x} + \boldsymbol{x}^{\mathrm{T}}\boldsymbol{P}(\boldsymbol{A} + \boldsymbol{B}\boldsymbol{K})\boldsymbol{x} \\
&= \boldsymbol{x}^{\mathrm{T}}\boldsymbol{Q}_1^{\mathrm{T}}\boldsymbol{x} + \boldsymbol{x}^{\mathrm{T}}\boldsymbol{Q}_1\boldsymbol{x} = \boldsymbol{x}^{\mathrm{T}}\boldsymbol{Q}\boldsymbol{x}
\end{aligned}$$

其中，$\boldsymbol{Q}_1 = \boldsymbol{P}(\boldsymbol{A} + \boldsymbol{B}\boldsymbol{K})$，$\boldsymbol{Q} = \boldsymbol{Q}_1^{\mathrm{T}} + \boldsymbol{Q}_1$。

为了实现指数收敛，即 $\dot{V}\leqslant-\alpha V$，取

$$\alpha V+\dot{V}=\alpha\boldsymbol{x}^{\mathrm{T}}\boldsymbol{P}\boldsymbol{x}+\boldsymbol{x}^{\mathrm{T}}\boldsymbol{Q}\boldsymbol{x}=\boldsymbol{x}^{\mathrm{T}}(\alpha\boldsymbol{P}+\boldsymbol{Q})\boldsymbol{x}$$

取 $\alpha\boldsymbol{P}+\boldsymbol{Q}<0$，$\alpha>0$，则 $\alpha V+\dot{V}\leqslant0$，即 $\dot{V}\leqslant-\alpha V$，由 $\dot{V}\leqslant-\alpha V$，可得解为

$$V(t)\leqslant V(0)\exp(-\alpha t)\leqslant V(0)$$

如果 $t\rightarrow\infty$，则 $V(t)\rightarrow0$，从而 $\boldsymbol{x}\rightarrow0$ 且指数收敛。

3.1.3 LMI的设计与求解

由于 $V(0)=\boldsymbol{x}_0^{\mathrm{T}}\boldsymbol{P}\boldsymbol{x}_0$，如果存在正定对称阵 $\boldsymbol{P}$ 和 $\bar{\omega}>0$，使得 $\boldsymbol{x}_0^{\mathrm{T}}\boldsymbol{P}\boldsymbol{x}_0\leqslant\bar{\omega}$ 成立，则可保证 $V(0)\leqslant\bar{\omega}$，从而保证 $V(t)\leqslant\bar{\omega}$。

取 $\boldsymbol{K}^{\mathrm{T}}\boldsymbol{K}\leqslant\bar{\omega}^{-1}u_{\max}^2\boldsymbol{P}$，由 $u=\boldsymbol{K}\boldsymbol{x}$ 可得

$$u^2=(\boldsymbol{K}\boldsymbol{x})^{\mathrm{T}}\boldsymbol{K}\boldsymbol{x}=\boldsymbol{x}^{\mathrm{T}}\boldsymbol{K}^{\mathrm{T}}\boldsymbol{K}\boldsymbol{x}\leqslant\boldsymbol{x}^{\mathrm{T}}\bar{\omega}^{-1}u_{\max}^2\boldsymbol{P}\boldsymbol{x}=\bar{\omega}^{-1}u_{\max}^2V\leqslant u_{\max}^2$$

则

$$|u|\leqslant u_{\max}$$

通过上述分析，构造两个LMI为

$$\alpha\boldsymbol{P}+\boldsymbol{Q}<0 \tag{3.3}$$

$$\boldsymbol{K}^{\mathrm{T}}\boldsymbol{K}-\bar{\omega}^{-1}u_{\max}^2\boldsymbol{P}\leqslant0 \tag{3.4}$$

不等式(3.3)中，$\boldsymbol{Q}$ 中含有 $\boldsymbol{P}$ 和 $\boldsymbol{K}$，式(3.4)中也含有 $\boldsymbol{P}$ 和 $\boldsymbol{K}$，故不能独立 $\boldsymbol{Q}$ 存在，将式(3.3)中的 $\boldsymbol{Q}$ 展开如下：

$$\alpha\boldsymbol{P}+\boldsymbol{P}\boldsymbol{A}+\boldsymbol{P}\boldsymbol{B}\boldsymbol{K}+\boldsymbol{A}^{\mathrm{T}}\boldsymbol{P}+\boldsymbol{K}^{\mathrm{T}}\boldsymbol{B}^{\mathrm{T}}\boldsymbol{P}<0$$

左右同乘以 $\boldsymbol{P}^{-1}$，可得

$$\alpha\boldsymbol{P}^{-1}+\boldsymbol{A}\boldsymbol{P}^{-1}+\boldsymbol{B}\boldsymbol{K}\boldsymbol{P}^{-1}+\boldsymbol{P}^{-1}\boldsymbol{A}^{\mathrm{T}}+\boldsymbol{P}^{-1}\boldsymbol{K}^{\mathrm{T}}\boldsymbol{B}^{\mathrm{T}}<0 \tag{3.5}$$

不等式(3.4)中含有非线性项，必须转化为线性矩阵不等式才能求解。取 $k_0=\bar{\omega}^{-1}u_{\max}^2$，则不等式(3.4)变为 $\boldsymbol{K}^{\mathrm{T}}\boldsymbol{K}\leqslant k_0\boldsymbol{P}$。根据Schur补定理，式(3.4)变换为

$$\begin{bmatrix}k_0\boldsymbol{P} & \boldsymbol{K}^{\mathrm{T}}\\ \boldsymbol{K} & 1\end{bmatrix}\geqslant0$$

左右同乘以 $\begin{bmatrix}\boldsymbol{P}^{-1} & 0\\ 0 & 1\end{bmatrix}$，可得

$$\begin{bmatrix}k_0\boldsymbol{P}^{-1} & \boldsymbol{P}^{-1}\boldsymbol{K}^{\mathrm{T}}\\ \boldsymbol{K}\boldsymbol{P}^{-1} & 1\end{bmatrix}\geqslant0 \tag{3.6}$$

考虑式(3.5)和式(3.6)，令 $\boldsymbol{F}=\boldsymbol{K}\boldsymbol{P}^{-1}$ 和 $\boldsymbol{N}=\boldsymbol{P}^{-1}$，则 $\boldsymbol{P}^{-1}\boldsymbol{K}^{\mathrm{T}}=\boldsymbol{F}^{\mathrm{T}}$，由式(3.5)和式(3.6)可得第1个和第2个LMI为

$$\alpha\boldsymbol{N}+\boldsymbol{A}\boldsymbol{N}+\boldsymbol{B}\boldsymbol{F}+\boldsymbol{N}\boldsymbol{A}^{\mathrm{T}}+\boldsymbol{F}^{\mathrm{T}}\boldsymbol{B}^{\mathrm{T}}<0 \tag{3.7}$$

$$\begin{bmatrix}k_0\boldsymbol{N} & \boldsymbol{F}^{\mathrm{T}}\\ \boldsymbol{F} & 1\end{bmatrix}\geqslant0 \tag{3.8}$$

根据 $\boldsymbol{P}$ 的定义，可设计第3个LMI为

$$\boldsymbol{P}>0,\quad \boldsymbol{P}=\boldsymbol{P}^{\mathrm{T}} \tag{3.9}$$

要满足 $\boldsymbol{x}_0^{\mathrm{T}}\boldsymbol{P}\boldsymbol{x}_0 \leqslant \bar{\omega}$，根据 Schur 补定理，可设计第 4 个 LMI 为

$$\begin{bmatrix} \bar{\omega} & \boldsymbol{x}_0^{\mathrm{T}} \\ \boldsymbol{x}_0 & \boldsymbol{N} \end{bmatrix} \geqslant 0 \tag{3.10}$$

通过上面 4 个 LMI，即式(3.7)至式(3.10)，通过设计合适的 $u_{\max}$ 和 α 值，可求得有效的 $\boldsymbol{K}$。

3.1.4 仿真实例

实际模型为

$$\ddot{\theta} = -25\dot{\theta} + 133u(t)$$

考虑模型式(3.1)，取 $x_1=\theta$，$x_2=\dot{\theta}$，则对应于式 $\dot{\boldsymbol{x}}=\boldsymbol{A}\boldsymbol{x}+\boldsymbol{B}u$，有 $\boldsymbol{A}=\begin{bmatrix} 0 & 1 \\ 0 & -\dfrac{b}{J} \end{bmatrix}$，$\boldsymbol{B}=\begin{bmatrix} 0 \\ \dfrac{1}{J} \end{bmatrix}$。取 $J=\dfrac{1}{133}$，$b=\dfrac{25}{133}$，初始状态值为 $\boldsymbol{x}(0)=[1 \quad 0]$。

取 $\bar{\omega}=0.10$，$\alpha=10$，$u_{\max}=1.0$，采用 LMI 程序 chap3_1LMI.m，求解 LMI 式(3.7)至式(3.10)，MATLAB 运行后显示有可行解，解为 $\boldsymbol{K}=[-0.9528 \quad -0.0381]$。控制律采用式(3.2)，将求得的 $\boldsymbol{K}$ 代入控制器程序 chap3_1ctrl.m，仿真结果如图 3.1 和图 3.2 所示。为了保证有可行解，可取较大的 $u_{\max}$ 值，并取 α 为较小的值。

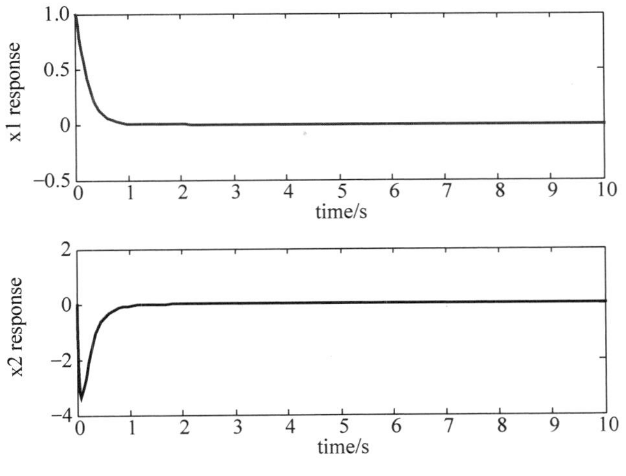

图 3.1 状态响应

仿真程序：

(1) LMI 不等式求 $\boldsymbol{K}$ 程序：chap3_1LMI.m

```
clear all;
close all;

J = 1/133;b = 25/133;
```

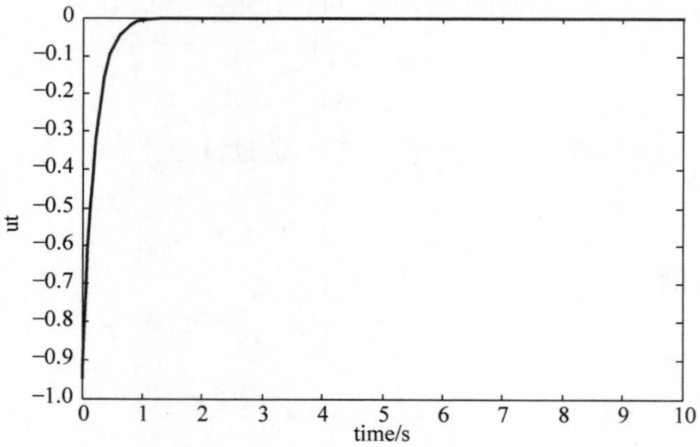

图 3.2　控制输入信号

```
A = [0 1;0  - b/J];
B = [0 1/J]';

F = sdpvar(1,2);
P = sdpvar(2,2,'symmetric');
N = sdpvar(2,2,'symmetric');

umax = 1.0;
alfa = 10;w_bar = 0.10;
x0 = [1 0]';

 %First LMI
L1 = set((alfa * N + A * N + B * F + N * A' + F' * B')< 0);

 %Second LMI
k0 = umax^2/w_bar;
M1 = [k0 * N F';F 1];
L2 = set(M1 > 0);

 %Third LMI
L3 = set(N> 0);

 %Fourth LMI
M2 = [w_bar x0';x0 N];
L4 = set(M2 > 0);


L = L1 + L2 + L3 + L4;
solvesdp(L);

F = double(F);
N = double(N);

P = inv(N)
K = F * P
```

(2) Simulink 主程序：chap3_1sim. mdl

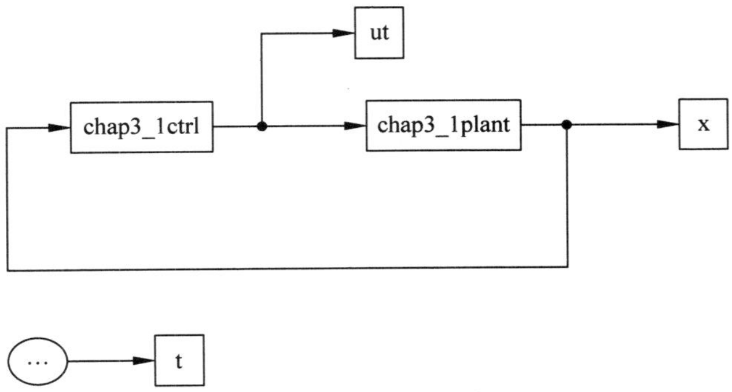

(3) 被控对象 S 函数：chap3_1plant. m

```
function [sys,x0,str,ts] = spacemodel(t,x,u,flag)
switch flag,
case 0,
    [sys,x0,str,ts] = mdlInitializeSizes;
case 1,
sys = mdlDerivatives(t,x,u);
case 3,
sys = mdlOutputs(t,x,u);
case {2,4,9}
sys = [];
otherwise
error(['Unhandled flag = ',num2str(flag)]);
end
function [sys,x0,str,ts] = mdlInitializeSizes
sizes = simsizes;
sizes.NumContStates  = 2;
sizes.NumDiscStates  = 0;
sizes.NumOutputs     = 2;
sizes.NumInputs      = 1;
sizes.DirFeedthrough = 0;
sizes.NumSampleTimes = 0;
sys = simsizes(sizes);
x0 = [1 0];
str = [];
ts = [];
function sys = mdlDerivatives(t,x,u)
A = [0 1;0 -25];
B = [0 133]';

ut = u(1);

dx = A * x + B * ut;

sys(1) = dx(1);
sys(2) = dx(2);
function sys = mdlOutputs(t,x,u)
```

```
sys(1) = x(1);
sys(2) = x(2);
```

(4) 控制器 S 函数：chap3_1ctrl. m

```
function [sys,x0,str,ts] = spacemodel(t,x,u,flag)
switch flag,
case 0,
    [sys,x0,str,ts] = mdlInitializeSizes;
case 3,
sys = mdlOutputs(t,x,u);
case {2,4,9}
sys = [];
otherwise
error(['Unhandled flag = ',num2str(flag)]);
end
function [sys,x0,str,ts] = mdlInitializeSizes
sizes = simsizes;
sizes.NumContStates  = 0;
sizes.NumDiscStates  = 0;
sizes.NumOutputs     = 1;
sizes.NumInputs      = 2;
sizes.DirFeedthrough = 1;
sizes.NumSampleTimes = 1;
sys = simsizes(sizes);
x0 = [];
str = [];
ts = [0 0];
function sys = mdlOutputs(t,x,u)
x1 = u(1);
x2 = u(2);
X = [x1 x2]';

K = [ -0.9528 -0.0381];

ut = K * X;
sys(1) = ut;
```

(5) 作图程序：chap3_1plot. m

```
close all;

figure(1);
subplot(211);
plot(t,x(:,1),'r','linewidth',2);
xlabel('time(s)');ylabel('x1 response');
subplot(212);
plot(t,x(:,2),'b','linewidth',2);
xlabel('time(s)');ylabel('x2 response');

figure(2);
plot(t,ut(:,1),'r','linewidth',2);
```

```
xlabel('time(s)');ylabel('ut');
```

3.2 控制输入受限下位置跟踪 LMI 控制算法

3.2.1 系统描述

考虑电机-负载模型如下：

$$J\ddot{\theta}=-b\dot{\theta}+u(t) \tag{3.11}$$

其中，θ 为角度，J 为转动惯量，b 为黏性系数，u 为控制输入，$|u(t)|\leqslant u_{\max}$。

式(3.11)可写为

$$\ddot{\theta}=-\frac{b}{J}\dot{\theta}+\frac{1}{J}u(t)$$

取角度指令为 θ_{d}，则角度跟踪误差为 $x_1=\theta-\theta_{\mathrm{d}}$，角速度跟踪误差为 $x_2=\dot{\theta}-\dot{\theta}_{\mathrm{d}}$，则控制目标在控制输入受限条件下，实现角度和角速度跟踪，即 $t\rightarrow\infty$ 时，$x_1\rightarrow 0$，$x_2\rightarrow 0$，$|u(t)|\leqslant u_{\max}$。

由于

$$\begin{aligned}\dot{x}_2&=-\frac{b}{J}\dot{\theta}+\frac{1}{J}u-\ddot{\theta}_{\mathrm{d}}=-\frac{b}{J}(x_2+\dot{\theta}_{\mathrm{d}})+\frac{1}{J}u-\ddot{\theta}_{\mathrm{d}}\\&=-\frac{b}{J}x_2+\frac{1}{J}u-\ddot{\theta}_{\mathrm{d}}-\frac{b}{J}\dot{\theta}_{\mathrm{d}}\\&=-\frac{b}{J}x_2+\frac{1}{J}(u-J\ddot{\theta}_{\mathrm{d}}-b\dot{\theta}_{\mathrm{d}})\end{aligned}$$

取 $\tau=u-J\ddot{\theta}_{\mathrm{d}}-b\dot{\theta}_{\mathrm{d}}$，即

$$u=\tau+J\ddot{\theta}_{\mathrm{d}}+b\dot{\theta}_{\mathrm{d}} \tag{3.12}$$

则 $|u(t)|\leqslant u_{\max}$ 转化为 $|\tau+J\ddot{\theta}_{\mathrm{d}}+b\dot{\theta}_{\mathrm{d}}|\leqslant u_{\max}$，即 $-u_{\max}\leqslant\tau+J\ddot{\theta}_{\mathrm{d}}+b\dot{\theta}_{\mathrm{d}}\leqslant u_{\max}$，从而

$$\tau\leqslant u_{\max}-J\ddot{\theta}_{\mathrm{d}}-b\dot{\theta}_{\mathrm{d}}\leqslant u_{\max}+J\ |\ddot{\theta}_{\mathrm{d}}|_{\max}+b\ |\dot{\theta}_{\mathrm{d}}|_{\max}$$

即

$$\tau_{\max}=u_{\max}+J\ |\ddot{\theta}_{\mathrm{d}}|_{\max}+b\ |\dot{\theta}_{\mathrm{d}}|_{\max}$$

从而由 $u_{\max}$ 可得到 $\tau_{\max}$。

由 $\dot{x}_2=-\frac{b}{J}x_2+\frac{1}{J}\tau$，可得

$$\begin{aligned}\dot{x}_1&=x_2\\\dot{x}_2&=-\frac{b}{J}x_2+\frac{1}{J}\tau\end{aligned}$$

则误差状态方程为

$$\dot{\boldsymbol{x}}=\boldsymbol{A}\boldsymbol{x}+\boldsymbol{B}\tau \tag{3.13}$$

其中，$\boldsymbol{x}=[x_1 \quad x_2]^{\mathrm{T}}$，$\boldsymbol{A}=\begin{bmatrix}0 & 0\\ 0 & -\dfrac{b}{J}\end{bmatrix}$，$\boldsymbol{B}=\begin{bmatrix}0\\ \dfrac{1}{J}\end{bmatrix}$。

控制器设计为

$$\tau=\boldsymbol{K}\boldsymbol{x} \tag{3.14}$$

其中，$\boldsymbol{K}=[k_1 \quad k_2]$。

控制目标转化为通过设计 LMI，实现 $\boldsymbol{x}\to 0$，$|\tau|\leqslant\tau_{\max}$。

针对模型式(3.13)进行控制器的设计、收敛性分析及 LMI 的设计，与 3.1 节相同。

3.2.2 仿真实例

实际模型为

$$\ddot{\theta}=-25\dot{\theta}+133u(t)$$

被控对象角度和角速度的初始值为$[1.0 \quad 0]^{\mathrm{T}}$，取角度指令为 $\theta_{\mathrm{d}}=\sin t$，则 $\dot{\theta}_{\mathrm{d}}=\cos t$，角度跟踪误差为 $x_1(0)=\theta(0)-\theta_{\mathrm{d}}(0)=1.0$，角速度跟踪误差为 $x_2(0)=\dot{\theta}(0)-\dot{\theta}_d(0)=-1.0$，$\boldsymbol{x}(0)=[1 \quad -1]$。

取 $\bar{\omega}=0.10$，$\alpha=10$，$u_{\max}=1.0$，采用 LMI 程序 chap3_2LMI.m，求解 LMI 式(3.7)至式(3.10)，MATLAB 运行后显示有可行解，解为 $\boldsymbol{K}=[-0.9870 \quad -0.0293]$。控制律采用式(3.12)，将求得的 $\boldsymbol{K}$ 代入控制器程序 chap3_2ctrl.m，仿真结果如图 3.3 和图 3.4 所示。为了保证有可行解，可取 $u_{\max}$ 为较大的值，并取 α 为较小的值。

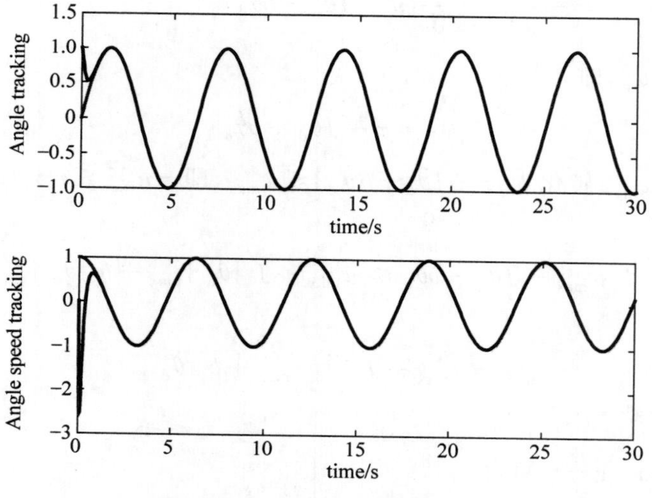

图 3.3　角度和角速度跟踪

仿真程序：

(1) LMI 不等式求 K 程序：chap3_2LMI.m

```
clear all;
```

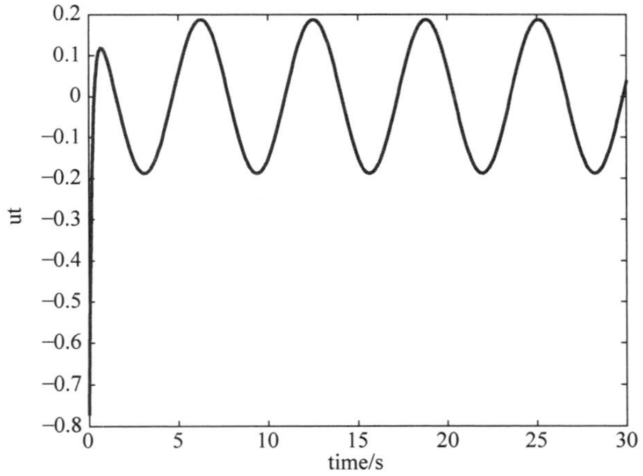

图 3.4 控制输入信号

```
close all;

J = 1/133;
b = 25/133;

A = [0 0;0  - b/J];
B = [0 1/J]';

K = sdpvar(1,2);

M = sdpvar(3,3);
F = sdpvar(1,2);

P = sdpvar(2,2,'symmetric');
N = sdpvar(2,2,'symmetric');

umax = 1.0;
tol_max = umax + J + b;
alfa = 10;w_bar = 1.0;

 % First LMI
x0 = [1  - 1]';
L1 = set((alfa * N + A * N + B * F + N * A' + F' * B')< 0);

 % Second LMI
k0 = tol_max^2/w_bar;
M = [k0 * N F';F 1];
L2 = set(M > 0);

 % Third LMI
L3 = set(N > 0);
```

```
% Fourth LMI
M1 = [w_bar x0';x0 N];
L4 = set(M1 > 0);


L = L1 + L2 + L3 + L4;
solvesdp(L);

F = double(F);
N = double(N);

P = inv(N)
K = F * P
```

(2) Simulink 主程序：chap3_2sim. mdl

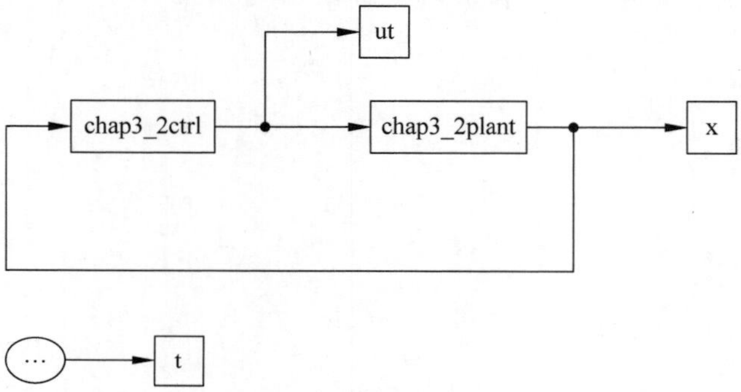

(3) 被控对象 S 函数：chap3_2plant. m

```
function [sys,x0,str,ts] = spacemodel(t,x,u,flag)
switch flag,
case 0,
    [sys,x0,str,ts] = mdlInitializeSizes;
case 1,
    sys = mdlDerivatives(t,x,u);
case 3,
    sys = mdlOutputs(t,x,u);
case {2,4,9}
    sys = [];
otherwise
    error(['Unhandled flag = ',num2str(flag)]);
end
function [sys,x0,str,ts] = mdlInitializeSizes
sizes = simsizes;
sizes.NumContStates   = 2;
sizes.NumDiscStates   = 0;
sizes.NumOutputs      = 2;
sizes.NumInputs       = 1;
sizes.DirFeedthrough  = 0;
```

```
sizes.NumSampleTimes  = 0;
sys = simsizes(sizes);
x0 = [1 0];
str = [];
ts = [];
function sys = mdlDerivatives(t,x,u)
A = [0 1;0 -25];
B = [0 133]';

ut = u(1);

dx = A * x + B * ut;

sys(1) = dx(1);
sys(2) = dx(2);
function sys = mdlOutputs(t,x,u)
sys(1) = x(1);
sys(2) = x(2);
```

(4) 控制器 S 函数：chap3_2ctrl.m

```
function [sys,x0,str,ts] = spacemodel(t,x,u,flag)
switch flag,
case 0,
    [sys,x0,str,ts] = mdlInitializeSizes;
case 3,
    sys = mdlOutputs(t,x,u);
case {2,4,9}
    sys = [];
otherwise
    error(['Unhandled flag = ',num2str(flag)]);
end
function [sys,x0,str,ts] = mdlInitializeSizes
sizes = simsizes;
sizes.NumContStates  = 0;
sizes.NumDiscStates  = 0;
sizes.NumOutputs     = 1;
sizes.NumInputs      = 2;
sizes.DirFeedthrough = 1;
sizes.NumSampleTimes = 1;
sys = simsizes(sizes);
x0 = [];
str = [];
ts = [0 0];
function sys = mdlOutputs(t,x,u)
x1 = u(1);
x2 = u(2);

xd = sin(t);
dxd = cos(t);
```

```
ddxd = - sin(t);
e = x1 - xd;
de = x2 - dxd;

K = [ - 0.9870  - 0.0293];

tol = K * [e de]';

ut = tol + 1/133 * ddxd + 25/133 * dxd;

sys(1) = ut;
```

(5) 作图程序：chap3_2plot. m

```
close all;

figure(1);
subplot(211);
plot(t,sin(t),'r',t,x(:,1),'b','linewidth',2);
xlabel('time(s)');ylabel('Angle tracking');
subplot(212);
plot(t,cos(t),'r',t,x(:,2),'b','linewidth',2);
xlabel('time(s)');ylabel('Angle speed tracking');

figure(2);
plot(t,ut(:,1),'r','linewidth',2);
xlabel('time(s)');ylabel('ut');
```

3.3 控制输入受限下带扰动控制系统 LMI 控制算法设计

3.3.1 系统描述

考虑状态方程

$$\dot{\boldsymbol{x}} = \boldsymbol{A}\boldsymbol{x} + \boldsymbol{B}(u + d) \tag{3.15}$$

其中，$\boldsymbol{x} = [x_1 \quad x_2]^{\mathrm{T}}$，$u$ 为控制输入，$|u| \leqslant u_{\max}$，$d(t)$为加在控制输入上的积分有界扰动。

控制器设计为

$$u = \boldsymbol{K}\boldsymbol{x} \tag{3.16}$$

其中，$\boldsymbol{K} = [k_1 \quad k_2]$。

控制目标为在满足$|u| \leqslant u_{\max}$ 条件下，通过设计 LMI 求解 $\boldsymbol{K}$，实现 $\boldsymbol{x} \to 0$。

3.3.2 基于 H_∞ 指标控制器的设计与分析

设计 Lyapunov 函数如下：

$$V = \boldsymbol{x}^{\mathrm{T}}\boldsymbol{P}\boldsymbol{x}$$

其中，$\boldsymbol{P}>0,\boldsymbol{P}=\boldsymbol{P}^{\mathrm{T}}$。

通过 $\boldsymbol{P}$ 的设计，可有效地调节 $\boldsymbol{x}$ 的收敛效果，并有利于 LMI 的求解。则

$$\begin{aligned}\dot{V}&=\dot{\boldsymbol{x}}^{\mathrm{T}}\boldsymbol{P}\boldsymbol{x}+\boldsymbol{x}^{\mathrm{T}}\boldsymbol{P}\dot{\boldsymbol{x}}\\&=(\boldsymbol{A}\boldsymbol{x}+\boldsymbol{B}u+\boldsymbol{B}d)^{\mathrm{T}}\boldsymbol{P}\boldsymbol{x}+\boldsymbol{x}^{\mathrm{T}}\boldsymbol{P}(\boldsymbol{A}\boldsymbol{x}+\boldsymbol{B}u+\boldsymbol{B}d)\\&=(\boldsymbol{A}\boldsymbol{x}+\boldsymbol{B}\boldsymbol{K}\boldsymbol{x}+\boldsymbol{B}d)^{\mathrm{T}}\boldsymbol{P}\boldsymbol{x}+\boldsymbol{x}^{\mathrm{T}}\boldsymbol{P}(\boldsymbol{A}\boldsymbol{x}+\boldsymbol{B}\boldsymbol{K}\boldsymbol{x}+\boldsymbol{B}d)\\&=\boldsymbol{x}^{\mathrm{T}}(\boldsymbol{A}+\boldsymbol{B}\boldsymbol{K})^{\mathrm{T}}\boldsymbol{P}\boldsymbol{x}+\boldsymbol{x}^{\mathrm{T}}\boldsymbol{P}(\boldsymbol{A}+\boldsymbol{B}\boldsymbol{K})\boldsymbol{x}+(\boldsymbol{B}d)^{\mathrm{T}}\boldsymbol{P}\boldsymbol{x}+\boldsymbol{x}^{\mathrm{T}}\boldsymbol{P}(\boldsymbol{B}d)\\&=\boldsymbol{x}^{\mathrm{T}}\boldsymbol{Q}_1^{\mathrm{T}}\boldsymbol{x}+\boldsymbol{x}^{\mathrm{T}}\boldsymbol{Q}_1\boldsymbol{x}+(\boldsymbol{B}^{\mathrm{T}}\boldsymbol{P}\boldsymbol{x}+\boldsymbol{x}^{\mathrm{T}}\boldsymbol{P}\boldsymbol{B})d\end{aligned}$$

其中，$\boldsymbol{Q}_1=\boldsymbol{P}(\boldsymbol{A}+\boldsymbol{B}\boldsymbol{K}),\boldsymbol{Q}=\boldsymbol{Q}_1^{\mathrm{T}}+\boldsymbol{Q}_1$。

令 $\boldsymbol{\eta}=[\boldsymbol{x}^{\mathrm{T}}\quad d]^{\mathrm{T}}$，则

$$\boldsymbol{\eta}=\begin{bmatrix}x_1\\x_2\\d\end{bmatrix}=\begin{bmatrix}\boldsymbol{x}\\d\end{bmatrix},\quad \boldsymbol{\eta}^{\mathrm{T}}=[\boldsymbol{x}^{\mathrm{T}}\quad d]=[x_1\quad x_2\quad d]$$

从而

$$\dot{V}=\boldsymbol{x}^{\mathrm{T}}\boldsymbol{Q}\boldsymbol{x}+\boldsymbol{\eta}^{\mathrm{T}}\begin{bmatrix}0&\boldsymbol{P}\boldsymbol{B}\\\boldsymbol{B}^{\mathrm{T}}\boldsymbol{P}&0\end{bmatrix}\boldsymbol{\eta}=\boldsymbol{\eta}^{\mathrm{T}}\begin{bmatrix}\boldsymbol{Q}&\boldsymbol{P}\boldsymbol{B}\\\boldsymbol{B}^{\mathrm{T}}\boldsymbol{P}&0\end{bmatrix}\boldsymbol{\eta}$$

其中，

$$\boldsymbol{x}^{\mathrm{T}}\boldsymbol{Q}\boldsymbol{x}=[\boldsymbol{x}^{\mathrm{T}}\quad d]\begin{bmatrix}\boldsymbol{Q}&0\\0&0\end{bmatrix}\begin{bmatrix}x\\d\end{bmatrix}=\boldsymbol{\eta}^{\mathrm{T}}\begin{bmatrix}\boldsymbol{Q}&0\\0&0\end{bmatrix}\boldsymbol{\eta}$$

$$\begin{aligned}(\boldsymbol{B}^{\mathrm{T}}\boldsymbol{P}\boldsymbol{x}+\boldsymbol{x}^{\mathrm{T}}\boldsymbol{P}\boldsymbol{B})d&=[d\boldsymbol{B}^{\mathrm{T}}\boldsymbol{P}\quad \boldsymbol{x}^{\mathrm{T}}\boldsymbol{P}\boldsymbol{B}]\begin{bmatrix}\boldsymbol{x}\\d\end{bmatrix}\\&=[\boldsymbol{x}^{\mathrm{T}}\quad d]\begin{bmatrix}0&\boldsymbol{P}\boldsymbol{B}\\\boldsymbol{B}^{\mathrm{T}}\boldsymbol{P}&0\end{bmatrix}\begin{bmatrix}\boldsymbol{x}\\d\end{bmatrix}=\boldsymbol{\eta}^{\mathrm{T}}\begin{bmatrix}0&\boldsymbol{P}\boldsymbol{B}\\\boldsymbol{B}^{\mathrm{T}}\boldsymbol{P}&0\end{bmatrix}\boldsymbol{\eta}\end{aligned}$$

输出为 $\boldsymbol{Z}=\boldsymbol{C}\boldsymbol{x}$，$\boldsymbol{H}_\infty$ 指标取

$$\int_0^t\boldsymbol{Z}^{\mathrm{T}}\boldsymbol{Z}\mathrm{d}t<\int_0^t\gamma^2d^2(t)\mathrm{d}t+V(0)\tag{3.17}$$

其中，$\gamma>0,\boldsymbol{C}=\begin{bmatrix}1&0\\0&1\end{bmatrix}$。

由于

$$\boldsymbol{Z}^{\mathrm{T}}\boldsymbol{Z}-\gamma^2d^2=\boldsymbol{x}^{\mathrm{T}}\boldsymbol{C}^{\mathrm{T}}\boldsymbol{C}\boldsymbol{x}-\gamma^2d^2$$

$$\begin{aligned}\boldsymbol{\eta}^{\mathrm{T}}\begin{bmatrix}\boldsymbol{C}^{\mathrm{T}}\boldsymbol{C}&0\\0&-\gamma^2\end{bmatrix}\boldsymbol{\eta}&=[\boldsymbol{x}^{\mathrm{T}}\quad d]\begin{bmatrix}\boldsymbol{C}^{\mathrm{T}}\boldsymbol{C}&0\\0&-\gamma^2\end{bmatrix}\begin{bmatrix}\boldsymbol{x}\\d\end{bmatrix}\\&=[\boldsymbol{x}^{\mathrm{T}}\boldsymbol{C}^{\mathrm{T}}\boldsymbol{C}\quad -\gamma^2d]\begin{bmatrix}\boldsymbol{x}\\d\end{bmatrix}=\boldsymbol{x}^{\mathrm{T}}\boldsymbol{C}^{\mathrm{T}}\boldsymbol{C}\boldsymbol{x}-\gamma^2d^2\end{aligned}$$

则

$$\boldsymbol{Z}^{\mathrm{T}}\boldsymbol{Z}-\gamma^2d^2=\boldsymbol{\eta}^{\mathrm{T}}\begin{bmatrix}\boldsymbol{C}^{\mathrm{T}}\boldsymbol{C}&0\\0&-\gamma^2\end{bmatrix}\boldsymbol{\eta}$$

从而

$$\dot{V}+\boldsymbol{Z}^{\mathrm{T}}\boldsymbol{Z}-\gamma^2 d^2=\boldsymbol{\eta}^{\mathrm{T}}\begin{bmatrix}\boldsymbol{Q}+\boldsymbol{C}^{\mathrm{T}}\boldsymbol{C} & \boldsymbol{PB}\\(\boldsymbol{PB})^{\mathrm{T}} & -\gamma^2\end{bmatrix}\boldsymbol{\eta}$$

取

$$\boldsymbol{\theta}=\begin{bmatrix}\boldsymbol{Q}+\boldsymbol{C}^{\mathrm{T}}\boldsymbol{C} & \boldsymbol{PB}\\(\boldsymbol{PB})^{\mathrm{T}} & -\gamma^2\end{bmatrix}<0 \tag{3.18}$$

则

$$\dot{V}+\boldsymbol{Z}^{\mathrm{T}}\boldsymbol{Z}-\gamma^2 d^2\leqslant 0$$

对上式积分，可得

$$V+\int_0^t \boldsymbol{Z}^{\mathrm{T}}\boldsymbol{Z}\mathrm{d}t\leqslant\int_0^t \gamma^2 d^2\mathrm{d}t+V(0)$$

假设 d 为递减的扰动信号，即积分有界扰动[4]，取

$$\int_0^\infty d^2\mathrm{d}t\leqslant\gamma^{-2}v_{\max}$$

由于 $\int_0^t \boldsymbol{Z}^{\mathrm{T}}\boldsymbol{Z}\mathrm{d}t\geqslant 0$，则

$$V(t)\leqslant\bar{\omega}$$

其中，$v_{\max}+V(0)\leqslant\bar{\omega}$。

由 $V(t)\leqslant\bar{\omega}$ 可得

$$\boldsymbol{P}_{\min}\|\boldsymbol{x}\|^2\leqslant\boldsymbol{x}^{\mathrm{T}}\boldsymbol{P}\boldsymbol{x}\leqslant\bar{\omega}$$

则收敛结果为

$$\|\boldsymbol{x}\|^2\leqslant\frac{v_{\max}+V(0)}{\boldsymbol{P}_{\min}}$$

3.3.3 闭环系统 LMI 的设计

由式(3.18)展开，可得

$$\begin{bmatrix}\boldsymbol{PA}+\boldsymbol{PBK}+\boldsymbol{A}^{\mathrm{T}}\boldsymbol{P}+\boldsymbol{K}^{\mathrm{T}}\boldsymbol{B}^{\mathrm{T}}\boldsymbol{P} & \boldsymbol{PB}\\(\boldsymbol{PB})^{\mathrm{T}} & -\gamma^2\end{bmatrix}<0$$

左右同乘以 $\begin{bmatrix}\boldsymbol{P}^{-1} & 0\\0 & 1\end{bmatrix}$，可得

$$\begin{bmatrix}\boldsymbol{AP}^{-1}+\boldsymbol{BKP}^{-1}+\boldsymbol{P}^{-1}\boldsymbol{A}^{\mathrm{T}}+\boldsymbol{P}^{-1}\boldsymbol{K}^{\mathrm{T}}\boldsymbol{B}^{\mathrm{T}} & \boldsymbol{B}\\\boldsymbol{B}^{\mathrm{T}} & -\gamma^2\end{bmatrix}<0 \tag{3.19}$$

令 $\boldsymbol{F}=\boldsymbol{KP}^{-1}$，$\boldsymbol{N}=\boldsymbol{P}^{-1}$，则 $\boldsymbol{P}^{-1}\boldsymbol{K}^{\mathrm{T}}=\boldsymbol{F}^{\mathrm{T}}$，由式(3.19)，可得第 1 个 LMI 为

$$\begin{bmatrix}\boldsymbol{AN}+\boldsymbol{BF}+\boldsymbol{NA}^{\mathrm{T}}+\boldsymbol{F}^{\mathrm{T}}\boldsymbol{B}^{\mathrm{T}} & \boldsymbol{B}\\\boldsymbol{B}^{\mathrm{T}} & -\gamma^2\end{bmatrix}<0 \tag{3.20}$$

根据 $\boldsymbol{P}$ 的定义，可设计第 2 个 LMI 为

$$\boldsymbol{N}>0,\quad \boldsymbol{N}=\boldsymbol{N}^{\mathrm{T}} \tag{3.21}$$

3.3.4 控制输入受限下 LMI 的设计

由于 $V(0)=\boldsymbol{x}_0^{\mathrm{T}}\boldsymbol{P}\boldsymbol{x}_0$，如果存在正定对称阵 $\boldsymbol{P}$ 和 $\bar{\omega}>0$，使得 $\boldsymbol{x}_0^{\mathrm{T}}\boldsymbol{P}\boldsymbol{x}_0\leqslant\bar{\omega}$ 成立，则可保证 $V(0)\leqslant\bar{\omega}$，从而保证 $V(t)\leqslant\bar{\omega}$。

取 $\boldsymbol{K}^{\mathrm{T}}\boldsymbol{K}\leqslant\bar{\omega}^{-1}u_{\max}^2\boldsymbol{P}$，由 $u=\boldsymbol{K}\boldsymbol{x}$ 可得

$$u^2=(\boldsymbol{K}\boldsymbol{x})^{\mathrm{T}}\boldsymbol{K}\boldsymbol{x}=\boldsymbol{x}^{\mathrm{T}}\boldsymbol{K}^{\mathrm{T}}\boldsymbol{K}\boldsymbol{x}\leqslant\boldsymbol{x}^{\mathrm{T}}\bar{\omega}^{-1}u_{\max}^2\boldsymbol{P}\boldsymbol{x}=\bar{\omega}^{-1}u_{\max}^2V\leqslant u_{\max}^2$$

则

$$|u|\leqslant u_{\max}$$

通过上述分析，构造 LMI 如下：

$$\boldsymbol{K}^{\mathrm{T}}\boldsymbol{K}-\bar{\omega}^{-1}u_{\max}^2\boldsymbol{P}\leqslant 0 \tag{3.22}$$

不等式(3.22)中含有非线性项，必须转化为线性矩阵不等式才能求解。取 $k_0=\bar{\omega}^{-1}u_{\max}^2$，则不等式(3.22)变为 $\boldsymbol{K}^{\mathrm{T}}\boldsymbol{K}\leqslant k_0\boldsymbol{P}$。根据 Schur 补定理，式(3.22)变换为

$$\begin{bmatrix} k_0\boldsymbol{P} & \boldsymbol{K}^{\mathrm{T}} \\ \boldsymbol{K} & 1 \end{bmatrix}\geqslant 0$$

左右同乘以 $\begin{bmatrix} \boldsymbol{P}^{-1} & 0 \\ 0 & 1 \end{bmatrix}$，可得

$$\begin{bmatrix} k_0\boldsymbol{P}^{-1} & \boldsymbol{P}^{-1}\boldsymbol{K}^{\mathrm{T}} \\ \boldsymbol{K}\boldsymbol{P}^{-1} & 1 \end{bmatrix}\geqslant 0 \tag{3.23}$$

令 $\boldsymbol{F}=\boldsymbol{K}\boldsymbol{P}^{-1}$ 和 $\boldsymbol{N}=\boldsymbol{P}^{-1}$，则 $\boldsymbol{P}^{-1}\boldsymbol{K}^{\mathrm{T}}=\boldsymbol{F}^{\mathrm{T}}$，由式(3.23)，可得第 3 个 LMI 为

$$\begin{bmatrix} k_0\boldsymbol{N} & \boldsymbol{F}^{\mathrm{T}} \\ \boldsymbol{F} & 1 \end{bmatrix}\geqslant 0 \tag{3.24}$$

要满足 $\boldsymbol{x}_0^{\mathrm{T}}\boldsymbol{P}\boldsymbol{x}_0\leqslant\bar{\omega}$，根据 Schur 补定理，可将其设计为第 4 个 LMI 为

$$\begin{bmatrix} \bar{\omega} & \boldsymbol{x}_0^{\mathrm{T}} \\ \boldsymbol{x}_0 & \boldsymbol{N} \end{bmatrix}\geqslant 0 \tag{3.25}$$

通过上面 4 个 LMI，设计合适的 $u_{\max}$，可求得有效的 $\boldsymbol{K}$。

3.3.5 仿真实例

实际模型为

$$\ddot{\theta}=-25\dot{\theta}+133[u(t)+d(t)]$$

考虑模型式(3.1)，取 $x_1=\theta$，$x_2=\dot{\theta}$，则对应于式 $\dot{\boldsymbol{x}}=\boldsymbol{A}\boldsymbol{x}+\boldsymbol{B}(u+d)$，有 $\boldsymbol{A}=\begin{bmatrix} 0 & 0 \\ 0 & -\dfrac{b}{J} \end{bmatrix}$，$\boldsymbol{B}=\begin{bmatrix} 0 \\ \dfrac{1}{J} \end{bmatrix}$。取 $J=\dfrac{1}{133}$，$b=\dfrac{25}{133}$，$d=0.1\mathrm{e}^{-5t}$，初始状态值为 $\boldsymbol{x}(0)=[0.1\quad 0]$。

取 $\gamma=3.0$，$\bar{\omega}=0.10$，$u_{\max}=0.50$，采用 LMI 程序 chap3_3LMI. m，求解 LMI 式(3.20)、式(3.21)、式(3.24)和式(3.25)，MATLAB 运行后显示有可行解，解为 $\boldsymbol{K}=[-0.0099 \quad 0.1809]$。控制律采用式(3.16)，将求得的 $\boldsymbol{K}$ 代入控制器程序 chap3_3ctrl. m，仿真结果如图 3.5 和图 3.6 所示。

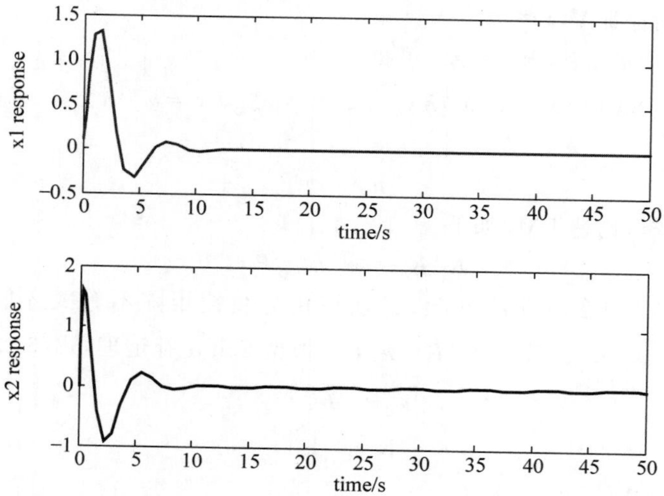

图 3.5　状态响应

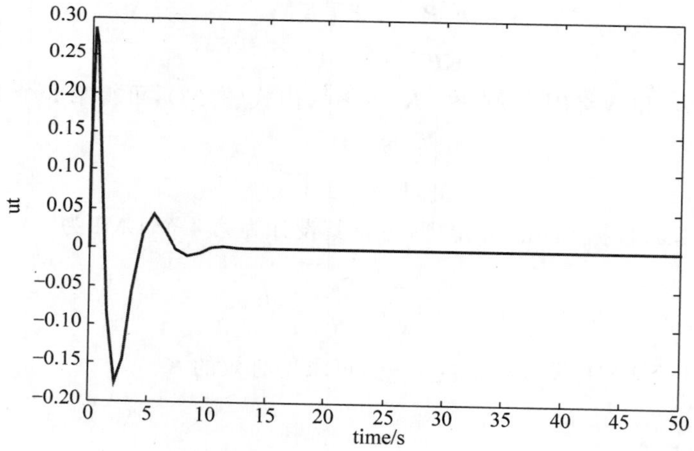

图 3.6　控制输入信号

仿真程序：

(1) LMI 不等式求 K 程序：chap3_3LMI. m

```
clear all;
close all;

J = 1/133;b = 25/133;
A = [0 1;0 - b/J];
B = [0 1/J]';
```

```
F = sdpvar(1,2);
P = sdpvar(2,2,'symmetric');
N = sdpvar(2,2,'symmetric');

% First LMI
gama = 3.0;
M = [A * N + B * F + N * A' + F' * B' B;B' - gama^2];
L1 = set(M < 0);

% Second LMI
L2 = set(N > 0);

umax = 0.50;
w_bar = 0.10;
x0 = [1 0]';
% Third LMI
k0 = umax^2/w_bar;
M1 = [k0 * N F';F 1];
L3 = set(M1 > 0);
% Fourth LMI
M2 = [w_bar x0';x0 N];
L4 = set(M2 > 0);

L = L1 + L2 + L3 + L4;
solvesdp(L);

F = double(F);
N = double(N);

P = inv(N);
K = F * P
```

(2) Simulink 主程序：chap3_3sim. mdl

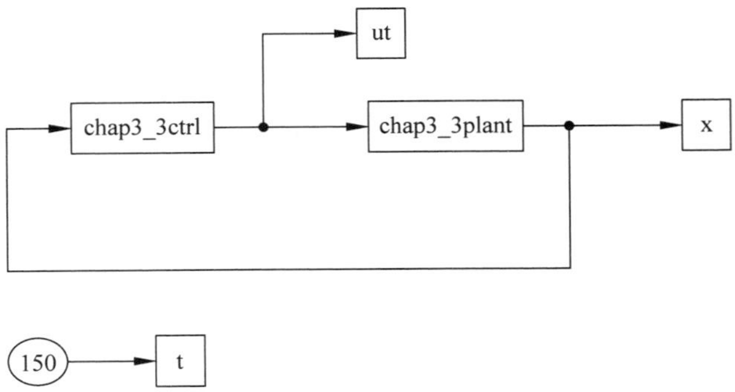

(3) 被控对象 S 函数：chap3_3plant. m

```
function [sys,x0,str,ts] = spacemodel(t,x,u,flag)
switch flag,
case 0,
    [sys,x0,str,ts] = mdlInitializeSizes;
case 1,
sys = mdlDerivatives(t,x,u);
```

```
case 3,
sys = mdlOutputs(t,x,u);
case {2,4,9}
sys = [];
otherwise
error(['Unhandled flag = ',num2str(flag)]);
end
function [sys,x0,str,ts] = mdlInitializeSizes
sizes = simsizes;
sizes.NumContStates  = 2;
sizes.NumDiscStates  = 0;
sizes.NumOutputs     = 2;
sizes.NumInputs      = 1;
sizes.DirFeedthrough = 0;
sizes.NumSampleTimes = 0;
sys = simsizes(sizes);
x0 = [0.1 0];
str = [];
ts = [];
function sys = mdlDerivatives(t,x,u)
A = [0 1;0 -25];
B = [0 133]';

ut = u(1);
dt = 0.10 * exp(-5 * t);

dx = A * x + B * (ut + dt);

sys(1) = dx(1);
sys(2) = dx(2);
function sys = mdlOutputs(t,x,u)
sys(1) = x(1);
sys(2) = x(2);
```

（4）控制器 *S* 函数：chap3_3ctrl.m

```
function [sys,x0,str,ts] = spacemodel(t,x,u,flag)
switch flag,
case 0,
    [sys,x0,str,ts] = mdlInitializeSizes;
case 3,
sys = mdlOutputs(t,x,u);
case {2,4,9}
sys = [];
otherwise
error(['Unhandled flag = ',num2str(flag)]);
end
function [sys,x0,str,ts] = mdlInitializeSizes
sizes = simsizes;
sizes.NumContStates  = 0;
sizes.NumDiscStates  = 0;
```

```
sizes.NumOutputs      = 1;
sizes.NumInputs       = 2;
sizes.DirFeedthrough  = 1;
sizes.NumSampleTimes  = 1;
sys = simsizes(sizes);
x0 = [];
str = [];
ts = [0 0];
function sys = mdlOutputs(t,x,u)
x1 = u(1);
x2 = u(2);
X = [x1 x2]';

K = [ - 0.0099 0.1809];
ut = K * X;
sys(1) = ut;
```

(5) 作图程序：chap3_3plot.m

```
close all;

figure(1);
subplot(211);
plot(t,x(:,1),'r','linewidth',2);
xlabel('time(s)');ylabel('x1 response');
subplot(212);
plot(t,x(:,2),'b','linewidth',2);
xlabel('time(s)');ylabel('x2 response');

figure(2);
plot(t,ut(:,1),'r','linewidth',2);
xlabel('time(s)');ylabel('ut');
```

3.4 控制输入受限下带扰动控制系统 LMI 跟踪控制算法设计

3.4.1 系统描述

考虑电机-负载模型

$$J\ddot{\theta} = -b\dot{\theta} + u(t) + d(t) \tag{3.26}$$

其中，θ 为角度，J 为转动惯量，b 为黏性系数，u 为控制输入，$d(t)$为加在控制输入上的积分有界扰动。

式(3.26)可写为

$$\ddot{\theta} = -\frac{b}{J}\dot{\theta} + \frac{1}{J}[u(t) + d(t)]$$

取角度指令为 θ_{d}，则角度跟踪误差为 $x_1 = \theta - \theta_d$，角速度跟踪误差为 $x_2 = \dot{\theta} - \dot{\theta}_{\mathrm{d}}$，则控制

目标为角度和角速度的跟踪，即 $t\to\infty$ 时，$x_1\to 0$，$x_2\to 0$。

由于

$$\begin{aligned}\dot{x}_2&=-\frac{b}{J}\dot{\theta}+\frac{1}{J}(u+d)-\ddot{\theta}_{\mathrm{d}}=-\frac{b}{J}(x_2+\dot{\theta}_{\mathrm{d}})+\frac{1}{J}(u+d)-\ddot{\theta}_{\mathrm{d}}\\&=-\frac{b}{J}x_2+\frac{1}{J}(u+d)-\ddot{\theta}_{\mathrm{d}}-\frac{b}{J}\dot{\theta}_{\mathrm{d}}\\&=-\frac{b}{J}x_2+\frac{1}{J}(u+d-J\ddot{\theta}_{\mathrm{d}}-b\dot{\theta}_{\mathrm{d}})\end{aligned}$$

取 $\tau=u-J\ddot{\theta}_{\mathrm{d}}-b\dot{\theta}_{\mathrm{d}}$，即 $u=\tau+J\ddot{\theta}_{\mathrm{d}}+b\dot{\theta}_{\mathrm{d}}$。由 $\dot{x}_2=-\frac{b}{J}x_2+\frac{1}{J}(\tau+d)$，可得

$$\dot{x}_1=x_2$$

$$\dot{x}_2=-\frac{b}{J}x_2+\frac{1}{J}(\tau+d)$$

则误差状态方程为

$$\dot{\boldsymbol{x}}=\boldsymbol{A}\boldsymbol{x}+\boldsymbol{B}(\tau+d) \tag{3.27}$$

其中，$\boldsymbol{x}=[x_1\quad x_2]^{\mathrm{T}}$，$\boldsymbol{A}=\begin{bmatrix}0 & 1\\ 0 & -\frac{b}{J}\end{bmatrix}$，$\boldsymbol{B}=\begin{bmatrix}0\\ \frac{1}{J}\end{bmatrix}$。

控制器设计为

$$\tau=\boldsymbol{K}\boldsymbol{x} \tag{3.28}$$

其中，$\boldsymbol{K}=[k_1\quad k_2]$。

控制目标转化为通过设计 LMI 求 $\boldsymbol{K}$，实现 $t\to\infty$ 时，$x\to 0$。

针对模型式(3.27)进行控制器的设计、收敛性分析及 LMI 的设计，与 3.3 节“带扰动的控制系统 LMI 控制算法设计”相同。

3.4.2 仿真实例

实际模型为

$$\ddot{\theta}=-25\dot{\theta}+133[u(t)+d(t)]$$

取 $x_1=\theta$，$x_2=\dot{\theta}$，则可得式 $\dot{\boldsymbol{x}}=\boldsymbol{A}\boldsymbol{x}+\boldsymbol{B}(\tau+d)$，取 $d=\mathrm{e}^{-5t}$，初始状态值为$[1.0\quad 0]^{\mathrm{T}}$。取角度指令为 $\theta_{\mathrm{d}}=\sin t$，则 $\dot{\theta}_{\mathrm{d}}=\cos t$，角度跟踪误差为 $x_1(0)=\theta(0)-\theta_{\mathrm{d}}(0)=1.0$，角速度跟踪误差为 $x_2(0)=\dot{\theta}(0)-\dot{\theta}_{\mathrm{d}}(0)=-1.0$，$\boldsymbol{x}(0)=[1\quad -1]$。

取 $\gamma=3.0$，采用 LMI 程序 chap3_4LMI.m，求解 LMI 式，求解 LMI 式(3.20)、式(3.21)、式(3.24)和式(3.25)，MATLAB 运行后显示有可行解，解为 $\boldsymbol{K}=[-0.0099\quad 0.1809]$。控制律采用式(3.28)和 $u=\tau+J\ddot{\theta}_{\mathrm{d}}+b\dot{\theta}_{d}$，将求得的 $\boldsymbol{K}$ 代入控制器程序 chap3_4ctrl.m 中，仿真结果如图 3.7 和图 3.8 所示。

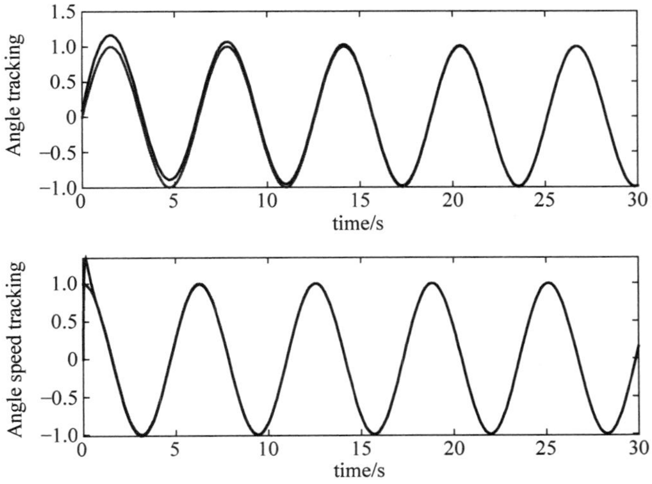

图 3.7　角度及角速度跟踪

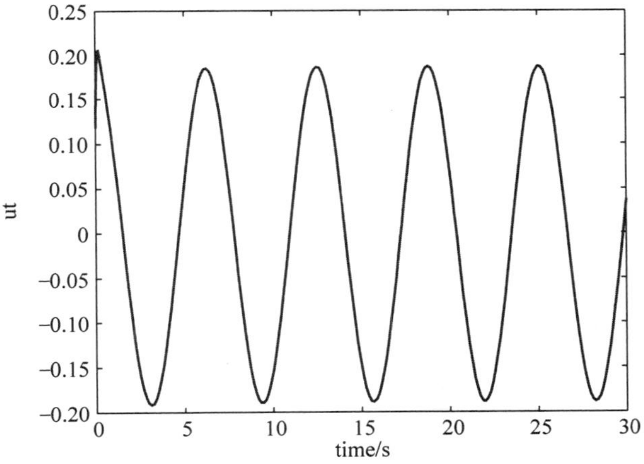

图 3.8　控制输入信号

仿真程序：

(1) LMI 不等式求 ***K*** 程序：chap3_4LMI. m

```
clear all;
close all;

J = 1/133;b = 25/133;
A = [0 1;0 - b/J];
B = [0 1/J]';

F = sdpvar(1,2);
P = sdpvar(2,2,'symmetric');
N = sdpvar(2,2,'symmetric');

 % First LMI
gama = 3.0;
```

```
M = [A * N + B * F + N * A' + F' * B' B;B' - gama^2];
L1 = set(M < 0);

 % Second LMI
L2 = set(N > 0);

umax = 0.50;
w_bar = 0.10;
x0 = [1 0]';
 % Third LMI
k0 = umax^2/w_bar;
M1 = [k0 * N F';F 1];
L3 = set(M1 > 0);
 % Fourth LMI
M2 = [w_bar x0';x0 N];
L4 = set(M2 > 0);

L = L1 + L2 + L3 + L4;
solvesdp(L);

F = double(F);
N = double(N);

P = inv(N);
K = F * P
```

(2) Simulink 主程序：chap3_4sim. mdl

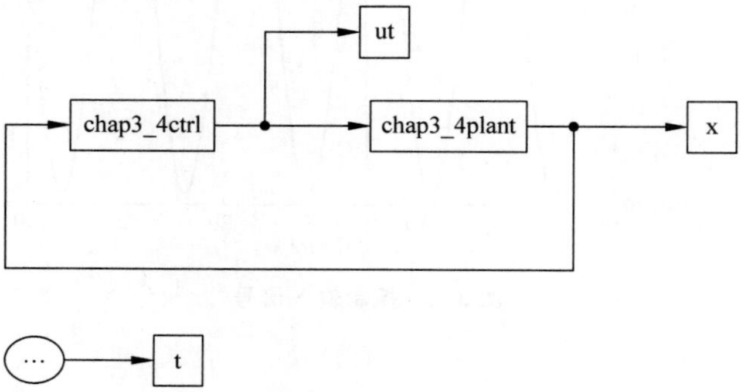

(3) 被控对象 S 函数：chap3_4plant. m

```
function [sys,x0,str,ts] = spacemodel(t,x,u,flag)
switch flag,
case 0,
    [sys,x0,str,ts] = mdlInitializeSizes;
case 1,
    sys = mdlDerivatives(t,x,u);
case 3,
    sys = mdlOutputs(t,x,u);
case {2,4,9}
    sys = [];
otherwise
```

```
    error(['Unhandled flag = ',num2str(flag)]);
end
function [sys,x0,str,ts] = mdlInitializeSizes
sizes = simsizes;
sizes.NumContStates  = 2;
sizes.NumDiscStates  = 0;
sizes.NumOutputs     = 2;
sizes.NumInputs      = 1;
sizes.DirFeedthrough = 0;
sizes.NumSampleTimes = 0;
sys = simsizes(sizes);
x0 = [0.1 0];
str = [];
ts = [];
function sys = mdlDerivatives(t,x,u)
A = [0 1;0 -25];
B = [0 133]';

ut = u(1);
dt = 0.10 * exp(-5 * t);

dx = A * x + B * (ut + dt);

sys(1) = dx(1);
sys(2) = dx(2);
function sys = mdlOutputs(t,x,u)
sys(1) = x(1);
sys(2) = x(2);
```

(4) 控制器 S 函数：chap3_4ctrl.m

```
function [sys,x0,str,ts] = spacemodel(t,x,u,flag)
switch flag,
case 0,
    [sys,x0,str,ts] = mdlInitializeSizes;
case 3,
    sys = mdlOutputs(t,x,u);
case {2,4,9}
    sys = [];
otherwise
    error(['Unhandled flag = ',num2str(flag)]);
end
function [sys,x0,str,ts] = mdlInitializeSizes
sizes = simsizes;
sizes.NumContStates  = 0;
sizes.NumDiscStates  = 0;
sizes.NumOutputs     = 1;
sizes.NumInputs      = 2;
sizes.DirFeedthrough = 1;
sizes.NumSampleTimes = 1;
sys = simsizes(sizes);
x0 = [];
```

```
str = [];
ts = [0 0];
function sys = mdlOutputs(t,x,u)
x1 = u(1);
x2 = u(2);
X = [x1 x2]';

xd = sin(t);dxd = cos(t);
ddxd = - sin(t);

e = x1 - xd;de = x2 - dxd;
X = [e de]';

%K = [ - 0.0099 0.1809];
%K = [ - 0.0305 0.1277];
K = [ - 0.0168 0.0667];

tol = K * X;
ut = tol + 1/133 * ddxd + 25/133 * dxd;

sys(1) = ut;
```

(5) 作图程序：chap3_4plot. m

```
close all;

figure(1);
subplot(211);
plot(t,sin(t),'r',t,x(:,1),'b','linewidth',2);
xlabel('time(s)');ylabel('Angle tracking');
subplot(212);
plot(t,cos(t),'r',t,x(:,2),'b','linewidth',2);
xlabel('time(s)');ylabel('Angle speed tracking');

figure(2);
plot(t,ut(:,1),'r','linewidth',2);
xlabel('time(s)');ylabel('ut');
```

参考文献

[1] Grimm G, Hatfield J, Postlethwaite I, et al. Antiwindup for stable linear systems with input saturation: An LMI-based synthesis[J]. IEEE Transactions on Automatic Control, 2003,48(9): 1509-1525.

[2] Hu T S, Teel A, Zaccarian L. Stability and performance for saturated systems via quadratic and non-quadratic lyapunov functions[J]. IEEE Transactions on Automatic Control, 2006, 51(3): 1770-1786.

[3] Wu H N, Zhu H Y, Wang J W. H_∞ Fuzzy control for a class of nonlinear coupled ODE-PDE systems with input constraint[J]. IEEE Transactions on Fuzzy Systems, 2015, 23(3): 393-604.

[4] Fang H, Lin Z, Hu T. Analysis of linear systems in the presence of actuator saturation and L2-disturbances[J]. Automatica, 2004, 40(7): 1229-1238.

第4章 基于LMI的输入及其变化率受限下的控制算法

4.1 基于LMI的控制输入及其变化率受限下的控制算法

在实际控制系统的设计中，通常面临控制输入幅值及其变化率受限的问题[1,2]。采用LMI方法，可实现控制输入及其变化率受限下的控制算法的设计。

4.1.1 系统描述

考虑如下被控对象

$$\dot{x}_1 = x_2$$

$$\dot{x}_2 = -\frac{b}{J}x_2 + \frac{1}{J}u$$

其中，J 为转动惯量，b 为黏性系数，u 为控制输入，x_1 和 x_2 分别为角度和角速度。

转化为状态方程

$$\dot{\boldsymbol{x}} = \boldsymbol{A}\boldsymbol{x} + \boldsymbol{B}u \tag{4.1}$$

其中，u 为控制输入，$\boldsymbol{x} = [x_1 \quad x_2]^{\mathrm{T}}$，$\boldsymbol{A} = \begin{bmatrix} 0 & 0 \\ 0 & -\frac{b}{J} \end{bmatrix}$，$\boldsymbol{B} = \begin{bmatrix} 0 \\ \frac{1}{J} \end{bmatrix}$。

控制器设计为

$$u = \boldsymbol{K}\boldsymbol{x} \tag{4.2}$$

其中，$\boldsymbol{K} = [k_1 \quad k_2]$。

控制目标转化为通过设计LMI，实现 $\boldsymbol{x} \to 0$，$|u| \leqslant u_{\max}$，$|\dot{u}| \leqslant \dot{u}_{\max}$。

4.1.2 控制器的设计与分析

设计 Lyapunov 函数如下：

$$V = \boldsymbol{x}^{\mathrm{T}}\boldsymbol{P}\boldsymbol{x}$$

其中，$\boldsymbol{P} > 0$，$\boldsymbol{P} = \boldsymbol{P}^{\mathrm{T}}$。

则

$$\begin{aligned}\dot V&=\dot{\boldsymbol x}^{\mathrm T}\boldsymbol P\boldsymbol x+\boldsymbol x^{\mathrm T}\boldsymbol P\dot{\boldsymbol x}\\&=(\boldsymbol{Ax}+\boldsymbol{Bu})^{\mathrm T}\boldsymbol{Px}+\boldsymbol x^{\mathrm T}\boldsymbol P(\boldsymbol{Ax}+\boldsymbol{Bu})\\&=(\boldsymbol{Ax}+\boldsymbol{BKx})^{\mathrm T}\boldsymbol{Px}+\boldsymbol x^{\mathrm T}\boldsymbol P(\boldsymbol{Ax}+\boldsymbol{BKx})\\&=\boldsymbol x^{\mathrm T}(\boldsymbol A+\boldsymbol{BK})^{\mathrm T}\boldsymbol{Px}+\boldsymbol x^{\mathrm T}\boldsymbol P(\boldsymbol A+\boldsymbol{BK})\boldsymbol x\\&=\boldsymbol x^{\mathrm T}\boldsymbol Q_1^{\mathrm T}\boldsymbol x+\boldsymbol x^{\mathrm T}\boldsymbol Q_1\boldsymbol x=\boldsymbol x^{\mathrm T}\boldsymbol{Qx}\end{aligned}$$

其中，$\boldsymbol Q_1=\boldsymbol P(\boldsymbol A+\boldsymbol{BK})$，$\boldsymbol Q=\boldsymbol Q_1^{\mathrm T}+\boldsymbol Q_1$。

则

$$\alpha V+\dot V=\alpha\boldsymbol x^{\mathrm T}\boldsymbol{Px}+\boldsymbol x^{\mathrm T}\boldsymbol{Qx}=\boldsymbol x^{\mathrm T}(\alpha\boldsymbol P+\boldsymbol Q)\boldsymbol x$$

取 $\alpha\boldsymbol P+\boldsymbol Q<0,\alpha>0$，则 $\alpha V+\dot V\leqslant 0$，即 $\dot V\leqslant-\alpha V$，采用不等式求解定理，由 $\dot V\leqslant-\alpha V$ 可得解为

$$V(t)\leqslant V(0)\exp(-\alpha t)\leqslant V(0)$$

如果 $t\to\infty$，则 $V(t)\to 0$，从而 $\boldsymbol x\to 0$ 且指数收敛。

由于 $V(0)=\boldsymbol x_0^{\mathrm T}\boldsymbol P\boldsymbol x_0$，如果存在正定对称阵 $\boldsymbol P$ 和 $\varpi>0$，使得 $\boldsymbol x_0^{\mathrm T}\boldsymbol P\boldsymbol x_0\leqslant\varpi$ 成立，则可保证 $V(0)\leqslant\varpi$。

取 $\boldsymbol K^{\mathrm T}\boldsymbol K\leqslant\varpi^{-1}u_{\max}^2\boldsymbol P$，由 $u=\boldsymbol{Kx}$ 可得

$$u^2=(\boldsymbol{Kx})^{\mathrm T}\boldsymbol{Kx}=\boldsymbol x^{\mathrm T}\boldsymbol K^{\mathrm T}\boldsymbol{Kx}\leqslant\boldsymbol x^{\mathrm T}\varpi^{-1}u_{\max}^2\boldsymbol{Px}=\varpi^{-1}u_{\max}^2V\leqslant u_{\max}^2$$

则

$$|u|\leqslant u_{\max}$$

由于

$$\dot u=\boldsymbol K\dot{\boldsymbol x}=\boldsymbol K(\boldsymbol{Ax}+\boldsymbol{Bu})=\boldsymbol K(\boldsymbol{Ax}+\boldsymbol{BKx})=\boldsymbol K(\boldsymbol A+\boldsymbol{BK})\boldsymbol x$$

则

$$\dot u^2=[\boldsymbol K(\boldsymbol A+\boldsymbol{BK})\boldsymbol x]^{\mathrm T}[\boldsymbol K(\boldsymbol A+\boldsymbol{BK})\boldsymbol x]=\boldsymbol x^{\mathrm T}(\boldsymbol A+\boldsymbol{BK})^{\mathrm T}\boldsymbol K^{\mathrm T}\boldsymbol K(\boldsymbol A+\boldsymbol{BK})\boldsymbol x$$

由于 $\boldsymbol K^{\mathrm T}\boldsymbol K\leqslant\varpi^{-1}u_{\max}^2\boldsymbol P$，则

$$\begin{aligned}\dot u^2&=\boldsymbol x^{\mathrm T}(\boldsymbol A+\boldsymbol{BK})^{\mathrm T}(\boldsymbol K^{\mathrm T}\boldsymbol K)(\boldsymbol A+\boldsymbol{BK})\boldsymbol x\\&\leqslant\boldsymbol x^{\mathrm T}(\boldsymbol A+\boldsymbol{BK})^{\mathrm T}(\varpi^{-1}u_{\max}^2\boldsymbol P)(\boldsymbol A+\boldsymbol{BK})\boldsymbol x\\&=\varpi^{-1}u_{\max}^2\boldsymbol x^{\mathrm T}(\boldsymbol A+\boldsymbol{BK})^{\mathrm T}\boldsymbol P(\boldsymbol A+\boldsymbol{BK})\boldsymbol x\end{aligned}$$

令 $(\boldsymbol A+\boldsymbol{BK})^{\mathrm T}\boldsymbol P(\boldsymbol A+\boldsymbol{BK})\leqslant\dfrac{1}{\tau_{\max}^2}\dot\tau_{\max}^2\boldsymbol P$，则

$$\dot u^2\leqslant\varpi^{-1}\dot u_{\max}^2\boldsymbol x^{\mathrm T}\boldsymbol{Px}=\varpi^{-1}\dot u_{\max}^2V\leqslant\dot u_{\max}^2$$

即 $|\dot u|\leqslant\dot u_{\max}$。

令 $k_1=\dfrac{1}{u_{\max}^2}\dot u_{\max}^2$，可得到由控制输入变化率构造的一个 LMI 为

$$(\boldsymbol A+\boldsymbol{BK})^{\mathrm T}\boldsymbol P(\boldsymbol A+\boldsymbol{BK})\leqslant k_1\boldsymbol P\tag{4.3}$$

通过上述分析，构造 2 个 LMI 为

$$\alpha\boldsymbol P+\boldsymbol Q<0\tag{4.4}$$

$$\boldsymbol K^{\mathrm T}\boldsymbol K-\varpi^{-1}u_{\max}^2\boldsymbol P\leqslant 0\tag{4.5}$$

不等式(4.4)中，$\boldsymbol Q$ 中含有 $\boldsymbol P$ 和 $\boldsymbol K$，式(4.5)中也含有 $\boldsymbol P$ 和 $\boldsymbol K$，故不能独立 $\boldsymbol Q$ 存在，将

式(4.4)中的 $\boldsymbol{Q}$ 展开如下：

$$\alpha\boldsymbol{P}+\boldsymbol{PA}+\boldsymbol{PBK}+\boldsymbol{A}^{\mathrm{T}}\boldsymbol{P}+\boldsymbol{K}^{\mathrm{T}}\boldsymbol{B}^{\mathrm{T}}\boldsymbol{P}<0$$

左右同乘以 $\boldsymbol{P}^{-1}$，可得

$$\alpha\boldsymbol{P}^{-1}+\boldsymbol{AP}^{-1}+\boldsymbol{BKP}^{-1}+\boldsymbol{P}^{-1}\boldsymbol{A}^{\mathrm{T}}+\boldsymbol{P}^{-1}\boldsymbol{K}^{\mathrm{T}}\boldsymbol{B}^{\mathrm{T}}<0 \tag{4.6}$$

不等式(4.5)中含有非线性项，必须转化为线性矩阵不等式才能求解。取 $k_0=\bar{\omega}^{-1}u_{\max}^2$，则不等式(4.5)变为 $\boldsymbol{K}^{\mathrm{T}}\boldsymbol{K}\leqslant k_0\boldsymbol{P}$。根据 Schur 补定理，式(4.5)变换为

$$\begin{bmatrix} k_0\boldsymbol{P} & \boldsymbol{K}^{\mathrm{T}} \\ \boldsymbol{K} & 1 \end{bmatrix}\geqslant 0$$

左右同乘以 $\begin{bmatrix} \boldsymbol{P}^{-1} & 0 \\ 0 & 1 \end{bmatrix}$，可得

$$\begin{bmatrix} k_0\boldsymbol{P}^{-1} & \boldsymbol{P}^{-1}\boldsymbol{K}^{\mathrm{T}} \\ \boldsymbol{KP}^{-1} & 1 \end{bmatrix}\geqslant 0 \tag{4.7}$$

考虑式(4.6)和式(4.7)，令 $\boldsymbol{F}=\boldsymbol{KP}^{-1}$ 和 $\boldsymbol{N}=\boldsymbol{P}^{-1}$，则 $\boldsymbol{P}^{-1}\boldsymbol{K}^{\mathrm{T}}=\boldsymbol{F}^{\mathrm{T}}$，由式(4.6)和式(4.7)，可得第 1 个和第 2 个 LMI 为

$$\alpha\boldsymbol{N}+\boldsymbol{AN}+\boldsymbol{BF}+\boldsymbol{NA}^{\mathrm{T}}+\boldsymbol{F}^{\mathrm{T}}\boldsymbol{B}^{\mathrm{T}}<0 \tag{4.8}$$

$$\begin{bmatrix} k_0\boldsymbol{N} & \boldsymbol{F}^{\mathrm{T}} \\ \boldsymbol{F} & 1 \end{bmatrix}\geqslant 0 \tag{4.9}$$

根据 $\boldsymbol{P}$ 的定义可设计第 3 个 LMI 为

$$\boldsymbol{P}>0,\quad \boldsymbol{P}=\boldsymbol{P}^{\mathrm{T}} \tag{4.10}$$

要满足 $\boldsymbol{x}_0^{\mathrm{T}}\boldsymbol{P}\boldsymbol{x}_0\leqslant\bar{\omega}$，根据 Schur 补定理，可设计第 4 个 LMI 为

$$\begin{bmatrix} \bar{\omega} & \boldsymbol{x}_0^{\mathrm{T}} \\ \boldsymbol{x}_0 & \boldsymbol{N} \end{bmatrix}\geqslant 0 \tag{4.11}$$

式(4.3)中含有非线性项，根据 Schur 补定理，式(4.3)变换为第 5 个 LMI 为

$$\begin{bmatrix} k_1\boldsymbol{P} & (\boldsymbol{A}+\boldsymbol{BK})^{\mathrm{T}} \\ \boldsymbol{A}+\boldsymbol{BK} & \boldsymbol{P}^{-1} \end{bmatrix}\geqslant 0 \tag{4.12}$$

左右同乘以 $\begin{bmatrix} \boldsymbol{P}^{-1} & 0 \\ 0 & 1 \end{bmatrix}$，可得

$$\begin{bmatrix} k_1\boldsymbol{P}^{-1} & (\boldsymbol{AP}^{-1}+\boldsymbol{BKP}^{-1})^{\mathrm{T}} \\ \boldsymbol{AP}^{-1}+\boldsymbol{BKP}^{-1} & \boldsymbol{P}^{-1} \end{bmatrix}\geqslant 0$$

即

$$\begin{bmatrix} k_1 N & (\boldsymbol{A}N+\boldsymbol{B}F)^{\mathrm{T}} \\ \boldsymbol{A}N+\boldsymbol{B}F & N \end{bmatrix}\geqslant 0$$

通过上面 5 个 LMI，即式(4.8)至式(4.12)，通过设计合适的 $u_{\max}$、$\dot{u}_{\max}$ 和 α 值，可求得有效的 $\boldsymbol{K}$。

4.1.3 仿真实例

实际模型为

$$\dot{x}_1 = x_2$$
$$\dot{x}_2 = -25x_2 + 133u$$

则 $J=\dfrac{1}{133}, b=\dfrac{25}{133}$，对应于式 $\dot{\boldsymbol{x}}=\boldsymbol{Ax}+\boldsymbol{Bu}$，有 $\boldsymbol{A}=\begin{bmatrix}0 & 0\\ 0 & -\dfrac{b}{J}\end{bmatrix}$，$\mathrm{B}=\begin{bmatrix}0\\ \dfrac{1}{J}\end{bmatrix}$。

被控对象初始状态为 $\boldsymbol{x}(0)=[1 \quad 0]$。取 $\bar{\omega}=1.0, \alpha=2.0, u_{\max}=1.0, \dot{u}_{\max}=1.0$，LMI 程序为 chap4_1LMI.m，求解 LMI 式(4.8)至式(4.12)。MATLAB 运行后显示有可行解，解为 $\boldsymbol{K}=[-0.007 \quad 0.1735]$。控制律采用式(4.2)，将求得的 $\boldsymbol{K}$ 代入控制器程序 chap3_4ctrl.m，仿真结果如图 4.1 和图 4.2 所示。可见，控制输入信号及变化率在给定的受限范围内。

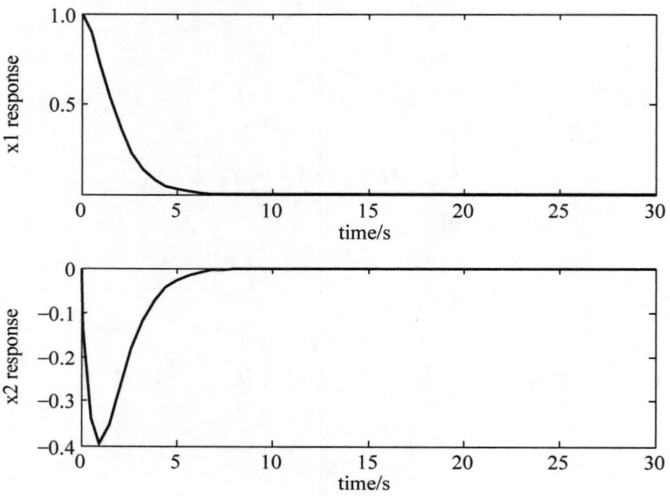

图 4.1　角度和角速度响应

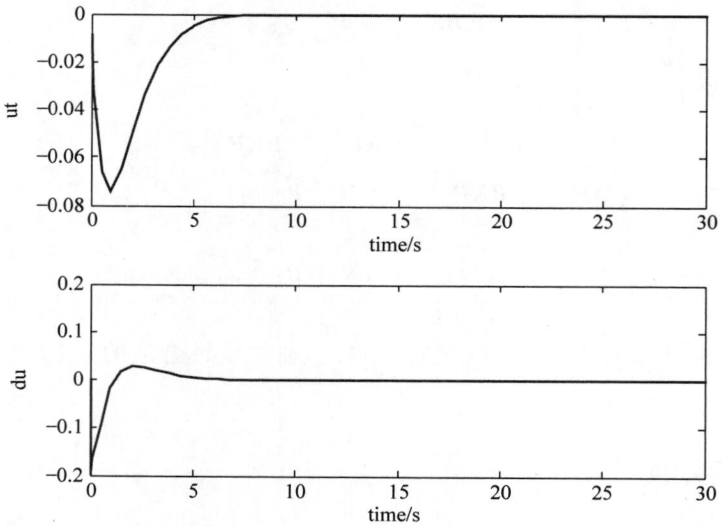

图 4.2　控制输入信号及变化率

需要说明的是，为了保证有可行解，可取 u_{max} 和 $\dot{u}_{max}$ 为较大的值，并取 α 为较小的值。

仿真程序：

（1）LMI 不等式求 $\boldsymbol{K}$ 的程序：chap4_1LMI. m

```
clear all;
close all;

J = 1/133;
b = 25/133;

A = [0 0;0  - b/J];
B = [0 1/J]';

K = sdpvar(1,2);
M = sdpvar(3,3);
F = sdpvar(1,2);

P = sdpvar(2,2,'symmetric');
N = sdpvar(2,2,'symmetric');

umax = 1.0;
alfa = 2.0;w_bar = 1.0;

 % First LMI
x0 = [1 0]';
L1 = set((alfa * N + A * N + B * F  + N * A' + F' * B')< 0);

 % Second LMI
k0 = umax^2/w_bar;
M = [k0 * N F';F 1];
L2 = set(M > = 0);

 % Third LMI
L3 = set(N > 0);

 % Fourth LMI
M1 = [w_bar x0';x0 N];
L4 = set(M1 > = 0);

 % Fifth LMI
dumax = 1.0;
k1 = dumax^2/umax^2;
M2 = [k1 * N (A * N + B * F)'; A * N + B * F N];
L5 = set(M2 > = 0);

L = L1 + L2 + L3 + L4 + L5;
solvesdp(L);

F = double(F);
```

```
N = double(N);

P = inv(N)
K = F * P
```

(2) Simulink 主程序：chap4_1sim. mdl

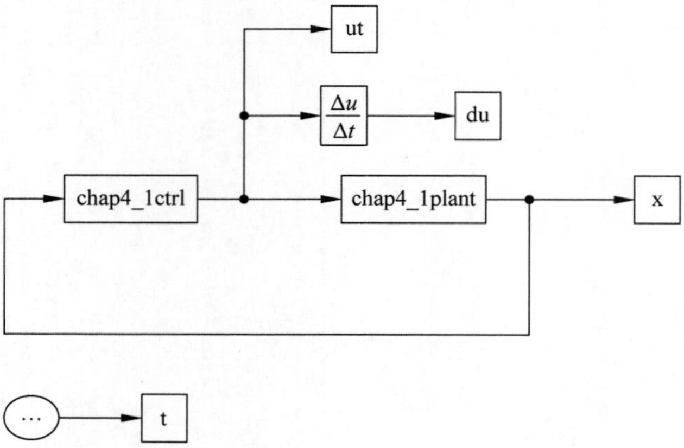

(3) 被控对象 S 函数程序：chap4_1plant. m

```
function [sys,x0,str,ts] = spacemodel(t,x,u,flag)
switch flag,
case 0,
   [sys,x0,str,ts] = mdlInitializeSizes;
case 1,
   sys = mdlDerivatives(t,x,u);
case 3,
   sys = mdlOutputs(t,x,u);
case {2,4,9}
   sys = [];
otherwise
   error(['Unhandled flag = ',num2str(flag)]);
end
function [sys,x0,str,ts] = mdlInitializeSizes
sizes = simsizes;
sizes.NumContStates  = 2;
sizes.NumDiscStates  = 0;
sizes.NumOutputs     = 2;
sizes.NumInputs      = 1;
sizes.DirFeedthrough = 0;
sizes.NumSampleTimes = 0;
sys = simsizes(sizes);
x0 = [1 0];
str = [];
ts = [];
function sys = mdlDerivatives(t,x,u)
A = [0 1;0 -25];
B = [0 133]';
```

```
ut = u(1);

dx = A * x + B * ut;

sys(1) = dx(1);
sys(2) = dx(2);
function sys = mdlOutputs(t,x,u)
sys(1) = x(1);
sys(2) = x(2);
```

(4) 控制器 S 函数程序：chap4_1ctrl.m

```
function [sys,x0,str,ts] = spacemodel(t,x,u,flag)
switch flag,
case 0,
    [sys,x0,str,ts] = mdlInitializeSizes;
case 3,
    sys = mdlOutputs(t,x,u);
case {2,4,9}
    sys = [];
otherwise
    error(['Unhandled flag = ',num2str(flag)]);
end
function [sys,x0,str,ts] = mdlInitializeSizes
sizes = simsizes;
sizes.NumContStates  = 0;
sizes.NumDiscStates  = 0;
sizes.NumOutputs     = 1;
sizes.NumInputs      = 2;
sizes.DirFeedthrough = 1;
sizes.NumSampleTimes = 1;
sys = simsizes(sizes);
x0 = [];
str = [];
ts = [0 0];
function sys = mdlOutputs(t,x,u)
x1 = u(1);
x2 = u(2);

K = [-0.0070 0.1735];
ut = K * [x1 x2]';

sys(1) = ut;
```

(5) 作图程序：chap4_1plot.m

```
close all;

figure(1);
```

```
subplot(211);
plot(t,x(:,1),'b','linewidth',2);
xlabel('time(s)');ylabel('x1 response');
subplot(212);
plot(t,x(:,2),'b','linewidth',2);
xlabel('time(s)');ylabel('x2 response');

figure(2);
subplot(211);
plot(t,ut(:,1),'r','linewidth',2);
xlabel('time(s)');ylabel('ut');
subplot(212);
plot(t,du(:,1),'r','linewidth',2);
xlabel('time(s)');ylabel('du');
```

4.2 基于 LMI 的控制输入及其变化率受限下的跟踪控制

4.2.1 系统描述

考虑电机-负载模型如下：

$$J\ddot{\theta} = -b\dot{\theta} + u(t) \tag{4.13}$$

其中，θ 为角度，J 为转动惯量，b 为黏性系数，u 为控制输入。

式(4.13)可写为

$$\ddot{\theta} = -\frac{b}{J}\dot{\theta} + \frac{1}{J}u(t)$$

取角度指令为 θ_d，角度跟踪误差为 $x_1=\theta-\theta_d$，角速度跟踪误差为 $x_2=\dot{\theta}-\dot{\theta}_d$，则控制目标为角度和角速度的跟踪，即 $t\to\infty$ 时，$x_1\to 0$，$x_2\to 0$。

由于

$$\begin{aligned}\dot{x}_2 &= -\frac{b}{J}\dot{\theta} + \frac{1}{J}u - \ddot{\theta}_d \\ &= -\frac{b}{J}(x_2 + \dot{\theta}_d) + \frac{1}{J}u - \ddot{\theta}_d \\ &= -\frac{b}{J}x_2 + \frac{1}{J}u - \ddot{\theta}_d - \frac{b}{J}\dot{\theta}_d \\ &= -\frac{b}{J}x_2 + \frac{1}{J}(u - J\ddot{\theta}_d - b\dot{\theta}_d)\end{aligned}$$

取 $\tau = u - J\ddot{\theta}_d - b\dot{\theta}_d$，即实际控制律为

$$u = \tau + J\ddot{\theta}_d + b\dot{\theta}_d$$

由 $\dot{x}_2 = -\frac{b}{J}x_2 + \frac{1}{J}\tau$，可得

$$\dot{x}_1 = x_2$$

$$\dot{x}_2=-\frac{b}{J}x_2+\frac{1}{J}\tau$$

则误差状态方程为

$$\dot{\boldsymbol{x}}=\boldsymbol{A}\boldsymbol{x}+\boldsymbol{B}\tau \tag{4.14}$$

其中，$\boldsymbol{x}=[x_1 \quad x_2]^{\mathrm{T}}$，$\boldsymbol{A}=\begin{bmatrix}0 & 0\\ 0 & -\frac{b}{J}\end{bmatrix}$，$\boldsymbol{B}=\begin{bmatrix}0\\ \frac{1}{J}\end{bmatrix}$。

控制器设计为

$$\tau=\boldsymbol{K}\boldsymbol{x} \tag{4.15}$$

其中，$\boldsymbol{K}=[k_1 \quad k_2]$。

控制目标转化为通过设计 LMI 求 $\boldsymbol{K}$，实现 $t\to\infty$ 时，$\boldsymbol{x}\to 0$。

针对模型式(4.14)进行控制器的设计、收敛性分析及 LMI 的设计，与 4.1 节相同。

4.2.2 仿真实例

实际模型为

$$\ddot{\theta}=-25\dot{\theta}+133u(t)$$

取 $x_1=\theta$，$x_2=\dot{\theta}$，可得式 $\dot{\boldsymbol{x}}=\boldsymbol{A}\boldsymbol{x}+\boldsymbol{B}\tau$，$\tau=u-J\ddot{\theta}_{\mathrm{d}}-b\dot{\theta}_{\mathrm{d}}$，初始状态值为 $[1.0 \quad 0]^{\mathrm{T}}$。取角度指令为 $\theta_{\mathrm{d}}=\sin t$，则 $\dot{\theta}_{\mathrm{d}}=\cos t$，角度跟踪误差为 $x_1(0)=\theta(0)-\theta_{\mathrm{d}}(0)=1.0$，角速度跟踪误差为 $x_2(0)=\dot{\theta}(0)-\dot{\theta}_{\mathrm{d}}(0)=-1.0$，$\boldsymbol{x}(0)=[1 \quad -1]$。

取 $\gamma=3.0$，采用 LMI 程序 chap4_2LMI.m，求解 LMI 式(4.8)至式(4.12)，MATLAB 运行后显示有可行解，解为 $\boldsymbol{K}=[-0.0099 \quad 0.1809]$。控制律采用式(4.15)和 $\boldsymbol{u}=\tau+J\ddot{\theta}_{\mathrm{d}}+b\dot{\theta}_{\mathrm{d}}$，将求得的 $\boldsymbol{K}$ 代入控制器程序 chap4_2ctrl.m，仿真结果如图 4.3 和图 4.4 所示。

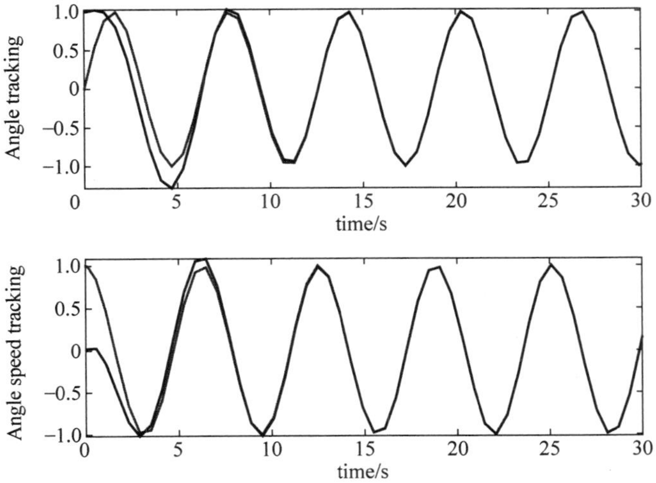

图 4.3 角度和角速度跟踪

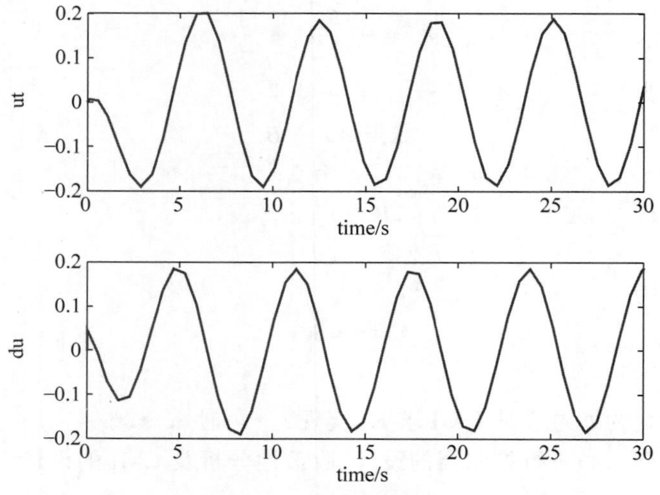

图 4.4　控制输入信号

仿真程序：

(1) LMI 不等式求 **K** 的程序：chap4_2LMI. m

```
clear all;
close all;

J = 1/133;
b = 25/133;

A = [0 0;0 -b/J];
B = [0 1/J]';

K = sdpvar(1,2);
M = sdpvar(3,3);
F = sdpvar(1,2);

P = sdpvar(2,2,'symmetric');
N = sdpvar(2,2,'symmetric');

umax = 1.0;
alfa = 2.0;w_bar = 1.0;

%First LMI
x0 = [1 0]';
L1 = set((alfa*N+A*N+B*F +N*A'+F'*B')<0);

%Second LMI
k0 = umax^2/w_bar;
M = [k0*N F';F 1];
L2 = set(M>=0);

%Third LMI
L3 = set(N>0);
```

```
% Fourth LMI
M1 = [w_bar x0';x0 N];
L4 = set(M1 > = 0);

% Fifth LMI
dumax = 1.0;
k1 = dumax^2/umax^2;
M2 = [k1 * N (A * N + B * F)'; A * N + B * F N];
L5 = set(M2 > = 0);

L = L1 + L2 + L3 + L4 + L5;
solvesdp(L);

F = double(F);
N = double(N);

P = inv(N)
K = F * P
```

(2) Simulink 主程序：chap4_2sim.mdl

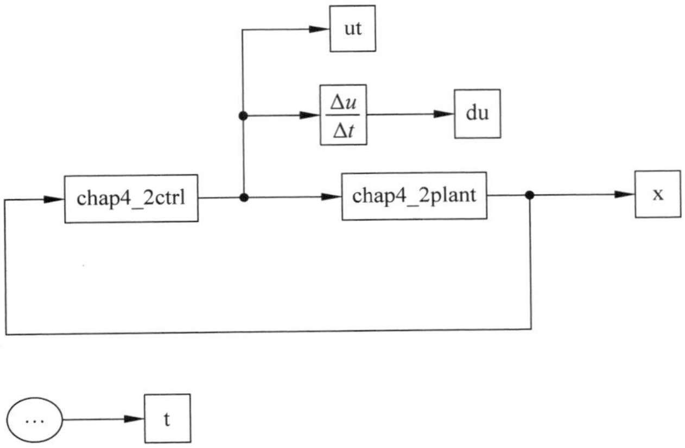

(3) 被控对象 S 函数程序：chap4_2plant.m

```
function [sys,x0,str,ts] = spacemodel(t,x,u,flag)
switch flag,
case 0,
    [sys,x0,str,ts] = mdlInitializeSizes;
case 1,
    sys = mdlDerivatives(t,x,u);
case 3,
    sys = mdlOutputs(t,x,u);
case {2,4,9}
    sys = [];
otherwise
    error(['Unhandled flag = ',num2str(flag)]);
end
function [sys,x0,str,ts] = mdlInitializeSizes
```

```
sizes = simsizes;
sizes.NumContStates  = 2;
sizes.NumDiscStates  = 0;
sizes.NumOutputs     = 2;
sizes.NumInputs      = 1;
sizes.DirFeedthrough = 0;
sizes.NumSampleTimes = 0;
sys = simsizes(sizes);
x0 = [1 0];
str = [];
ts = [];
function sys = mdlDerivatives(t,x,u)
A = [0 1;0 -25];
B = [0 133]';

ut = u(1);

dx = A * x + B * ut;

sys(1) = dx(1);
sys(2) = dx(2);
function sys = mdlOutputs(t,x,u)
sys(1) = x(1);
sys(2) = x(2);
```

（4）控制器 S 函数程序：chap4_2ctrl.m

```
function [sys,x0,str,ts] = spacemodel(t,x,u,flag)
switch flag,
case 0,
   [sys,x0,str,ts] = mdlInitializeSizes;
case 3,
   sys = mdlOutputs(t,x,u);
case {2,4,9}
   sys = [];
otherwise
   error(['Unhandled flag = ',num2str(flag)]);
end
function [sys,x0,str,ts] = mdlInitializeSizes
sizes = simsizes;
sizes.NumContStates  = 0;
sizes.NumDiscStates  = 0;
sizes.NumOutputs     = 1;
sizes.NumInputs      = 2;
sizes.DirFeedthrough = 1;
sizes.NumSampleTimes = 1;
sys = simsizes(sizes);
x0 = [];
str = [];
ts = [0 0];
function sys = mdlOutputs(t,x,u)
```

```
x1 = u(1);x2 = u(2);
X = [x1 x2]';

xd = sin(t);dxd = cos(t);
ddxd = - sin(t);

e = x1 - xd;de = x2 - dxd;
X = [e de]';

K = [ -0.0032 0.1827];

tol = K * X;
ut = tol + 1/133 * ddxd + 25/133 * dxd;

sys(1) = ut;
```

(5) 作图程序：chap4_2plot. m

```
close all;

figure(1);
subplot(211);
plot(t,sin(t),'r',t,x(:,1),'b','linewidth',2);
xlabel('time(s)');ylabel('Angle tracking');
subplot(212);
plot(t,cos(t),'r',t,x(:,2),'b','linewidth',2);
xlabel('time(s)');ylabel('Angle speed tracking');

figure(2);
subplot(211);
plot(t,ut(:,1),'r','linewidth',2);
xlabel('time(s)');ylabel('ut');
subplot(212);
plot(t,du(:,1),'r','linewidth',2);
xlabel('time(s)');ylabel('du');
```

第5章 基于LMI的控制系统抗饱和控制

在实际的控制系统中，由于其自身的物理特性而引起的执行机构输出幅值是有限的，即输入饱和问题，该问题是目前控制系统中最为常见的一种非线性问题。由于控制输入饱和的存在，可能导致整个控制系统发散，进而导致整个控制系统失控。即使系统不发散，长时间高强度的振荡也会导致控制系统的结构损坏，从而导致故障。控制输入饱和问题是多年来研究的热门课题。

目前解决控制输入受限下控制器的设计问题有两种方法：一种是设计有界的控制输入，例如文献[3,4]中，采用双曲正切函数设计有界的控制律，但该方法过于保守，会造成执行器利用的效率不高；另一种是基于控制输入饱和的方法，采用 LMI 方法设计控制器的增益[1,2]，实现控制输入超出界限部分的有效补偿，该方法与有界控制输入方法相比，可保证控制输入按最大的值，有效地提高了执行器的利用效率。

近些年来国内外的学者对抗饱和问题进行了深入的研究，线性矩阵不等式 LMI 作为一种有效的数学工具，被广泛地应用于抗饱和控制领域之中。G. Grimm 等[2]针对一般情况下的稳定模型系统设计了基于 LMI 的动态补偿器，保证系统稳定，并保证系统输出对外部干扰具有 L_2 增益。H. S. Hu 等[5]针对一般系统研究了基于 LMI 的 L_2 增益特性及稳定区域。

本章针对控制系统抗饱和问题，介绍了基于 LMI 的抗饱和补偿器，保证了系统在输入受限情况下闭环稳定。

5.1 LQG 控制器的设计

5.1.1 系统描述

考虑如下模型

$$\begin{aligned}\dot{\boldsymbol{x}}_{\mathrm{p}} &= \boldsymbol{A}_{\mathrm{p}}\boldsymbol{x}_{\mathrm{p}} + \boldsymbol{B}_{\mathrm{pu}}u + \boldsymbol{B}_{\mathrm{pw}}\boldsymbol{w} \\ y &= \boldsymbol{C}_{\mathrm{py}}\boldsymbol{x}_{\mathrm{p}} + \boldsymbol{D}_{\mathrm{pyu}}u + \boldsymbol{D}_{\mathrm{pyw}}\boldsymbol{w} + v_0\end{aligned} \tag{5.1}$$

其中，$\boldsymbol{x}_{\mathrm{p}} = [x_1 \quad x_2]^{\mathrm{T}}$，$\boldsymbol{w} = [w_0 \quad r]^{\mathrm{T}}$，$\boldsymbol{B}_{\mathrm{pw}} = [\boldsymbol{B}_{\mathrm{pw0}} \quad \boldsymbol{B}_{\mathrm{pwr}}]$，$\boldsymbol{D}_{\mathrm{pyw}} = [\boldsymbol{D}_{\mathrm{pyw0}} \quad \boldsymbol{D}_{\mathrm{pywr}}]$，$\boldsymbol{B}_{\mathrm{pwr}} = 0$，$\boldsymbol{D}_{\mathrm{pywr}} = 0$，$r$ 为指令，w_0 和 v_0 分别为加在输入和输出的信号噪声。

5.1.2 控制器的设计

LQG 控制器由 LQI 控制器和 Kalman 滤波器组合构成，如图 5.1 所示。采用 Kalman 滤波器实现文献[1]中控制器式(4.9)的动态系统结构，同时可实现信号的滤波。

采用带有积分的 LQG 控制器结构如图 5.2 所示，其中 $\boldsymbol{x}_i$ 为跟踪误差的积分。采用 lqi()函数求控制器增益 $\boldsymbol{K}$，采用 Kalman 滤波器实现动态系统的状态估计。

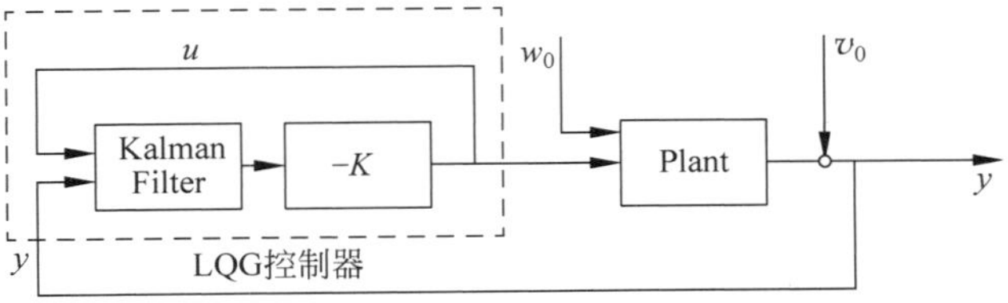

图 5.1 LQG 控制系统结构

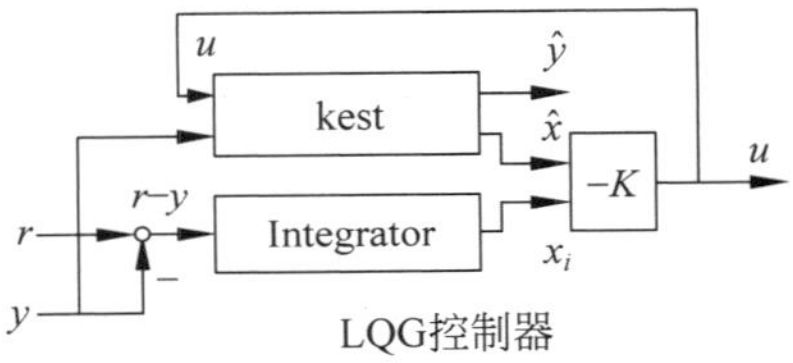

图 5.2 带有积分的 LQG 控制器结构

针对模型式(5.1)，Kalman 滤波算法为

$$\dot{\hat{\boldsymbol{x}}} = \boldsymbol{A}_{\mathrm{p}}\hat{\boldsymbol{x}} + \boldsymbol{B}_{\mathrm{pu}}\boldsymbol{u} + \boldsymbol{L}(y - \boldsymbol{C}_{\mathrm{py}}\hat{\boldsymbol{x}} - \boldsymbol{D}_{\mathrm{pyu}}\boldsymbol{u}) \tag{5.2}$$

其中，$\boldsymbol{L}$ 为 kalman 增益。

采用如下命令实现 Kalman 滤波算法，从而求得增益 L：

$$[\mathrm{kest}, \mathrm{L}, \mathrm{P}] = \mathrm{kalman}(\mathrm{sys}, \mathrm{Qn}, \mathrm{Rn}, \mathrm{Nn}) \tag{5.3}$$

其中，sys= ss(Ap, Bpu, Cpy, Dpyu)将模型式(5.1)转换为状态空间的形式，kest 为 Kalman 滤波器的结构信息，Q_{n}，R_{n} 分别表示输入噪声 w_0 和输出噪声 v_0 的协方差数据，$Q_{\mathrm{n}} = \mathrm{E}(w_0 w_0^{\mathrm{T}})$，$R_{\mathrm{n}} = \mathrm{E}(v_0 v_0^{\mathrm{T}})$，$P$ 为 Riccati 方程的信息。

二次型性能指标为

$$J(u) = \int_0^{\infty} \{\bar{\boldsymbol{x}}^{\mathrm{T}}\boldsymbol{Q}\bar{\boldsymbol{x}} + 2\bar{\boldsymbol{x}}^{\mathrm{T}}\boldsymbol{N}\boldsymbol{u} + \boldsymbol{u}^{\mathrm{T}}\boldsymbol{R}\boldsymbol{u}\}\,\mathrm{d}t \tag{5.4}$$

其中，$\bar{\boldsymbol{x}} = [\hat{\boldsymbol{x}} \quad x_i]^{\mathrm{T}}$，$\boldsymbol{Q}$、$\boldsymbol{R}$、$\boldsymbol{N}$ 分别为描述状态和控制输入的权值矩阵。

采用 MATLAB 中的 lqi()函数，可求得满足二次型性能指标的最优控制增益和控制器为

$$\boldsymbol{K} = \mathrm{lqi}(\mathrm{sys}, \boldsymbol{Q}, \boldsymbol{R}, \boldsymbol{N}) \tag{5.5}$$

$$u = -\boldsymbol{K}\bar{\boldsymbol{x}} = -\boldsymbol{K}_{\mathrm{x}}\hat{\boldsymbol{x}} - K_i x_i \tag{5.6}$$

其中，x_i 为跟踪误差的积分，$\boldsymbol{K} = [\boldsymbol{K}_x \quad K_i]$，$\dot{x}_i = r - y$。

控制目标为：在 $\hat{\boldsymbol{x}}$ 和 $\boldsymbol{u}$ 尽量减小的情况下，保证 $x_i \to 0$，即 $r \to y$。

在 Kalman 滤波器中，由于

$$\begin{aligned}&\boldsymbol{A}_{\mathrm{p}}\hat{\boldsymbol{x}}+\boldsymbol{B}_{\mathrm{pu}}\boldsymbol{u}+\boldsymbol{L}(y-C_{\mathrm{py}}\hat{\boldsymbol{x}}-\boldsymbol{D}_{\mathrm{pyu}}\boldsymbol{u})\\&=\boldsymbol{A}_{\mathrm{p}}\hat{\boldsymbol{x}}-\boldsymbol{B}_{\mathrm{pu}}\boldsymbol{K}_x\hat{\boldsymbol{x}}-\boldsymbol{B}_{\mathrm{pu}}\boldsymbol{K}_i\boldsymbol{x}_i+\boldsymbol{L}y-\boldsymbol{L}\boldsymbol{C}_{\mathrm{py}}\hat{\boldsymbol{x}}+\boldsymbol{L}\boldsymbol{D}_{\mathrm{pyu}}\boldsymbol{K}_x\hat{\boldsymbol{x}}+\boldsymbol{L}\boldsymbol{D}_{\mathrm{pyu}}\boldsymbol{K}_i\boldsymbol{x}_i\\&=(\boldsymbol{A}_{\mathrm{p}}-\boldsymbol{B}_{\mathrm{pu}}\boldsymbol{K}_x-\boldsymbol{L}\boldsymbol{C}_{\mathrm{py}}+\boldsymbol{L}\boldsymbol{D}_{\mathrm{pyu}}\boldsymbol{K}_x)\hat{\boldsymbol{x}}+(-\boldsymbol{B}_{\mathrm{pu}}\boldsymbol{K}_i+\boldsymbol{L}\boldsymbol{D}_{\mathrm{pyu}}\boldsymbol{K}_i)\boldsymbol{x}_i+\boldsymbol{L}y\end{aligned}$$

则 LQG 控制器算法状态方程可写为

$$\begin{bmatrix}\dot{\hat{\boldsymbol{x}}}\\ \dot{x}_i\end{bmatrix}=\begin{bmatrix}\boldsymbol{A}_{\mathrm{p}}-\boldsymbol{B}_{\mathrm{pu}}\boldsymbol{K}_x-\boldsymbol{L}\boldsymbol{C}_{\mathrm{py}}+\boldsymbol{L}\boldsymbol{D}_{\mathrm{pyu}}\boldsymbol{K}_x & -\boldsymbol{B}_{\mathrm{pu}}\boldsymbol{K}_i+\boldsymbol{L}\boldsymbol{D}_{\mathrm{pyu}}\boldsymbol{K}_i\\ 0 & 0\end{bmatrix}\begin{bmatrix}\hat{\boldsymbol{x}}\\ x_i\end{bmatrix}+\begin{bmatrix}0 & \boldsymbol{L}\\ 1 & -1\end{bmatrix}\begin{bmatrix}r\\ y\end{bmatrix}\tag{5.7}$$

其中，$\begin{bmatrix}0 & \boldsymbol{L}\\ 1 & -1\end{bmatrix}\begin{bmatrix}r\\ y\end{bmatrix}=\begin{bmatrix}\boldsymbol{L}\\ -1\end{bmatrix}y+\begin{bmatrix}0\\ 1\end{bmatrix}r$。

5.1.3 闭环系统的状态方程表示

根据式(5.1)，可知被控对象状态方程

$$\begin{aligned}\dot{\boldsymbol{x}}_{\mathrm{p}}&=\boldsymbol{A}_{\mathrm{p}}\boldsymbol{x}_{\mathrm{p}}+\boldsymbol{B}_{\mathrm{pu}}u+\boldsymbol{B}_{\mathrm{pw0}}w_0\\ y&=\boldsymbol{C}_{\mathrm{py}}\boldsymbol{x}_{\mathrm{p}}+\boldsymbol{D}_{\mathrm{pyu}}u+\boldsymbol{D}_{\mathrm{pyw0}}w_0+v_0\end{aligned}\tag{5.8}$$

根据式(5.6)和式(5.7)，可将 LQG 控制器算法写成状态方程形式

$$\begin{aligned}\dot{\boldsymbol{x}}_{\mathrm{c}}&=\boldsymbol{A}_{\mathrm{c}}\boldsymbol{x}_{\mathrm{c}}+\boldsymbol{B}_{\mathrm{cy}}y+\boldsymbol{B}_{\mathrm{cw}}\boldsymbol{w}\\ u&=\boldsymbol{C}_{\mathrm{c}}\boldsymbol{x}_{\mathrm{c}}+D_{\mathrm{cy}}y+\boldsymbol{D}_{\mathrm{cw}}\boldsymbol{w}\end{aligned}\tag{5.9}$$

其中，$\boldsymbol{x}_{\mathrm{c}}=\begin{bmatrix}\hat{\boldsymbol{x}}\\ x_i\end{bmatrix}$，$\boldsymbol{A}_{\mathrm{c}}=\begin{bmatrix}\boldsymbol{A}_{\mathrm{p}}-\boldsymbol{B}_{\mathrm{pu}}\boldsymbol{K}_x-\boldsymbol{L}\boldsymbol{C}_{\mathrm{py}}+\boldsymbol{L}\boldsymbol{D}_{\mathrm{pyu}}\boldsymbol{K}_x & -\boldsymbol{B}_{\mathrm{pu}}\boldsymbol{K}_i+\boldsymbol{L}\boldsymbol{D}_{\mathrm{pyu}}\boldsymbol{K}_i\\ 0 & 0\end{bmatrix}$，$\boldsymbol{B}_{\mathrm{cy}}=\begin{bmatrix}\boldsymbol{L}\\ -1\end{bmatrix}$，$\boldsymbol{B}_{\mathrm{cw}}=\begin{bmatrix}0 & 0\\ 0 & 0\\ 0 & 1\end{bmatrix}$，$\boldsymbol{C}_{\mathrm{c}}=-\boldsymbol{K}$，$D_{\mathrm{cy}}=0$，$\boldsymbol{D}_{\mathrm{cw}}=[0\quad 0]$。

5.1.4 仿真实例

被控对象取式(5.1)，即

$$\begin{aligned}\dot{x}_1&=x_2\\ \dot{x}_2&=-x_1-10x_2+u+w_0\\ y&=x_1+w_0+v_0\end{aligned}$$

对应式(5.1)，$\boldsymbol{A}_{\mathrm{p}}=\begin{bmatrix}0 & 1\\ -1 & -10\end{bmatrix}$，$\boldsymbol{B}_{\mathrm{pu}}=\begin{bmatrix}0\\ 1\end{bmatrix}$，$\boldsymbol{B}_{\mathrm{pw}}=\boldsymbol{B}_{\mathrm{pu}}$，$\boldsymbol{C}_{\mathrm{py}}=[1\quad 0]$，$\boldsymbol{D}_{\mathrm{pyu}}=0$，$\boldsymbol{D}_{\mathrm{pyw0}}=1$，$w_0$ 和 v_0 分别为加在输入和输出的信号噪声，$w_0=0.001\sin(10t)$，$v_0=0.001\mathrm{rands}(1)$。

通过 LQI 方法求控制增益 $\boldsymbol{K}$，根据二次型性能指标式(5.4)，不考虑 w_0 和输出噪声

v_0 之间的相互影响，取 $\boldsymbol{Q}=\begin{bmatrix}5 & 0 & 0\\0 & 5 & 0\\0 & 0 & 60\end{bmatrix}$，$R=0.001$，$N=0$，利用 $\boldsymbol{K}=$lqi(sys,Q,R,N)求得 $\boldsymbol{K}=-\boldsymbol{C}_c=[202.3428 \quad 64.1936 \quad -244.949]$。

通过 Kalman 滤波算法求增益 $\boldsymbol{L}$，根据式(5.3)，将输入噪声 w_0 和输出噪声 v_0 的协方差数据分别取为 $Q_n=100$，$R_n=100$，利用[kalmf,L]=kalman(Plant,Q_n,R_n)求得增益 $\boldsymbol{L}=\begin{bmatrix}0.008\\0.50\end{bmatrix}$，从而得到控制器式(5.9)。取指令 r 为方波信号，$r=1.5$square(0.25t)，仿真结果如图 5.3 和图 5.4 所示。

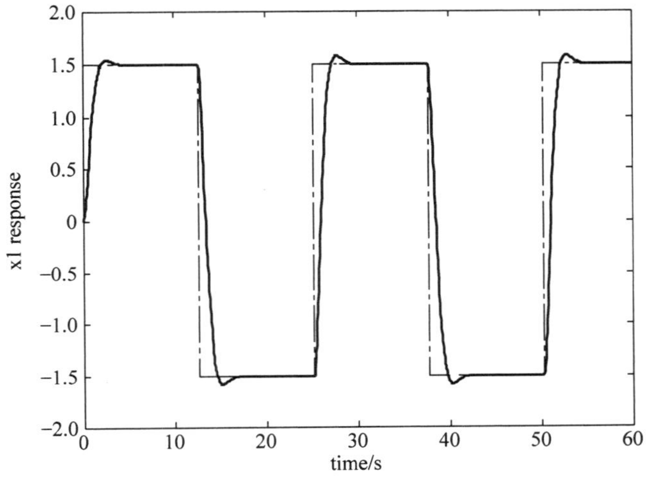

图 5.3 x_1 的方波响应

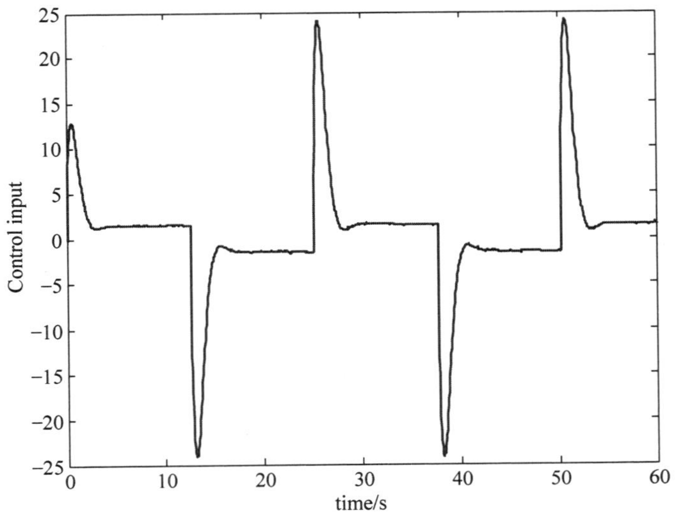

图 5.4 控制输入

仿真程序：

(1) LQG控制器设计程序：chap5_1LQG.m

```
% LQG Controller design
clear all;
close all;

% Plant
Ap = [0 1; -1 -10];
Bpu = [0;1];
Bpw0 = Bpu;
Cpy = [1 0];
Dpyu = 0;
Dpyw0 = 1;

% LQI design
sys = ss(Ap,Bpu,Cpy,Dpyu); % in state space without noise
Q = [5 0 0;0 5 0;0 0 60];                          % Used in lqi for x and xi
R = 0.001;
N = 0;
K = lqi(sys,Q,R,N);

Kx = [K(1) K(2)];
Ki = K(3);
% Kalman filter
Plant = ss(Ap,[Bpu Bpw0],Cpy,[Dpyu Dpyw0]);     % in state space with noise
Qn = 100;Rn = 100;
[kalmf,L] = kalman(Plant,Qn,Rn);

% LQG controller
Ac = [Ap - Bpu * Kx - L * Cpy + L * Dpyu * Kx  - Bpu * Ki + L * Dpyu * Ki;
    0 0 0]
Bcy = [L; -1];
Bcw = [0 0;0 0;0 1];

Cc = - K
Dcy = 0;
Dcw = [0 0];

save lqg_file Ac Bcy Bcw Cc Dcy Dcw;
```

(2) Simulink主程序：chap5_1sim.mdl

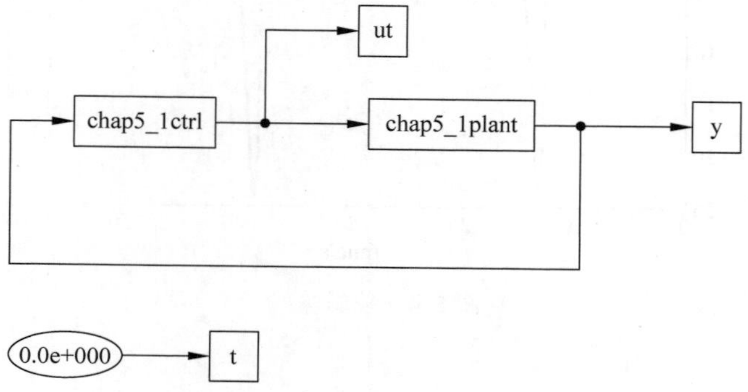

(3) 控制器程序：chap5_1ctrl.m

```
function [sys,x0,str,ts] = s_function(t,x,u,flag)
switch flag,
case 0,
    [sys,x0,str,ts] = mdlInitializeSizes;
case 1,
    sys = mdlDerivatives(t,x,u);
case 3,
    sys = mdlOutputs(t,x,u);
case {1,2, 4, 9 }
    sys = [];
otherwise
    error(['Unhandled flag = ',num2str(flag)]);
end
function [sys,x0,str,ts] = mdlInitializeSizes
sizes = simsizes;
sizes.NumContStates  = 3;
sizes.NumDiscStates  = 0;
sizes.NumOutputs     = 1;
sizes.NumInputs      = 1;
sizes.DirFeedthrough = 1;
sizes.NumSampleTimes = 1;
sys = simsizes(sizes);
x0 = [0 0 0];
str = [];
ts = [0 0];
function sys = mdlDerivatives(t,x,u)
r = 1.5 * square(0.25 * t);
y = u(1);

load lqg_file; % Ac,Bcy,Bcw
sys(1:3) = Ac * x + Bcy * y + Bcw(:,2) * r;
function sys = mdlOutputs(t,x,u)
r = 1.5 * square(0.25 * t);
y = u(1);
load lqg_file; % Cc,Dcy,Dcw

xc = [x(1) x(2) x(3)]';
ut = Cc * xc + Dcy * y + Dcw(:,2) * r;

sys(1) = ut;
```

(4) 被控对象程序：chap5_1plant.m

```
function [sys,x0,str,ts] = s_function(t,x,u,flag)
switch flag,
case 0,
    [sys,x0,str,ts] = mdlInitializeSizes;
case 1,
    sys = mdlDerivatives(t,x,u);
```

```
case 3,
    sys = mdlOutputs(t,x,u);
case {2, 4, 9 }
    sys = [];
otherwise
    error(['Unhandled flag = ',num2str(flag)]);
end
function [sys,x0,str,ts] = mdlInitializeSizes
sizes = simsizes;
sizes.NumContStates  = 2;
sizes.NumDiscStates  = 0;
sizes.NumOutputs     = 1;
sizes.NumInputs      = 1;
sizes.DirFeedthrough = 1;
sizes.NumSampleTimes = 1;
sys = simsizes(sizes);
x0 = [0 0];
str = [];
ts = [0 0];
function sys = mdlDerivatives(t,x,u)
ut = u(1);
w0 = 0.001 * sin(10 * t);
Ap = [0 1; -1 -10];
Bpu = [0;1];
Bpw0 = Bpu;
sys(1:2) = Ap * x + Bpu * ut + Bpw0 * w0;
function sys = mdlOutputs(t,x,u)
ut = u(1);                        % sizes.DirFeedthrough = 1
Cpy = [1 0];
Dpyu = 0;
Dpyw0 = 1;
w0 = 0.001 * sin(10 * t);
v0 = 0.001 * rands(1);
sys = Cpy * x + Dpyu * ut + Dpyw0 * w0 + v0;
```

(5) 作图程序：chap5_1plot.m

```
close all;
r = 1.5 * square(0.25 * t);

figure(1);
plot(t,r,'-.r',t,y,'k','linewidth',2);
xlabel('time(s)');ylabel('x1 response');

figure(2);
plot(t,ut(:,1),'r','linewidth',2);
xlabel('time(s)');ylabel('Control input');
```

5.2 基于 LMI 的抗饱和闭环系统描述

5.2.1 系统描述

忽略噪声影响,仍考虑模型式(5.1),即

$$\begin{aligned}\dot{\boldsymbol{x}}_{\mathrm{p}} &= \boldsymbol{A}_{\mathrm{p}}\boldsymbol{x}_{\mathrm{p}} + \boldsymbol{B}_{\mathrm{pu}}u + \boldsymbol{B}_{\mathrm{pw}}\boldsymbol{w} \\ y &= \boldsymbol{C}_{\mathrm{py}}\boldsymbol{x}_{\mathrm{p}} + \boldsymbol{D}_{\mathrm{pyu}}u + \boldsymbol{D}_{\mathrm{pyw}}\boldsymbol{w}\end{aligned} \tag{5.10}$$

控制的目标是通过施加一个控制输入 u,使 $y \to r$。由于输入受限部分的存在,闭环系统可能发散或者产生激烈的振荡,为保证系统稳定,需要设计抗饱和补偿器,控制输入受限控制系统如图 5.5 所示。

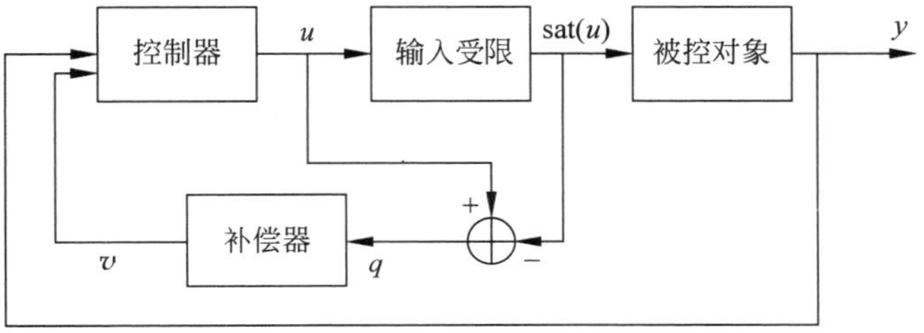

图 5.5 抗饱和补偿控制系统

控制输入饱和函数表达如下

$$\mathrm{sat}(u) = \begin{cases} \bar{u}, & u > \bar{u} \\ u, & -\bar{u} \leqslant u \leqslant \bar{u} \\ -\bar{u}, & u < \bar{u} \end{cases} \tag{5.11}$$

其中,u 为理论上的控制输入,取

$$q = u - \mathrm{sat}(u)$$

5.2.2 闭环系统的描述

参考文献[1]的设计方法,设计如下:

(1) 模型式(5.10)的位置状态方程表示

定义状态 $\boldsymbol{x}_{\mathrm{p}}$,输出为 y,性能输出函数为 z,则式(5.10)可写为

$$\begin{aligned}\dot{\boldsymbol{x}}_{\mathrm{p}} &= \boldsymbol{A}_{\mathrm{p}}\boldsymbol{x}_{\mathrm{p}} + \boldsymbol{B}_{\mathrm{pu}}u + \boldsymbol{B}_{\mathrm{pw}}\boldsymbol{w} \\ y &= \boldsymbol{C}_{\mathrm{py}}\boldsymbol{x}_{\mathrm{p}} + \boldsymbol{D}_{\mathrm{pyu}}u + \boldsymbol{D}_{\mathrm{pyw}}\boldsymbol{w} \\ z &= \boldsymbol{C}_{\mathrm{pz}}\boldsymbol{x}_{\mathrm{p}} + \boldsymbol{D}_{\mathrm{pzu}}u + \boldsymbol{D}_{\mathrm{pzw}}\boldsymbol{w}\end{aligned} \tag{5.12}$$

(2) 设计抗饱和控制器

通过 LQG 控制器算法设计常规控制器式(5.9),在此基础上,设计抗饱和控制器如下:

$$\begin{aligned}\dot{\boldsymbol{x}}_{\mathrm{c}}&=\boldsymbol{A}_{\mathrm{c}}\boldsymbol{x}_{\mathrm{c}}+\boldsymbol{B}_{\mathrm{cy}}y+\boldsymbol{B}_{\mathrm{cw}}\boldsymbol{w}+\boldsymbol{v}_1\\u&=\boldsymbol{C}_{\mathrm{c}}\boldsymbol{x}_{\mathrm{c}}+D_{\mathrm{cy}}y+\boldsymbol{D}_{\mathrm{cw}}\boldsymbol{w}+\boldsymbol{v}_2\end{aligned}\tag{5.13}$$

其中，$\boldsymbol{v}_1$ 和 $\boldsymbol{v}_2$ 为待求的补偿项。

(3) 输入受限时，不加补偿器 $\boldsymbol{v}$

此时式(5.12)可表示为

$$\begin{aligned}\dot{\boldsymbol{x}}_{\mathrm{p}}&=\boldsymbol{A}_{\mathrm{p}}\boldsymbol{x}_{\mathrm{p}}+\boldsymbol{B}_{\mathrm{pu}}\mathrm{sat}(u)+\boldsymbol{B}_{\mathrm{pw}}\boldsymbol{w}\\y&=\boldsymbol{C}_{\mathrm{py}}\boldsymbol{x}_{\mathrm{p}}+\boldsymbol{D}_{\mathrm{pyu}}\mathrm{sat}(u)+\boldsymbol{D}_{\mathrm{pyw}}\boldsymbol{w}\\z&=\boldsymbol{C}_{\mathrm{pz}}\boldsymbol{x}_{\mathrm{p}}+\boldsymbol{D}_{\mathrm{pzu}}\mathrm{sat}(u)+\boldsymbol{D}_{\mathrm{pzw}}\boldsymbol{w}\end{aligned}\tag{5.14}$$

式(5.13)表示为

$$\begin{aligned}\dot{\boldsymbol{x}}_{\mathrm{c}}&=\boldsymbol{A}_{\mathrm{c}}\boldsymbol{x}_{\mathrm{c}}+\boldsymbol{B}_{\mathrm{cy}}y+\boldsymbol{B}_{\mathrm{cw}}\boldsymbol{w}\\u&=\boldsymbol{C}_{\mathrm{c}}\boldsymbol{x}_{\mathrm{c}}+\boldsymbol{D}_{\mathrm{cy}}y+\boldsymbol{D}_{\mathrm{cw}}\boldsymbol{w}\end{aligned}\tag{5.15}$$

由 $q=u-\mathrm{sat}(u)$，式(5.14)可写为

$$\begin{aligned}\dot{\boldsymbol{x}}_{\mathrm{p}}&=\boldsymbol{A}_{\mathrm{p}}\boldsymbol{x}_{\mathrm{p}}+\boldsymbol{B}_{\mathrm{pu}}(u-q)+\boldsymbol{B}_{\mathrm{pw}}\boldsymbol{w}\\y&=\boldsymbol{C}_{\mathrm{py}}\boldsymbol{x}_{\mathrm{p}}+\boldsymbol{D}_{\mathrm{pyu}}(u-q)+\boldsymbol{D}_{\mathrm{pyw}}\boldsymbol{w}\\z&=\boldsymbol{C}_{\mathrm{pz}}\boldsymbol{x}_{\mathrm{p}}+\boldsymbol{D}_{\mathrm{pzu}}(u-q)+\boldsymbol{D}_{\mathrm{pzw}}\boldsymbol{w}\end{aligned}\tag{5.16}$$

将式(5.16)中的 y 代入式(5.15)，可得

$$u=\boldsymbol{C}_{\mathrm{c}}\boldsymbol{x}_{\mathrm{c}}+\boldsymbol{D}_{\mathrm{cy}}[\boldsymbol{C}_{\mathrm{py}}\boldsymbol{x}_{\mathrm{p}}+\boldsymbol{D}_{\mathrm{pyu}}(u-q)+\boldsymbol{D}_{\mathrm{pyw}}\boldsymbol{w}]+\boldsymbol{D}_{\mathrm{cw}}\boldsymbol{w}$$

即

$$u=\boldsymbol{C}_{\mathrm{c}}\boldsymbol{x}_{\mathrm{c}}+\boldsymbol{D}_{\mathrm{cy}}\boldsymbol{C}_{\mathrm{py}}\boldsymbol{x}_{\mathrm{p}}+\boldsymbol{D}_{\mathrm{cy}}\boldsymbol{D}_{\mathrm{pyu}}(u-q)+\boldsymbol{D}_{\mathrm{cy}}\boldsymbol{D}_{\mathrm{pyw}}\boldsymbol{w}+\boldsymbol{D}_{\mathrm{cw}}\boldsymbol{w}$$

从而

$$u=(1-\boldsymbol{D}_{\mathrm{cy}}\boldsymbol{D}_{\mathrm{pyu}})^{-1}[\boldsymbol{C}_{\mathrm{c}}\boldsymbol{x}_{\mathrm{c}}+\boldsymbol{D}_{\mathrm{cy}}\boldsymbol{C}_{\mathrm{py}}\boldsymbol{x}_{\mathrm{p}}-\boldsymbol{D}_{\mathrm{cy}}\boldsymbol{D}_{\mathrm{pyu}}q+(\boldsymbol{D}_{\mathrm{cy}}\boldsymbol{D}_{\mathrm{pyw}}+\boldsymbol{D}_{\mathrm{cw}})\boldsymbol{w}]$$

定义 $\boldsymbol{x}_{\mathrm{cl}}=[\boldsymbol{x}_{\mathrm{p}}\quad\boldsymbol{x}_{\mathrm{c}}]^{\mathrm{T}}$，$\Delta u=(1-\boldsymbol{D}_{\mathrm{cy}}\boldsymbol{D}_{\mathrm{pyu}})^{-1}$，则 $\Delta u(1-\boldsymbol{D}_{\mathrm{cy}}\boldsymbol{D}_{\mathrm{pyu}})=\boldsymbol{I}$，及

$$\boldsymbol{I}-\Delta u=-\Delta u\boldsymbol{D}_{\mathrm{cy}}\boldsymbol{D}_{\mathrm{pyu}}$$

从而可得

$$u=\Delta u[\boldsymbol{D}_{\mathrm{cy}}\boldsymbol{C}_{\mathrm{py}}\quad\boldsymbol{C}_{\mathrm{c}}]\boldsymbol{x}_{\mathrm{cl}}+(\boldsymbol{I}-\Delta u)q+\Delta u(\boldsymbol{D}_{\mathrm{cy}}\boldsymbol{D}_{\mathrm{pyw}}+\boldsymbol{D}_{\mathrm{cw}})\boldsymbol{w}\tag{5.17}$$

将式(5.17)代入式(5.16)中的 $\dot{\boldsymbol{x}}_{\mathrm{p}}$，可得

$$\begin{aligned}\dot{\boldsymbol{x}}_{\mathrm{p}}&=\boldsymbol{A}_{\mathrm{p}}\boldsymbol{x}_{\mathrm{p}}+\boldsymbol{B}_{\mathrm{pu}}[\Delta u[\boldsymbol{D}_{\mathrm{cy}}\boldsymbol{C}_{\mathrm{py}}\quad\boldsymbol{C}_{\mathrm{c}}]\boldsymbol{x}_{\mathrm{cl}}-\Delta uq+\Delta u(\boldsymbol{D}_{\mathrm{cy}}\boldsymbol{D}_{\mathrm{pyw}}+\boldsymbol{D}_{\mathrm{cw}})\boldsymbol{w}]+\boldsymbol{B}_{\mathrm{pw}}\boldsymbol{w}\\&=[\boldsymbol{A}_{\mathrm{p}}+\boldsymbol{B}_{\mathrm{pu}}\Delta u\boldsymbol{D}_{\mathrm{cy}}\boldsymbol{C}_{\mathrm{py}}\quad\boldsymbol{BS}_{\mathrm{pu}}\Delta uC_{c}]\boldsymbol{x}_{\mathrm{cl}}+\boldsymbol{B}_{\mathrm{pu}}[-\Delta uq+\Delta u(\boldsymbol{D}_{\mathrm{cy}}\boldsymbol{D}_{\mathrm{pyw}}+\boldsymbol{D}_{\mathrm{cw}})\boldsymbol{w}]+\boldsymbol{B}_{\mathrm{pw}}\boldsymbol{w}\end{aligned}\tag{5.18}$$

将式(5.17)代入式(5.16)中的 y，可得

$$y=\boldsymbol{C}_{\mathrm{py}}\boldsymbol{x}_{\mathrm{p}}+\boldsymbol{D}_{\mathrm{pyu}}\{\Delta u[\boldsymbol{D}_{\mathrm{cy}}\boldsymbol{C}_{\mathrm{py}}\quad\boldsymbol{C}_{\mathrm{c}}]\boldsymbol{x}_{\mathrm{cl}}-\Delta uq+\Delta u(\boldsymbol{D}_{\mathrm{cy}}\boldsymbol{D}_{\mathrm{pyw}}+\boldsymbol{D}_{\mathrm{cw}})\boldsymbol{w}\}+\boldsymbol{D}_{\mathrm{pyw}}\boldsymbol{w}\tag{5.19}$$

将式(5.19)代入式(5.15)中的 $\dot{\boldsymbol{x}}_{\mathrm{c}}$，可得

$$\begin{aligned}\dot{\boldsymbol{x}}_{\mathrm{c}}=\;&\boldsymbol{A}_{\mathrm{c}}\boldsymbol{x}_{\mathrm{c}}+\boldsymbol{B}_{\mathrm{cy}}\{\boldsymbol{C}_{\mathrm{py}}\boldsymbol{x}_{\mathrm{p}}+\boldsymbol{D}_{\mathrm{pyu}}[\Delta u[\boldsymbol{D}_{\mathrm{cy}}\boldsymbol{C}_{\mathrm{py}}\quad\boldsymbol{C}_{\mathrm{c}}]\boldsymbol{x}_{\mathrm{cl}}-\Delta uq+\Delta u(\boldsymbol{D}_{\mathrm{cy}}\boldsymbol{D}_{\mathrm{pyw}}+\boldsymbol{D}_{\mathrm{cw}})\boldsymbol{w}]+\\&\boldsymbol{D}_{\mathrm{pyw}}\boldsymbol{w}\}+\boldsymbol{B}_{\mathrm{cw}}\boldsymbol{w}\\=\;&[\boldsymbol{B}_{cy}\boldsymbol{D}_{\mathrm{pyu}}\Delta u\boldsymbol{D}_{\mathrm{cy}}\boldsymbol{C}_{\mathrm{py}}+\boldsymbol{B}_{\mathrm{cy}}\boldsymbol{C}_{\mathrm{py}}\quad\boldsymbol{A}_{\mathrm{c}}+\boldsymbol{B}_{\mathrm{cy}}\boldsymbol{D}_{\mathrm{pyu}}\Delta u\boldsymbol{C}_{\mathrm{c}}]\boldsymbol{x}_{\mathrm{cl}}-\boldsymbol{B}_{\mathrm{cy}}\boldsymbol{D}_{\mathrm{pyu}}\Delta uq+\end{aligned}$$

$$[\boldsymbol{B}_{cy}\boldsymbol{D}_{pyu}\Delta u(\boldsymbol{D}_{cy}\boldsymbol{D}_{pyw}+\boldsymbol{D}_{cw})+\boldsymbol{B}_{cy}\boldsymbol{D}_{pyw}+\boldsymbol{B}_{cw}]\boldsymbol{w} \tag{5.20}$$

由于$(1-\boldsymbol{D}_{pyu}\boldsymbol{D}_{cy})\boldsymbol{D}_{pyu}=\boldsymbol{D}_{pyu}(1-\boldsymbol{D}_{cy}\boldsymbol{D}_{pyu})$，则

$$\boldsymbol{D}_{pyu}(\boldsymbol{I}-\boldsymbol{D}_{cy}\boldsymbol{D}_{pyu})^{-1}=(\boldsymbol{I}-\boldsymbol{D}_{pyu}\boldsymbol{D}_{cy})^{-1}\boldsymbol{D}_{pyu}$$

定义$\Delta y=(\boldsymbol{I}-\boldsymbol{D}_{pyu}\boldsymbol{D}_{cy})^{-1}$，又由于$\boldsymbol{\Delta u}=(\boldsymbol{I}-\boldsymbol{D}_{cy}\boldsymbol{D}_{pyu})^{-1}$，则

$$\Delta y\boldsymbol{D}_{pyu}\boldsymbol{D}_{cy}+\boldsymbol{I}=\Delta y \text{ 且 } \boldsymbol{D}_{pyu}\Delta u=\Delta y\boldsymbol{D}_{pyu}$$

则式(5.20)中的各项可整理为

$$\begin{aligned}
&\boldsymbol{B}_{cy}\boldsymbol{B}_{pyu}\Delta u\boldsymbol{B}_{cy}\boldsymbol{C}_{py}+\boldsymbol{B}_{cy}\boldsymbol{C}_{py}=\boldsymbol{B}_{cy}(\boldsymbol{B}_{pyu}\Delta u\boldsymbol{B}_{cy}+I)\boldsymbol{C}_{py}\\
&=\boldsymbol{B}_{cy}(\Delta y\boldsymbol{D}_{pyu}\boldsymbol{B}_{cy}+\boldsymbol{I})\boldsymbol{C}_{py}=\boldsymbol{B}_{cy}\Delta y\boldsymbol{C}_{py}-\boldsymbol{B}_{cy}\boldsymbol{D}_{pyu}\Delta u=-\boldsymbol{B}_{cy}\Delta y\boldsymbol{D}_{pyu}\\
&\boldsymbol{B}_{cy}\boldsymbol{B}_{pyu}\Delta u(\boldsymbol{D}_{cy}\boldsymbol{D}_{pyw}+\boldsymbol{D}_{cw})+\boldsymbol{B}_{cy}\boldsymbol{B}_{pyw}+\boldsymbol{B}_{cw}\\
&=\boldsymbol{B}_{cy}\Delta y\boldsymbol{D}_{pyu}(\boldsymbol{D}_{cy}\boldsymbol{D}_{pyw}+\boldsymbol{D}_{cw})+\boldsymbol{B}_{cy}\boldsymbol{B}_{pyw}+\boldsymbol{B}_{cw}\\
&=\boldsymbol{B}_{cy}\Delta y\boldsymbol{D}_{pyu}\boldsymbol{D}_{cy}\boldsymbol{D}_{pyw}+\boldsymbol{B}_{cy}\boldsymbol{B}_{pyw}+\boldsymbol{B}_{cy}\Delta y\boldsymbol{D}_{pyu}\boldsymbol{D}_{cw}+\boldsymbol{B}_{cw}\\
&=\boldsymbol{B}_{cy}\Delta y(\boldsymbol{B}_{pyw}+\boldsymbol{D}_{pyu}\boldsymbol{D}_{cw})+\boldsymbol{B}_{cw}
\end{aligned}$$

其中，$\boldsymbol{B}_{cy}\Delta y\boldsymbol{D}_{pyu}\ \boldsymbol{D}_{cy}\boldsymbol{D}_{pyw}+\boldsymbol{B}_{cy}\boldsymbol{B}_{pyw}=\boldsymbol{B}_{cy}(\Delta y\boldsymbol{D}_{pyu}\boldsymbol{D}_{cy}+\boldsymbol{I})\boldsymbol{D}_{pyw}=\boldsymbol{B}_{cy}\Delta y\boldsymbol{B}_{pyw}$。

则

$$\dot{\boldsymbol{x}}_c=[\boldsymbol{B}_{cy}\Delta y\boldsymbol{C}_{py}\boldsymbol{A}_c+\boldsymbol{B}_{cy}\Delta y\boldsymbol{D}_{pyu}\boldsymbol{C}_c]\boldsymbol{x}_{cl}-\boldsymbol{B}_{cy}\Delta y\boldsymbol{D}_{pyu}q+[\boldsymbol{B}_{cy}\Delta y(\boldsymbol{D}_{pyw}+\boldsymbol{D}_{pyu}\boldsymbol{D}_{cw})+\boldsymbol{B}_{cw}]\boldsymbol{w} \tag{5.21}$$

将式(5.17)代入式(5.16)，并根据$\boldsymbol{I}-\Delta u=-\Delta u\boldsymbol{D}_{cy}\boldsymbol{D}_{pyu}$和式(5.19)，可得

$$\begin{aligned}
z&=C_{pz}\boldsymbol{x}_P+\boldsymbol{D}_{pzu}[\Delta u[\boldsymbol{D}_{cy}\boldsymbol{C}_{py}\quad \boldsymbol{C}_c]\boldsymbol{x}_{cl}-\Delta u\boldsymbol{D}_{cy}\boldsymbol{D}_{pyu}q+\Delta u(\boldsymbol{D}_{cy}\boldsymbol{D}_{pyw}+\boldsymbol{D}_{cw})\boldsymbol{w}-q]+\boldsymbol{D}_{pzw}\boldsymbol{w}\\
&=[\boldsymbol{C}_{pz}+\boldsymbol{D}_{pzu}\Delta u\boldsymbol{D}_{cy}\boldsymbol{C}_{py}\quad \boldsymbol{D}_{pzu}\Delta u\boldsymbol{C}_c]\boldsymbol{x}_{cl}-\boldsymbol{D}_{pzu}(\Delta u\boldsymbol{D}_{cy}\boldsymbol{D}_{pyu}+\boldsymbol{I})q+\\
&=[\boldsymbol{D}_{pzu}\Delta u(\boldsymbol{D}_{cy}\boldsymbol{D}_{pyw}+\boldsymbol{D}_{cw})+\boldsymbol{D}_{pzw}]\boldsymbol{w}\\
&=[\boldsymbol{C}_{pz}+\boldsymbol{D}_{pzu}\Delta u\boldsymbol{D}_{cy}\boldsymbol{C}_{py}\quad \boldsymbol{D}_{pzu}\Delta u\boldsymbol{C}_c]\boldsymbol{x}_{cl}-\boldsymbol{D}_{pzu}\Delta uq+\\
&\quad[\boldsymbol{D}_{pzu}\Delta u(\boldsymbol{D}_{cy}\boldsymbol{D}_{pyw}+\boldsymbol{D}_{cw})+\boldsymbol{D}_{pzw}]\boldsymbol{w}
\end{aligned} \tag{5.22}$$

由式(5.17)、(5.18)、(5.21)和式(5.22)可得闭环系统的表示形式如下：

$$\begin{aligned}
u&=\Delta u[\boldsymbol{D}_{cy}\boldsymbol{C}_{py}\quad \boldsymbol{C}_c]\boldsymbol{x}_{cl}+(\boldsymbol{I}-\Delta u)q+\Delta u(\boldsymbol{D}_{cy}\boldsymbol{D}_{pyw}+\boldsymbol{D}_{cw})\boldsymbol{w}\\
\dot{\boldsymbol{x}}_p&=[\boldsymbol{A}_p+\boldsymbol{B}_{pu}\Delta u\boldsymbol{D}_{cy}\boldsymbol{C}_{py}\quad \boldsymbol{B}_{pu}\Delta u\boldsymbol{C}_c]\boldsymbol{x}_{cl}+\boldsymbol{B}_{pu}[-\Delta uq+\Delta u(\boldsymbol{D}_{cy}\boldsymbol{D}_{pyw}+\boldsymbol{D}_{cw})\boldsymbol{w}]+\boldsymbol{B}_{pw}\boldsymbol{w}\\
\dot{\boldsymbol{x}}_c&=[\boldsymbol{B}_{cy}\Delta y\boldsymbol{C}_{py}\quad \boldsymbol{A}_c+\boldsymbol{B}_{cy}\Delta y\boldsymbol{D}_{pyu}\boldsymbol{C}_c]\boldsymbol{x}_{cl}-\boldsymbol{B}_{cy}\Delta y\boldsymbol{D}_{pyu}q+[\boldsymbol{B}_{cy}\Delta y(\boldsymbol{D}_{pyw}+\boldsymbol{D}_{pyu}\boldsymbol{D}_{cw})+\boldsymbol{B}_{cw}]\boldsymbol{w}\\
z&=[\boldsymbol{C}_{pz}+\boldsymbol{D}_{pzu}\Delta u\boldsymbol{D}_{cy}\boldsymbol{C}_{py}\quad \boldsymbol{D}_{pzu}\Delta u\boldsymbol{C}_c]\boldsymbol{x}_{cl}-\boldsymbol{D}_{pzu}\Delta uq+[\boldsymbol{D}_{pzu}\Delta u(\boldsymbol{D}_{cy}\boldsymbol{D}_{pyw}+\boldsymbol{D}_{cw})+\boldsymbol{D}_{pzw}]\boldsymbol{w}
\end{aligned}$$

从而可得闭环系统为

$$\begin{aligned}
\dot{\boldsymbol{x}}_{cl}&=\boldsymbol{A}_{cl}\boldsymbol{x}_{cl}+\boldsymbol{B}_{clq}q+\boldsymbol{B}_{clw}\boldsymbol{w}\\
\boldsymbol{z}&=\boldsymbol{C}_{clz}\boldsymbol{x}_{cl}+\boldsymbol{D}_{clzq}q+\boldsymbol{D}_{clzw}\boldsymbol{w}\\
u&=\boldsymbol{C}_{clu}\boldsymbol{x}_{cl}+\boldsymbol{D}_{cluq}q+\boldsymbol{D}_{cluw}\boldsymbol{w}
\end{aligned} \tag{5.23}$$

式(5.23)中采用了如下定义：

$$\boldsymbol{A}_{cl}=\begin{bmatrix}\boldsymbol{A}_p+\boldsymbol{B}_{pu}\Delta u\boldsymbol{D}_{cy}\boldsymbol{C}_{py} & \boldsymbol{B}_{pu}\Delta u\boldsymbol{C}_c\\ \boldsymbol{B}_{cy}\Delta y\boldsymbol{C}_{py} & \boldsymbol{A}_c+\boldsymbol{B}_{cy}\Delta y\boldsymbol{D}_{pyu}\boldsymbol{C}_c\end{bmatrix},\quad \boldsymbol{B}_{clq}=\begin{bmatrix}-\boldsymbol{B}_{pu}\Delta u\\ -\boldsymbol{B}_{cy}\Delta y\boldsymbol{D}_{pyu}\end{bmatrix},$$

$\boldsymbol{B}_{\text{clw}}=\begin{bmatrix}\boldsymbol{B}_{\text{pw}}+\boldsymbol{B}_{\text{pu}}\Delta u(\boldsymbol{D}_{\text{cy}}\boldsymbol{D}_{\text{pyw}}+\boldsymbol{D}_{\text{cw}})\\ \boldsymbol{B}_{\text{cw}}+\boldsymbol{B}_{\text{cy}}\Delta y(\boldsymbol{D}_{\text{pyw}}+\boldsymbol{D}_{\text{pyu}}\boldsymbol{D}_{\text{cw}})\end{bmatrix}$，$\boldsymbol{C}_{\text{clz}}=[\boldsymbol{C}_{\text{pz}}+\boldsymbol{D}_{\text{pzu}}\Delta u\boldsymbol{D}_{\text{cy}}\boldsymbol{C}_{\text{py}}\quad \boldsymbol{D}_{\text{pzu}}\Delta u\boldsymbol{C}_{\text{c}}]$，

$\boldsymbol{D}_{\text{clzq}}=-\boldsymbol{D}_{\text{pzu}}\Delta u$，$\boldsymbol{D}_{\text{clzw}}=\boldsymbol{D}_{\text{pzu}}\Delta u(\boldsymbol{D}_{\text{cy}}\boldsymbol{D}_{\text{pyw}}+\boldsymbol{D}_{\text{cw}})+\boldsymbol{D}_{\text{pzw}}$，$\boldsymbol{C}_{\text{clu}}=\Delta u[\boldsymbol{D}_{\text{cy}}\boldsymbol{C}_{\text{py}}\quad \boldsymbol{C}_{\text{c}}]$，

$\Delta\boldsymbol{D}_{\text{cluq}}=I-\Delta u$，$\boldsymbol{D}_{\text{cluw}}=\Delta u(\boldsymbol{D}_{\text{cy}}\boldsymbol{D}_{\text{pyw}}+\boldsymbol{D}_{\text{cw}})$，$\Delta y=(I-\boldsymbol{D}_{\text{pyu}}\boldsymbol{D}_{\text{cy}})^{-1}$，

$\Delta u=(1-\boldsymbol{D}_{\text{cy}}\boldsymbol{D}_{\text{pyu}})^{-1}$。

(4) 输入受限时，加补偿器

此时式(5.10)可表示为

$$\begin{aligned}\dot{\boldsymbol{x}}_{\text{p}}&=\boldsymbol{A}_{\text{p}}\boldsymbol{x}_{\text{p}}+\boldsymbol{B}_{\text{pu}}u+\boldsymbol{B}_{\text{pw}}\boldsymbol{w}\\ y&=\boldsymbol{C}_{\text{py}}\boldsymbol{x}_{\text{p}}+\boldsymbol{D}_{\text{pyu}}u+\boldsymbol{D}_{\text{pyw}}\boldsymbol{w}\\ z&=\boldsymbol{C}_{\text{pz}}\boldsymbol{x}_{\text{p}}+\boldsymbol{D}_{\text{pzu}}u+\boldsymbol{D}_{\text{pzw}}\boldsymbol{w}\end{aligned}\tag{5.24}$$

式(5.15)表示为

$$\begin{aligned}\dot{\boldsymbol{x}}_{\text{c}}&=\boldsymbol{A}_{\text{c}}\boldsymbol{x}_{\text{c}}+\boldsymbol{B}_{\text{cy}}y+\boldsymbol{B}_{\text{cw}}\boldsymbol{w}+v_1\\ u&=\boldsymbol{C}_{\text{c}}\boldsymbol{x}_{\text{c}}+\boldsymbol{D}_{\text{cy}}y+\boldsymbol{D}_{\text{cw}}\boldsymbol{w}+v_2\end{aligned}\tag{5.25}$$

由 $q=u-\text{sat}(u)$，式(5.13)可写为

$$\begin{aligned}\dot{\boldsymbol{x}}_{\text{p}}&=\boldsymbol{A}_{\text{p}}\boldsymbol{x}_{\text{p}}+\boldsymbol{B}_{\text{pu}}(u-q)+\boldsymbol{B}_{\text{pw}}\boldsymbol{w}\\ y&=\boldsymbol{C}_{\text{py}}\boldsymbol{x}_{\text{p}}+\boldsymbol{D}_{\text{pyu}}(u-q)+\boldsymbol{D}_{\text{pyw}}\boldsymbol{w}\\ z&=\boldsymbol{C}_{\text{pz}}\boldsymbol{x}_{\text{p}}+\boldsymbol{D}_{\text{pzu}}(u-q)+\boldsymbol{D}_{\text{pzw}}\boldsymbol{w}\end{aligned}\tag{5.26}$$

将式(5.26)中的 $y=\boldsymbol{C}_{\text{py}}\boldsymbol{x}_{\text{p}}+\boldsymbol{D}_{\text{pyu}}(u-q)+\boldsymbol{D}_{\text{pyw}}\boldsymbol{w}$ 代入式(15)，可得

$$u=\boldsymbol{C}_{\text{c}}\boldsymbol{x}_{\text{c}}+\boldsymbol{D}_{\text{cy}}(\boldsymbol{C}_{\text{py}}\boldsymbol{x}_{\text{p}}+\boldsymbol{D}_{\text{pyu}}(u-q)+\boldsymbol{D}_{\text{pyw}})\boldsymbol{w}+\boldsymbol{D}_{\text{cw}}\boldsymbol{w}+[0\quad \boldsymbol{I}]\boldsymbol{D}_{\text{aw}}q$$

即

$$u=\boldsymbol{C}_{\text{c}}\boldsymbol{x}_{\text{c}}+\boldsymbol{D}_{\text{cy}}\boldsymbol{C}_{\text{py}}\boldsymbol{x}_{\text{p}}+\boldsymbol{D}_{\text{cy}}\boldsymbol{D}_{\text{pyu}}u-\boldsymbol{D}_{\text{cy}}\boldsymbol{D}_{\text{pyu}}q+\boldsymbol{D}_{\text{cy}}\boldsymbol{D}_{\text{pyw}}\boldsymbol{w}+\boldsymbol{D}_{\text{cw}}\boldsymbol{w}+[0\quad \boldsymbol{I}]\boldsymbol{D}_{\text{aw}}q$$

由 $\Delta u=(1-\boldsymbol{D}_{\text{cy}}\boldsymbol{D}_{\text{pyu}})^{-1}$ 可知 $-\Delta u\boldsymbol{D}_{\text{cy}}\boldsymbol{D}_{\text{pyu}}=\boldsymbol{I}-\Delta u$，从而

$$\begin{aligned}u&=(1-\boldsymbol{D}_{\text{cy}}\boldsymbol{D}_{\text{pyu}})^{-1}\{\boldsymbol{C}_{\text{c}}\boldsymbol{x}_{\text{c}}+\boldsymbol{D}_{\text{cy}}\boldsymbol{C}_{\text{py}}\boldsymbol{x}_{\text{p}}-\boldsymbol{D}_{\text{cy}}\boldsymbol{D}_{\text{pyu}}q+\boldsymbol{D}_{\text{cy}}\boldsymbol{D}_{\text{pyw}}\boldsymbol{w}+\boldsymbol{D}_{\text{cw}}\boldsymbol{w}+[0\quad \boldsymbol{I}]\boldsymbol{D}_{\text{aw}}q\}\\ &=[\Delta u\boldsymbol{D}_{\text{cy}}\boldsymbol{C}_{\text{py}}\quad \Delta u\boldsymbol{C}_{\text{c}}]\boldsymbol{x}_{\text{cl}}+([0\quad \Delta u]\boldsymbol{D}_{\text{aw}}-\Delta u\boldsymbol{D}_{\text{cy}}\boldsymbol{D}_{\text{pyu}})q+\Delta u(\boldsymbol{D}_{\text{cy}}\boldsymbol{D}_{\text{pyw}}+\boldsymbol{D}_{\text{cw}})\boldsymbol{w}\\ &=\boldsymbol{C}_{\text{clu}}\boldsymbol{x}_{\text{cl}}+(\boldsymbol{D}_{\text{cluq}}+\boldsymbol{D}_{\text{cluv}}\boldsymbol{D}_{\text{aw}})q+\boldsymbol{D}_{\text{cluw}}\boldsymbol{w}\end{aligned}\tag{5.27}$$

其中，$\boldsymbol{D}_{\text{cluq}}=-\Delta u\boldsymbol{D}_{\text{cy}}\boldsymbol{D}_{\text{pyu}}$，$\boldsymbol{D}_{\text{cluq}}=-\Delta u\boldsymbol{D}_{\text{cy}}\boldsymbol{D}_{\text{pyu}}=I-\Delta u$，$\boldsymbol{D}_{\text{cluv}}=[0\quad \Delta u]$。

将式(5.27)代入式(5.26)中的 $\dot{\boldsymbol{x}}_{\text{p}}$，可得

$$\begin{aligned}\dot{\boldsymbol{x}}_{\text{p}}&=\boldsymbol{A}_{\text{p}}\boldsymbol{x}_{\text{p}}+\boldsymbol{B}_{\text{pu}}(\boldsymbol{C}_{\text{clu}}\boldsymbol{x}_{\text{cl}}+(\boldsymbol{D}_{\text{cluq}}+\boldsymbol{D}_{\text{cluv}}\boldsymbol{D}_{\text{aw}})q+\boldsymbol{D}_{\text{cluw}}\boldsymbol{w}-q)+\boldsymbol{B}_{\text{pw}}\boldsymbol{w}\\ &=\boldsymbol{A}_{\text{p}}\boldsymbol{x}_{\text{p}}-\boldsymbol{B}_{\text{pu}}q+\boldsymbol{B}_{\text{pu}}\{[\Delta u\boldsymbol{D}_{\text{cy}}\boldsymbol{C}_{\text{py}}\quad \Delta u\boldsymbol{C}_{\text{c}}]\boldsymbol{x}_{\text{cl}}+(\boldsymbol{D}_{\text{cluq}}+\boldsymbol{D}_{\text{cluv}}\boldsymbol{D}_{\text{aw}})q+\boldsymbol{D}_{\text{cluw}}\boldsymbol{w}\}+\boldsymbol{B}_{\text{pw}}\boldsymbol{w}\\ &=[\boldsymbol{A}_{\text{p}}+\boldsymbol{B}_{\text{pu}}\Delta u\boldsymbol{D}_{\text{cy}}\boldsymbol{C}_{\text{py}}\quad \boldsymbol{B}_{\text{pu}}\Delta u\boldsymbol{C}_{\text{c}}]\boldsymbol{x}_{\text{cl}}+(-\boldsymbol{B}_{\text{pu}}\Delta u+\boldsymbol{B}_{\text{pu}}\boldsymbol{D}_{\text{cluv}}\boldsymbol{D}_{\text{aw}})q+\\ &\quad[\boldsymbol{B}_{\text{pu}}\Delta u(\boldsymbol{D}_{\text{cy}}\boldsymbol{D}_{\text{pyw}}+\boldsymbol{D}_{\text{cw}})+\boldsymbol{B}_{\text{pw}}]\boldsymbol{w}\end{aligned}\tag{5.28}$$

其中，$-\boldsymbol{B}_{\text{pu}}q+\boldsymbol{B}_{\text{pu}}\boldsymbol{D}_{\text{cluq}}q=(-\boldsymbol{B}_{\text{pu}}+\boldsymbol{B}_{\text{pu}}\boldsymbol{D}_{\text{cluq}})q=[-\boldsymbol{B}_{\text{pu}}+\boldsymbol{B}_{\text{pu}}(I-\Delta u)]q=-\boldsymbol{B}_{\text{pu}}\Delta uq$。

将 u 代入 y

$$y=\boldsymbol{C}_{\text{py}}\boldsymbol{x}_{\text{p}}+(\boldsymbol{D}_{\text{pyu}}\boldsymbol{C}_{\text{c}}\boldsymbol{x}_{\text{c}}+\boldsymbol{D}_{\text{pyu}}\boldsymbol{D}_{\text{cy}}y+\boldsymbol{D}_{\text{pyu}}\boldsymbol{D}_{\text{cw}}w+\boldsymbol{D}_{\text{pyu}}v_2-\boldsymbol{D}_{\text{pyu}}q)+\boldsymbol{D}_{\text{pyw}}\boldsymbol{w}$$

则

$$\begin{aligned} y &= (\boldsymbol{I} - \boldsymbol{D}_{\text{pyu}} D_{\text{cy}})^{-1} (\boldsymbol{C}_{\text{py}} \boldsymbol{x}_{\text{p}} + \boldsymbol{D}_{\text{pyu}} \boldsymbol{C}_{\text{c}} \boldsymbol{x}_{\text{c}} + \boldsymbol{D}_{\text{pyu}} \boldsymbol{D}_{\text{cw}} \boldsymbol{w} + \boldsymbol{D}_{\text{pyu}} v_2 - \boldsymbol{D}_{\text{pyu}} q + \boldsymbol{D}_{\text{pyw}} \boldsymbol{w}) \\ &= \Delta y (\boldsymbol{C}_{\text{py}} \boldsymbol{x}_{\text{p}} + \boldsymbol{D}_{\text{pyu}} \boldsymbol{C}_{\text{c}} \boldsymbol{x}_{\text{c}} + \boldsymbol{D}_{\text{pyu}} \boldsymbol{D}_{\text{cw}} \boldsymbol{w} + \boldsymbol{D}_{\text{pyu}} v_2 - \boldsymbol{D}_{\text{pyu}} q + \boldsymbol{D}_{\text{pyw}} \boldsymbol{w}) \end{aligned}$$

$$\begin{aligned} \dot{\boldsymbol{x}}_{\text{c}} &= \boldsymbol{A}_{\text{c}} \boldsymbol{x}_{\text{c}} + \boldsymbol{B}_{\text{cy}} y + \boldsymbol{B}_{\text{cw}} \boldsymbol{w} + v_1 \\ &= \boldsymbol{A}_{\text{c}} \boldsymbol{x}_{\text{c}} + \boldsymbol{B}_{\text{cy}} \Delta y (\boldsymbol{C}_{\text{py}} \boldsymbol{x}_{\text{p}} + \boldsymbol{D}_{\text{pyu}} \boldsymbol{C}_{\text{c}} \boldsymbol{x}_{\text{c}} + \boldsymbol{D}_{\text{pyu}} \boldsymbol{D}_{\text{cw}} \boldsymbol{w} + \boldsymbol{D}_{\text{pyu}} v_2 - \boldsymbol{D}_{\text{pyu}} \boldsymbol{q} + \boldsymbol{D}_{\text{pyw}} \boldsymbol{w}) + \boldsymbol{B}_{\text{cw}} \boldsymbol{w} + v_1 \\ &= \boldsymbol{A}_{\text{c}} \boldsymbol{x}_{\text{c}} + \boldsymbol{B}_{\text{cy}} \Delta y \boldsymbol{C}_{\text{py}} \boldsymbol{x}_{\text{p}} + \boldsymbol{B}_{\text{cy}} \Delta y \boldsymbol{D}_{\text{pyu}} \boldsymbol{C}_{\text{c}} \boldsymbol{x}_{\text{c}} + \boldsymbol{B}_{\text{cy}} \Delta y \boldsymbol{D}_{\text{pyu}} \boldsymbol{D}_{\text{cw}} \boldsymbol{w} + \boldsymbol{B}_{\text{cy}} \Delta y \boldsymbol{D}_{\text{pyu}} v_2 - \\ &\quad \boldsymbol{B}_{\text{cy}} \Delta y \boldsymbol{D}_{\text{pyu}} \boldsymbol{q} + \boldsymbol{B}_{\text{cy}} \Delta y \boldsymbol{D}_{\text{pyw}} \boldsymbol{w} + \boldsymbol{B}_{\text{cw}} \boldsymbol{w} + v_1 \\ &= [\boldsymbol{B}_{\text{cy}} \Delta y \boldsymbol{C}_{\text{py}} \quad \boldsymbol{A}_{\text{c}} + \boldsymbol{B}_{\text{cy}} \Delta y \boldsymbol{D}_{\text{pyu}} \boldsymbol{C}_{\text{c}}] \boldsymbol{x}_{\text{cl}} - \boldsymbol{B}_{\text{cy}} \Delta y \boldsymbol{D}_{\text{pyu}} \boldsymbol{q} + (v_1 + \boldsymbol{B}_{\text{cy}} \Delta y \boldsymbol{D}_{\text{pyu}} v_2) + \\ &\quad \boldsymbol{B}_{\text{cy}} \Delta y (\boldsymbol{D}_{\text{pyw}} + \boldsymbol{D}_{\text{pyu}} \boldsymbol{D}_{\text{cw}}) \boldsymbol{w} + \boldsymbol{B}_{\text{cw}} \boldsymbol{w} \\ &= [\boldsymbol{B}_{\text{cy}} \Delta y \boldsymbol{C}_{\text{py}} \quad \boldsymbol{A}_{\text{c}} + \boldsymbol{B}_{\text{cy}} \Delta y \boldsymbol{D}_{\text{pyu}} \boldsymbol{C}_{\text{c}}] \boldsymbol{x}_{\text{cl}} + \{-\boldsymbol{B}_{\text{cy}} \Delta y \boldsymbol{D}_{\text{pyu}} + [\boldsymbol{I} \quad \boldsymbol{B}_{\text{cy}} \Delta y \boldsymbol{D}_{\text{pyu}}] \boldsymbol{D}_{\text{aw}}\} q + \\ &\quad \boldsymbol{B}_{\text{cy}} \Delta y (\boldsymbol{D}_{\text{pyw}} + \boldsymbol{D}_{\text{pyu}} \boldsymbol{D}_{\text{cw}}) \boldsymbol{w} + \boldsymbol{B}_{\text{cw}} \boldsymbol{w} \end{aligned}$$

其中，$v_1 + \boldsymbol{B}_{\text{cy}} \Delta y \boldsymbol{D}_{\text{pyu}} v_2 = [\boldsymbol{I} \quad \boldsymbol{B}_{\text{cy}} \Delta y \boldsymbol{D}_{\text{pyu}}] \boldsymbol{v} = [\boldsymbol{I} \quad \boldsymbol{B}_{\text{cy}} \Delta y \boldsymbol{D}_{\text{pyu}}] \boldsymbol{D}_{\text{aw}} q$。

将 $\dot{\boldsymbol{x}}_{\text{p}}$ 与 $\dot{\boldsymbol{x}}_{\text{c}}$ 合并，可得

$$\begin{aligned} \begin{bmatrix} \dot{\boldsymbol{x}}_{\text{p}} \\ \dot{\boldsymbol{x}}_{\text{c}} \end{bmatrix} &= \begin{bmatrix} \boldsymbol{A}_{\text{p}} + \boldsymbol{B}_{\text{pu}} \Delta u \boldsymbol{D}_{\text{cy}} \boldsymbol{C}_{\text{py}} & \boldsymbol{B}_{\text{pu}} \Delta u \boldsymbol{C}_{\text{c}} \\ \boldsymbol{B}_{\text{cy}} \Delta y \boldsymbol{C}_{\text{py}} & \boldsymbol{A}_{\text{c}} + \boldsymbol{B}_{\text{cy}} \Delta y \boldsymbol{D}_{\text{pyu}} \boldsymbol{C}_{\text{c}} \end{bmatrix} \begin{bmatrix} \boldsymbol{x}_{\text{p}} \\ \boldsymbol{x}_{\text{c}} \end{bmatrix} + \\ &\quad \begin{bmatrix} -\boldsymbol{B}_{\text{pu}} \Delta u \\ -\boldsymbol{B}_{\text{cy}} \Delta y \boldsymbol{D}_{\text{pyu}} \end{bmatrix} q + \begin{bmatrix} 0 & \boldsymbol{B}_{\text{pu}} \boldsymbol{D}_{\text{cluv}} \\ \boldsymbol{I} & \boldsymbol{B}_{\text{cy}} \Delta y \boldsymbol{D}_{\text{pyu}} \end{bmatrix} \boldsymbol{D}_{\text{aw}} q + \\ &\quad \begin{bmatrix} \boldsymbol{B}_{\text{pu}} \Delta u (\boldsymbol{D}_{\text{cy}} \boldsymbol{D}_{\text{pyw}} + \boldsymbol{D}_{\text{cw}}) + \boldsymbol{B}_{\text{pw}} \\ \boldsymbol{B}_{\text{cy}} \Delta y (\boldsymbol{D}_{\text{pyw}} + \boldsymbol{D}_{\text{pyu}} \boldsymbol{D}_{\text{cw}}) + \boldsymbol{B}_{\text{cw}} \end{bmatrix} \boldsymbol{w} \\ &= \boldsymbol{A}_{\text{cl}} \boldsymbol{x}_{\text{cl}} + \boldsymbol{B}_{\text{clq}} q + \boldsymbol{B}_{\text{clv}} \boldsymbol{D}_{\text{aw}} q + \boldsymbol{B}_{\text{clw}} \boldsymbol{w} \end{aligned}$$

其中，

$$\begin{aligned} \begin{bmatrix} -\boldsymbol{B}_{\text{pu}} \Delta u + \boldsymbol{B}_{\text{pu}} \boldsymbol{D}_{\text{cluv}} \boldsymbol{D}_{\text{aw}} \\ -\boldsymbol{B}_{\text{cy}} \Delta y \boldsymbol{D}_{\text{pyu}} + [\boldsymbol{I} \quad \boldsymbol{B}_{\text{cy}} \Delta y \boldsymbol{D}_{\text{pyu}}] \boldsymbol{D}_{\text{aw}} \end{bmatrix} q &= \begin{bmatrix} -\boldsymbol{B}_{\text{pu}} \Delta u \\ -\boldsymbol{B}_{\text{cy}} \Delta y \boldsymbol{D}_{\text{pyu}} \end{bmatrix} q + \begin{bmatrix} \boldsymbol{B}_{\text{pu}} \boldsymbol{D}_{\text{cluv}} \\ [\boldsymbol{I} \quad \boldsymbol{B}_{\text{cy}} \Delta y \boldsymbol{D}_{\text{pyu}}] \end{bmatrix} \boldsymbol{D}_{\text{aw}} q \\ &= \begin{bmatrix} -\boldsymbol{B}_{\text{pu}} \Delta u \\ -\boldsymbol{B}_{\text{cy}} \Delta y \boldsymbol{D}_{\text{pyu}} \end{bmatrix} q + \begin{bmatrix} 0 & \boldsymbol{B}_{\text{pu}} \Delta u \\ \boldsymbol{I} & \boldsymbol{B}_{\text{cy}} \Delta y \boldsymbol{D}_{\text{pyu}} \end{bmatrix} \boldsymbol{D}_{\text{aw}} q \\ &= \boldsymbol{B}_{\text{clq}} q + \boldsymbol{B}_{\text{clv}} \boldsymbol{D}_{\text{aw}} q \end{aligned}$$

即

$$\dot{\boldsymbol{x}}_{\text{cl}} = \boldsymbol{A}_{\text{cl}} \boldsymbol{x}_{\text{cl}} + (\boldsymbol{B}_{\text{clq}} + \boldsymbol{B}_{\text{clv}} \boldsymbol{D}_{\text{aw}}) q + \boldsymbol{B}_{\text{clw}} \boldsymbol{w}$$

其中，$\boldsymbol{B}_{\text{clq}} = \begin{bmatrix} -\boldsymbol{B}_{\text{pu}} \Delta u \\ -\boldsymbol{B}_{\text{cy}} \Delta y \boldsymbol{D}_{\text{pyu}} \end{bmatrix}$，$\boldsymbol{B}_{\text{clv}} = \begin{bmatrix} \boldsymbol{B}_{\text{pu}} \boldsymbol{D}_{\text{cluv}} \\ \boldsymbol{B}_{\text{cy}} \boldsymbol{D}_{\text{pyu}} \boldsymbol{D}_{\text{cluv}} + [\boldsymbol{I} \quad 0] \end{bmatrix} = \begin{bmatrix} 0 & \boldsymbol{B}_{\text{pu}} \Delta u \\ \boldsymbol{I} & \boldsymbol{B}_{\text{cy}} \Delta y \boldsymbol{D}_{\text{pyu}} \end{bmatrix}$，$\boldsymbol{B}_{\text{pu}} \boldsymbol{D}_{\text{cluv}} = \boldsymbol{B}_{\text{pu}} [0 \quad \Delta u] = [0 \quad \boldsymbol{B}_{\text{pu}} \Delta u]$，$\boldsymbol{B}_{\text{cy}} \boldsymbol{D}_{\text{pyu}} \boldsymbol{D}_{\text{cluv}} + [\boldsymbol{I} \quad 0] = \boldsymbol{B}_{\text{cy}} \boldsymbol{D}_{\text{pyu}} [0 \quad \Delta u] + [\boldsymbol{I} \quad 0] = [\boldsymbol{I} \quad \boldsymbol{B}_{\text{cy}} \boldsymbol{D}_{\text{pyu}} \Delta u] = [\boldsymbol{I} \quad \boldsymbol{B}_{\text{cy}} \Delta y \boldsymbol{D}_{\text{pyu}}]$。

将 u 代入 z 中，并代入 $\boldsymbol{C}_{\text{clu}}$、$\boldsymbol{D}_{\text{cluq}}$、$\boldsymbol{D}_{\text{cluw}}$，可得

$$
\begin{aligned}
z &= \boldsymbol{C}_{\mathrm{pz}}\boldsymbol{x}_{\mathrm{p}} + \boldsymbol{D}_{\mathrm{pzu}}u - \boldsymbol{D}_{\mathrm{pzu}}q + \boldsymbol{D}_{\mathrm{pzw}}\boldsymbol{w} \\
&= \boldsymbol{C}_{\mathrm{pz}}\boldsymbol{x}_{\mathrm{p}} + \boldsymbol{D}_{\mathrm{pzu}}[\boldsymbol{C}_{\mathrm{clu}}\boldsymbol{x}_{\mathrm{cl}} + (\boldsymbol{D}_{\mathrm{cluq}} + \boldsymbol{D}_{\mathrm{cluv}}\boldsymbol{D}_{\mathrm{aw}})q + \boldsymbol{D}_{\mathrm{cluw}}\boldsymbol{w}] - \boldsymbol{D}_{\mathrm{pzu}}q + \boldsymbol{D}_{\mathrm{pzw}}\boldsymbol{w} \\
&= \boldsymbol{C}_{\mathrm{pz}}\boldsymbol{x}_{\mathrm{p}} + \boldsymbol{D}_{\mathrm{pzu}}\{[\Delta u\boldsymbol{D}_{\mathrm{cy}}\boldsymbol{C}_{\mathrm{py}} \quad \Delta u\boldsymbol{C}_{\mathrm{c}}]\boldsymbol{x}_{\mathrm{cl}} + \{[I - \Delta u] + \boldsymbol{D}_{\mathrm{cluv}}\boldsymbol{D}_{\mathrm{aw}}\}q + \Delta u(\boldsymbol{D}_{\mathrm{cy}}\boldsymbol{D}_{\mathrm{pyw}} + \\
&\quad \boldsymbol{D}_{\mathrm{cw}})\boldsymbol{w}\} - \boldsymbol{D}_{\mathrm{pzu}}q + \boldsymbol{D}_{\mathrm{pzw}}\boldsymbol{w} \\
&= [\boldsymbol{C}_{\mathrm{pz}} + \boldsymbol{D}_{\mathrm{pzu}}\Delta u\boldsymbol{D}_{\mathrm{cy}}\boldsymbol{C}_{\mathrm{py}} \quad \boldsymbol{D}_{\mathrm{pzu}}\Delta u\boldsymbol{C}_{\mathrm{c}}]\boldsymbol{x}_{\mathrm{cl}} + (-\boldsymbol{D}_{\mathrm{pzu}}\Delta u + \boldsymbol{D}_{\mathrm{pzu}}\boldsymbol{D}_{\mathrm{cluv}}\boldsymbol{D}_{\mathrm{aw}})q + \\
&\quad [\boldsymbol{D}_{\mathrm{pzu}}\Delta u(\boldsymbol{D}_{\mathrm{cy}}\boldsymbol{D}_{\mathrm{pyw}} + \boldsymbol{D}_{\mathrm{cw}}) + \boldsymbol{D}_{\mathrm{pzw}}]\boldsymbol{w} \\
&= [\boldsymbol{C}_{\mathrm{pz}} + \boldsymbol{D}_{\mathrm{pzu}}\Delta u\boldsymbol{D}_{\mathrm{cy}}\boldsymbol{C}_{\mathrm{py}} \quad \boldsymbol{D}_{\mathrm{pzu}}\Delta u\boldsymbol{C}_{\mathrm{c}}]\boldsymbol{x}_{\mathrm{cl}} + \{-\boldsymbol{D}_{\mathrm{pzu}}\Delta u + [0 \quad \boldsymbol{D}_{\mathrm{pzu}}\Delta u]\boldsymbol{D}_{\mathrm{aw}}\}q + \\
&\quad [\boldsymbol{D}_{\mathrm{pzu}}\Delta u(\boldsymbol{D}_{\mathrm{cy}}\boldsymbol{D}_{\mathrm{pyw}} + \boldsymbol{D}_{\mathrm{cw}}) + \boldsymbol{D}_{\mathrm{pzw}}]\boldsymbol{w} \\
&= \boldsymbol{C}_{\mathrm{clz}}\boldsymbol{x}_{\mathrm{cl}} + (\boldsymbol{D}_{\mathrm{clzq}} + \boldsymbol{D}_{\mathrm{clzv}}\boldsymbol{D}_{\mathrm{aw}})q + \boldsymbol{D}_{\mathrm{clzw}}\boldsymbol{w}
\end{aligned}
$$

其中 $\boldsymbol{D}_{\mathrm{pzu}}\boldsymbol{D}_{\mathrm{cluv}}\boldsymbol{D}_{\mathrm{aw}} = \boldsymbol{D}_{\mathrm{pzu}}[0 \quad \Delta u]\boldsymbol{D}_{\mathrm{aw}} = [0 \quad \boldsymbol{D}_{\mathrm{pzu}}\Delta u]\boldsymbol{D}_{\mathrm{aw}}$。

$$
\boldsymbol{D}_{\mathrm{clzv}} = \boldsymbol{D}_{\mathrm{pzu}}\boldsymbol{D}_{\mathrm{cluv}} = \boldsymbol{D}_{\mathrm{pzu}}[0 \quad \Delta u] = [0 \quad \boldsymbol{D}_{\mathrm{pzu}}\Delta u]
$$

从而可得闭环系统

$$
\begin{aligned}
\dot{\boldsymbol{x}}_{\mathrm{cl}} &= \boldsymbol{A}_{\mathrm{cl}}\boldsymbol{x}_{\mathrm{cl}} + (\boldsymbol{B}_{\mathrm{clv}}\boldsymbol{D}_{\mathrm{aw}} + \boldsymbol{B}_{\mathrm{clq}})q + \boldsymbol{B}_{\mathrm{clw}}\boldsymbol{w} \\
z &= \boldsymbol{C}_{\mathrm{clz}}\boldsymbol{x}_{\mathrm{cl}} + (\boldsymbol{D}_{\mathrm{clzq}} + \boldsymbol{D}_{\mathrm{clzv}}\boldsymbol{D}_{\mathrm{aw}})q + \boldsymbol{D}_{\mathrm{clzw}}\boldsymbol{w} \\
u &= \boldsymbol{C}_{\mathrm{clu}}\boldsymbol{x}_{\mathrm{cl}} + (\boldsymbol{D}_{\mathrm{cluq}} + \boldsymbol{D}_{\mathrm{cluv}}\boldsymbol{D}_{\mathrm{aw}})q + \boldsymbol{D}_{\mathrm{cluw}}\boldsymbol{w}
\end{aligned}
\tag{5.29}
$$

其中，$\boldsymbol{B}_{\mathrm{clv}} = \begin{bmatrix} \boldsymbol{0} & \boldsymbol{B}_{\mathrm{pu}}\Delta u \\ \boldsymbol{I} & \boldsymbol{B}_{\mathrm{cy}}\Delta y\boldsymbol{D}_{\mathrm{pyu}} \end{bmatrix}$，$\boldsymbol{D}_{\mathrm{cluv}} = [\boldsymbol{0} \quad \Delta u]$。

(5) 控制器设计

考虑被控对象模型为

$$
\frac{1}{s^2 + 10s + 1}
$$

上式写为状态方程形式

$$
\begin{aligned}
\dot{x}_1 &= x_2 \\
\dot{x}_2 &= -10x_2 - x_1 + u(t) \\
y &= x_1 \\
z &= y - r
\end{aligned}
$$

对应于模型式(5.12)的信息为

$$
\boldsymbol{A}_{\mathrm{p}} = \begin{bmatrix} 0 & 1 \\ -1 & -10 \end{bmatrix}, \quad \boldsymbol{B}_{\mathrm{pu}} = \begin{bmatrix} 1 \\ 0 \end{bmatrix}, \quad \boldsymbol{B}_{\mathrm{pw}} = \begin{bmatrix} 0 \\ 0 \end{bmatrix}, \quad \boldsymbol{C}_{\mathrm{py}} = [1 \quad 0],
$$

$$
\boldsymbol{D}_{\mathrm{pyu}} = 0, \quad \boldsymbol{D}_{\mathrm{pyw}} = 0, \quad \boldsymbol{C}_{\mathrm{pz}} = \boldsymbol{C}_{\mathrm{py}}, \quad \boldsymbol{D}_{\mathrm{pzu}} = \boldsymbol{D}_{\mathrm{pyu}}, \quad \boldsymbol{D}_{\mathrm{pzw}} = [0 \quad -1]。
$$

采用 LQG 最优控制，可得对应于控制器(5.13)的信息为

$$
\boldsymbol{A}_{\mathrm{c}} = \begin{bmatrix} -0.0081 & 1 & 0 \\ -203.8428 & -74.1936 & 244.9490 \\ 0 & 0 & 0 \end{bmatrix}, \quad \boldsymbol{B}_{\mathrm{cy}} = [0.0081 \quad 0.50 \quad -1.0]^{\mathrm{T}},
$$

$$
\boldsymbol{B}_{\mathrm{cw}} = \begin{bmatrix} 0 & 0 \\ 0 & 0 \\ 0 & 1 \end{bmatrix}, \quad \boldsymbol{C}_{\mathrm{c}} = [-202.3428 \quad -64.1936 \quad 244.9490], \quad \boldsymbol{D}_{\mathrm{cy}} = 0, \boldsymbol{D}_{\mathrm{cw}} = [0 \quad 0]。
$$

控制器(5.13)中的$\boldsymbol{v}_1$和$\boldsymbol{v}_2$由下面补偿算法求得。

5.2.3 补偿算法设计步骤

补偿项$\boldsymbol{D}_{\mathrm{aw}}$的求法分以下几步[1,2]：

第一步：求解最小γ和$\boldsymbol{R}$

开环系统：

$$\begin{bmatrix} R_{11}\boldsymbol{A}_{\mathrm{p}}^{\mathrm{T}}+\boldsymbol{A}_{\mathrm{p}}R_{11} & \boldsymbol{B}_{\mathrm{pw}} & R_{11}\boldsymbol{C}_{\mathrm{pz}}^{\mathrm{T}} \\ \boldsymbol{B}_{\mathrm{pw}}^{\mathrm{T}} & -\gamma\boldsymbol{I}_{\mathrm{nw}} & \boldsymbol{D}_{\mathrm{pzw}}^{\mathrm{T}} \\ \boldsymbol{C}_{\mathrm{pz}}R_{11} & \boldsymbol{D}_{\mathrm{pzw}} & -\gamma\boldsymbol{I}_{\mathrm{nz}} \end{bmatrix}<0 \tag{5.30}$$

闭环系统：

$$\begin{bmatrix} \boldsymbol{R}\boldsymbol{A}_{\mathrm{cl}}^{\mathrm{T}}+\boldsymbol{A}_{\mathrm{cl}}\boldsymbol{R} & \boldsymbol{B}_{\mathrm{clw}} & \boldsymbol{R}\boldsymbol{C}_{\mathrm{clz}}^{\mathrm{T}} \\ \boldsymbol{B}_{\mathrm{clw}}^{\mathrm{T}} & -\gamma\boldsymbol{I}_{\mathrm{nw}} & \boldsymbol{D}_{\mathrm{clzw}}^{\mathrm{T}} \\ \boldsymbol{C}_{\mathrm{clz}}R & \boldsymbol{D}_{\mathrm{clzw}} & -\gamma\boldsymbol{I}_{\mathrm{nz}} \end{bmatrix}<0 \tag{5.31}$$

$$\boldsymbol{R}=\boldsymbol{R}^{\mathrm{T}}>0 \tag{5.32}$$

上面条件下，求使满足$\min\limits_{\boldsymbol{R},\gamma}\gamma$的$\gamma$和$\boldsymbol{R}$。

第二步：求解$\boldsymbol{D}_{\mathrm{aw}}$

基于抗饱和增益求解的LMI式为

$$\boldsymbol{\Psi}(\boldsymbol{U},\gamma)+\boldsymbol{G}_{\mathrm{U}}^{\mathrm{T}}\boldsymbol{\Lambda}_{\mathrm{U}}^{\mathrm{T}}\boldsymbol{H}^{\mathrm{T}}+\boldsymbol{H}\boldsymbol{\Lambda}_{\mathrm{U}}\boldsymbol{G}_{\mathrm{U}}<0 \tag{5.33}$$

其中，

$$\boldsymbol{\Psi}(\boldsymbol{U},\gamma)=\mathrm{He}\begin{bmatrix} \boldsymbol{A}_{\mathrm{cl}}\boldsymbol{R} & \boldsymbol{B}_{\mathrm{clq}}\boldsymbol{U}+\boldsymbol{Q}\boldsymbol{C}_{\mathrm{clu}}^{\mathrm{T}} & \boldsymbol{B}_{\mathrm{clw}} & \boldsymbol{Q}\boldsymbol{C}_{\mathrm{clz}}^{\mathrm{T}} \\ 0 & \boldsymbol{D}_{\mathrm{cluq}}\boldsymbol{U}-\boldsymbol{U} & \boldsymbol{D}_{\mathrm{clyw}} & \boldsymbol{U}\boldsymbol{D}_{\mathrm{clzq}}^{\mathrm{T}} \\ 0 & 0 & -\dfrac{\gamma}{2}\boldsymbol{I} & \boldsymbol{D}_{\mathrm{clzw}}^{\mathrm{T}} \\ 0 & 0 & 0 & -\dfrac{\gamma}{2}\boldsymbol{I} \end{bmatrix}$$

$$\boldsymbol{H}=[\boldsymbol{B}_{\mathrm{clv}}^{\mathrm{T}} \quad \boldsymbol{0} \quad | \quad \boldsymbol{D}_{\mathrm{cluv}}^{\mathrm{T}} \quad | \quad \boldsymbol{0} \quad | \quad \boldsymbol{D}_{\mathrm{clzv}}^{\mathrm{T}}]$$

$$\boldsymbol{G}_{\mathrm{U}}=[\boldsymbol{0} \quad \boldsymbol{0} \quad | \quad \boldsymbol{I} \quad | \quad \boldsymbol{0} \quad \boldsymbol{0}]$$

其中，$\mathrm{He}(\boldsymbol{X})=\boldsymbol{X}+\boldsymbol{X}^{\mathrm{T}}$。

由于采用的是静态补偿器，故$n_{\mathrm{aw}}=0$，$\boldsymbol{Q}=\boldsymbol{R}$。

为了保证闭环系统的强稳定性，$\boldsymbol{\Lambda}_{\mathrm{U}}$和$\boldsymbol{U}$需要满足如下LMI不等式[1]：

$$-2(1-\mu)\boldsymbol{U}+\mathrm{He}(\boldsymbol{D}_{\mathrm{cluq}}\boldsymbol{U}+[\boldsymbol{0}_{\mathrm{nu}\times\mathrm{nc}} \quad \boldsymbol{I}_{\mathrm{nu}}]\boldsymbol{\Lambda}_{\mathrm{U}})<0 \tag{5.34}$$

其中，μ是很小的正实数。

求解不等式(5.30)至式(5.34)，可得$\boldsymbol{\Lambda}_{\mathrm{U}}$和$\boldsymbol{U}$，从而可得静态补偿器为

$$\boldsymbol{D}_{\mathrm{aw}}=\boldsymbol{\Lambda}_{\mathrm{U}}\boldsymbol{U}^{-1}, \quad v=\boldsymbol{D}_{\mathrm{aw}}q \tag{5.35}$$

5.2.4 闭环系统稳定性分析

首先，进行闭环系统稳定性分析，设计 Lyapunov 函数 $\boldsymbol{V}=\boldsymbol{x}^{\mathrm{T}}\boldsymbol{P}\boldsymbol{x}$，通过取 $\dot{V}<0$ 并进行变换，可得到式(5.33)。

然后，根据文献[2]中的引理 5 可知，式(5.33)有解的条件是当且仅当文献[2]中式(31)成立，依据是矩阵消除定理和[2]中定理 2、定理 5 的证明，从而可得到式(5.30)至式(5.32)。

式(5.30)至式(5.33)的证明和分析来源于文献[2]。

5.2.5 仿真实例

考虑被控对象为式(5.10)，初始状态为 [0 0 0]，指令为方波信号，采用 MATLAB 函数实现，取指令为 $r=1.5\text{square}(0.08t)$。求解不等式式(5.30)至式(5.34)，取 $v_0=0$，可得

$$\gamma=2.7518,\quad \boldsymbol{D}_{\mathrm{aw}}=[-0.0002\quad 0.0019\quad 0.0006\quad 1.0]$$

按式(5.25)设计控制律，控制输入受限值为 $\bar{u}=5.0$，如果加补偿器，根据式(5.35)求补偿 $v=\boldsymbol{D}_{\mathrm{aw}}q$，仿真结果如图 5.6 和图 5.7 所示。如果不加补偿器，取 $\boldsymbol{D}_{\mathrm{aw}}=0$，$\boldsymbol{v}=0$，仿真结果如图 5.8 和图 5.9 所示。可见，加入补偿器后，方波跟踪性能和控制输入信号得到了很大的改善。

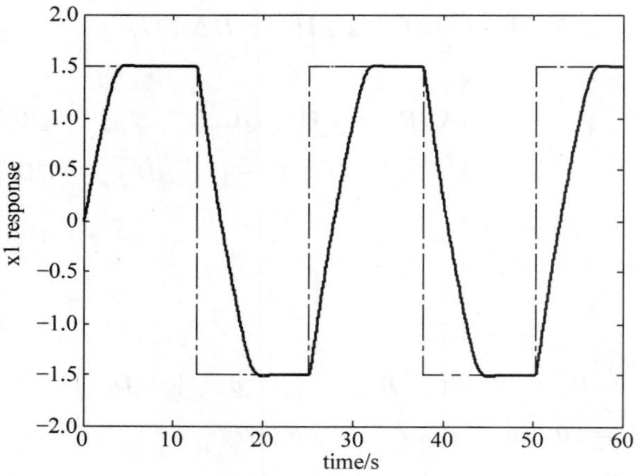

图 5.6 方波响应(加补偿器)

仿真程序：

(1) LMI 设计程序：chap5_2LMI.m

```
% Generic antiwindup LMI program
clear all;
close all;
% Dimension defination
np = 2;                                        % 被控对象动态阶数
```

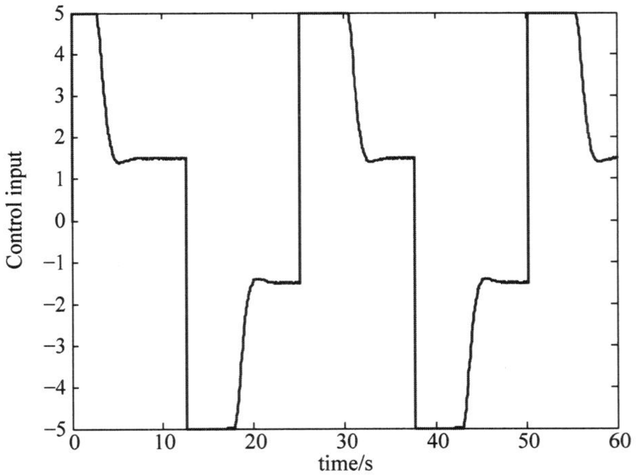

图 5.7　控制输入(加补偿器)

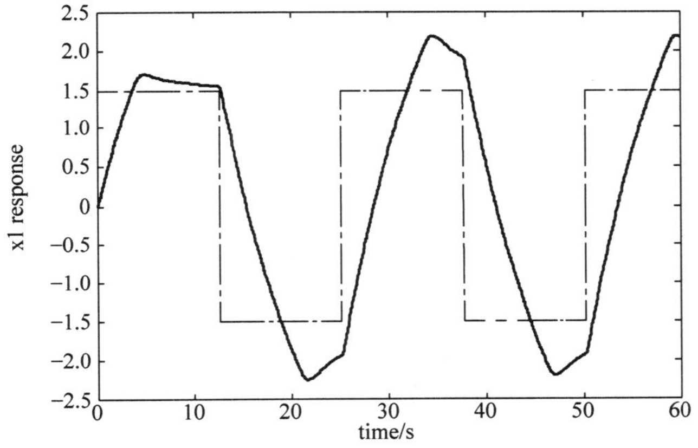

图 5.8　方波响应(不加补偿器)

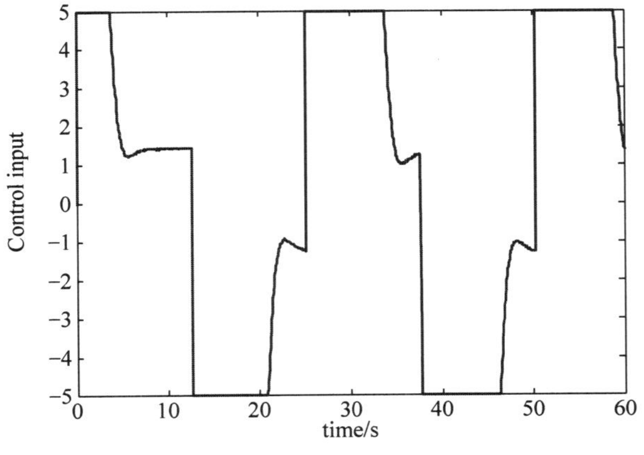

图 5.9　控制输入(不加补偿器)

```
nc = 3;                                          % 控制器动态阶数
nu = 1;                                          % 控制输入个数
nw = 2;                                          % 外加输入个数
nz = 1;                                          % 性能指标个数
naw = 0;                                         % 补偿器状态阶数
ncl = np + nc;
nv = nu + nc;
npc = np + nc;
n = np + nc + naw;
m = ncl + nu + nw + nz;
 % Plant defination
Ap = [0 1; -1  -10];
Bpu = [0;1];
Cpy = [1 0];
Dpyu = 0;

Bpw0 = Bpu;
Bpr = zeros(2,1);
Bpw = [Bpw0 Bpr];

Dpyw0 = 1;
Dpyr = 0;
Dpyw = [Dpyw0 Dpyr];
 % error performance
Cpz = Cpy;
Dpzu = Dpyu;
Dpzw = Dpyw - [0 1];

 % other performance
nx = 2;                                          %状态维数
ny = 1;                                          %输出维数
sys = ss(Ap,Bpu,Cpy,Dpyu);

 %Used in lqi
Q = [5 0 0;0 5 0;0 0 60];
R1 = 0.001;
N = 0;
K = lqi(sys,Q,R1,N);
Kx = K(1:nx);
Ki = K(nx + 1:nx + ny);

Plant = ss(Ap,[Bpu Bpw0],Cpy,[Dpyu Dpyw0]);
Qn = 10;Rn = 10;Nn = 0;
[kalmf,L] = kalman(Plant,Qn,Rn,Nn);

Ac = [Ap - Bpu * Kx - L * Cpy + L * Dpyu * Kx  - Bpu * Ki + L * Dpyu * Ki;
     zeros(ny,nx) zeros(ny,ny)];
Bcy = [L; - eye(ny)];
Bcwr = [zeros(nx,1);eye(ny)];
Bcw = [zeros(3,1) Bcwr];
```

```
Cc = - K;
Dcy = 0;
Dcw = [0 0];

deltau = inv(eye(1) - Dcy * Dpyu);
deltay = inv(eye(1) - Dpyu * Dcy);

Acl = [Ap + Bpu * deltau * Dcy * Cpy Bpu * deltau * Cc;
    Bcy * deltay * Cpy Ac + Bcy * deltay * Dpyu * Cc];
Cclz = [Cpz + Dpzu * deltau * Dcy * Cpy Dpzu * deltau * Cc];
Cclu = [deltau * Dcy * Cpy deltau * Cc];
Bclq = [ - Bpu * deltau; - Bcy * deltay * Dpyu];
Bclw = [Bpw + Bpu * deltau * (Dcw + Dcy * Dpyw);Bcw + Bcy * deltay * (Dpyw + Dpyu * Dcw)];

Dclzq = - (Dpzu * deltau);
Dclzw = Dpzw + Dpzu * deltau * (Dcw + Dcy * Dpyw);

Dcluw = deltau * (Dcw + Dcy * Dpyw);
Dcluq = eye(1) - deltau;

Bclv = [zeros(np,nc) Bpu * deltau;
      eye(nc) Bcy * deltay * Dpyu];
Dclzv = [zeros(nz,nc) Dpzu * deltau];
Dcluv = [zeros(nu,nc) deltau];
%%%%%%%%%%%%%%%%%%%%%%%%%%%%%%%%%%%%%%%%%%
  ga = sdpvar(1);
  R11 = sdpvar(np);
  R12 = sdpvar(np,nc);
  R22 = sdpvar(nc);
  R = [R11 R12;R12' R22];

  Openloop = [R11 * Ap' + Ap * R11 Bpw R11 * Cpz';Bpw' - ga * eye(nw) Dpzw';Cpz * R11 Dpzw - ga * 
eye(nz)];
  Closedloop = [R * Acl' + Acl * R Bclw R * Cclz';Bclw' - ga * eye(nw) Dclzw';Cclz * R Dclzw - ga 
* eye(nz)];

  F = set(Openloop < 0) + set(Closedloop < 0) + set(R > 0);  % First step, LMI to get R and gama
  solvesdp(F,ga);
  gama = double(ga);

   R = double(R)
   Q = R;
   U = sdpvar(nu);
   Au = sdpvar(naw + nv,naw + nu);
   ga = sdpvar(1);

   fai = [(Acl * R) + (Acl * R)' Bclq * U + Q * Cclu' Bclw Q * Cclz';
       (Bclq * U + Q * Cclu')' Dcluq * U - U + (Dcluq * U - U)' Dcluw U * Dclzq';
       Bclw' Dcluw' - ga * eye(nw) Dclzw';
       (Q * Cclz')' (U * Dclzq')' Dclzw - ga * eye(nz)];
```

```
% H1 = [Bclv' zeros(naw,nv)];  % naw = 0
  H1 = Bclv';
  H2 = Dcluv';
  H3 = Dclzv';
  H = [H1 H2 zeros(naw + nv,nw) H3];
% GU = [zeros(naw,nu + nw + nz);zeros(nu,n) eye(nu) zeros(nu,nw + nz)];  % naw = 0
  GU = [zeros(nu,n) eye(nu) zeros(nu,nw + nz)];

  Mu = 0;
  Stro = - 2 * (1 - Mu) * U + (Dcluq * U + [zeros(nu,nc) eye(nu)] * Au) + (Dcluq * U +
[zeros(nu,nc) eye(nu)] * Au)';
  Anti = fai + GU' * Au' * H + H' * Au * GU;

  Fa = set(Stro < 0) + set(Anti < 0);                    % Second step, LMI to get Au and UU
   solvesdp(Fa,ga);
   gama = double(ga)
   Au = double(Au);
   UU = double(U);
   Daw = Au * inv(UU)

   Daw1 = Daw(1:2,:);
   Daw2 = Daw(3,:);

   save anti_file Daw;
```

(2) Simulink 主程序：chap5_2sim.mdl

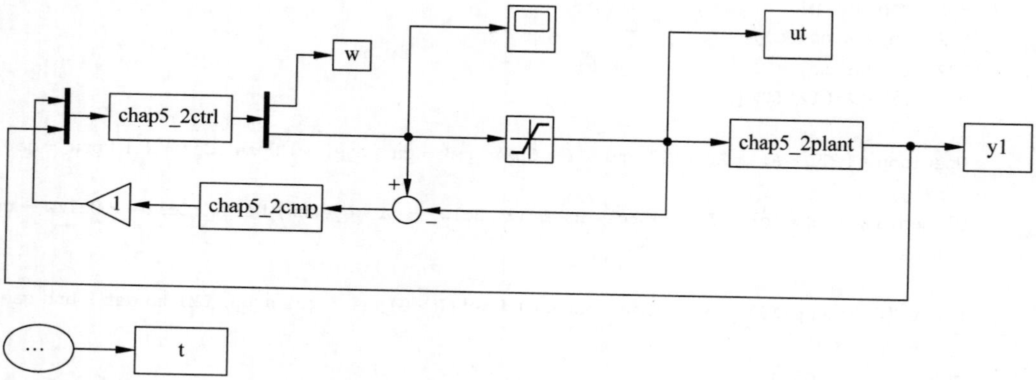

(3) 控制器程序：chap5_2ctrl.m

```
 % LQG controller with AW
function [sys,x0,str,ts] = s_function(t,x,u,flag)
switch flag,
case 0,
    [sys,x0,str,ts] = mdlInitializeSizes;
case 1,
    sys = mdlDerivatives(t,x,u);
case 3,
    sys = mdlOutputs(t,x,u);
```

```
case {1,2, 4, 9 }
    sys = [];
otherwise
    error(['Unhandled flag = ',num2str(flag)]);
end
function [sys,x0,str,ts] = mdlInitializeSizes
sizes = simsizes;
sizes.NumContStates  = 3;
sizes.NumDiscStates  = 0;
sizes.NumOutputs     = 2;
sizes.NumInputs      = 5;
sizes.DirFeedthrough = 1;
sizes.NumSampleTimes = 1;
sys = simsizes(sizes);
x0 = [0 0 0];
str = [];
ts = [0 0];
function sys = mdlDerivatives(t,x,u)
w = 1.5 * square(0.25 * t);
y = u(5);
v1 = [u(1) u(2) u(3)]';

%From chap5_1LQG.m
Ac = [-0.0081 1.0000 0; -203.8428  -74.1936 244.9490;
            0                  0                  0];
Bcy = [0.0081;0.5;-1];

Bcw = [0     0;
      0     0;
      0     1];
sys(1:3) = Ac * x + Bcy * y + Bcw(:,2) * w + v1;
function sys = mdlOutputs(t,x,u)
w = 1.5 * square(0.25 * t);
v2 = u(4);
y = u(5);
%From chap5_1LQG.m
Cc = [-202.3428  -64.1936 244.9490];
Dcy = 0;
Dcw = [0 0];

xc = [x(1) x(2) x(3)]';
ut = Cc * xc + Dcy * y + Dcw(:,2) * w + v2;

sys(1) = w;
sys(2) = ut;
```

(4) 补偿程序：chap5_2cmp.m

```
function [sys,x0,str,ts] = s_function(t,x,u,flag)
switch flag,
case 0,
```

```
    [sys,x0,str,ts] = mdlInitializeSizes;
case 3,
    sys = mdlOutputs(t,x,u);
case {2, 4, 9 }
    sys = [];
otherwise
    error(['Unhandled flag = ',num2str(flag)]);
end
function [sys,x0,str,ts] = mdlInitializeSizes
sizes = simsizes;
sizes.NumContStates  = 0;
sizes.NumDiscStates  = 0;
sizes.NumOutputs     = 4;
sizes.NumInputs      = 1;
sizes.DirFeedthrough = 1;
sizes.NumSampleTimes = 0;
sys = simsizes(sizes);
x0 = [];
str = [];
ts = [];
function sys = mdlOutputs(t,x,u)
persistent Daw
if t == 0
    load anti_file; % Daw
end
% Daw  = [ 0.0038  - 0.0395  - 0.0118 0.9990];
q = u(1);
v = Daw * q;
sys(1:4) = v;
```

(5) 被控对象程序：chap5_2plant.m

```
function [sys,x0,str,ts] = s_function(t,x,u,flag)
switch flag,
case 0,
    [sys,x0,str,ts] = mdlInitializeSizes;
case 1,
    sys = mdlDerivatives(t,x,u);
case 3,
    sys = mdlOutputs(t,x,u);
case {2, 4, 9 }
    sys = [];
otherwise
    error(['Unhandled flag = ',num2str(flag)]);
end
function [sys,x0,str,ts] = mdlInitializeSizes
sizes = simsizes;
sizes.NumContStates  = 2;
sizes.NumDiscStates  = 0;
sizes.NumOutputs     = 1;
sizes.NumInputs      = 1;
```

```
sizes.DirFeedthrough  = 0;
sizes.NumSampleTimes  = 1;
sys = simsizes(sizes);
x0 = [0 0];
str = [];
ts = [0 0];
function sys = mdlDerivatives(t,x,u)
ut = u(1);
wn = 0; % 0.001 * randn(1,100);
Ap = [0 1; -1  -10];
Bpu = [0;1];
Cpy = [1 0];
Dpyu = 0;
Bpw0 = Bpu;
sys(1:2) = Ap * x + Bpu * ut + Bpw0 * wn;
function sys = mdlOutputs(t,x,u)
Cpy = [1 0];
Dpyw0 = 1;
vn = 0; % 0.0001 * randn(1,100);
sys = Cpy * x + Dpyw0 * vn;      % th
```

（6）作图程序：chap5_2plot.m

```
close all;

figure(1);
plot(t,w,'-.r',t,y1,'k','linewidth',2);
xlabel('time(s)');ylabel('x1 response');

figure(2);
plot(t,ut(:,1),'r','linewidth',2);
xlabel('time(s)');ylabel('Control input');
```

参考文献

[1] Zaccarian L, Teel A R. Modern anti-windup synthesis: control augmentation for actuator saturation[M]. Princeton: Princeton University Press, 2011.

[2] Grimm G, Hatfield J, Postlethwaite I, et al. Antiwindup for stable linear systems with input saturation: an LMI-based synthesis[J]. IEEE Transactions on Automatic Control , 2003,48(9): 1509-1525.

[3] Ailon A. Simple tracking controllers for autonomous VTOL aircraft with bounded inputs[J]. IEEE Transactions on Automatic Control, 2010,55(3):737-743.

[4] Wen C Y, Zhou J, Liu Z T, et al. Robust adaptive control of uncertain nonlinear systems in the presence of input saturation and external disturbance[J]. IEEE Transactions on Automatic Control, 2011, 56(7): 1672-1678.

[5] Hu T S, Teel A, Zaccarian L. Stability and performance for saturated systems via quadratic and non-quadratic lyapunov functions[J]. IEEE Transactions on Automatic Control, 2006,51(3): 1770-1786.

第6章 基于LMI的状态观测器设计

6.1 基于 LMI 的线性系统状态观测

6.1.1 系统描述

考虑如下模型

$$\begin{cases}\dot{x}_1 = x_2 \\ \dot{x}_2 = u \\ y = x_1\end{cases}$$

其中,$\boldsymbol{x}=[x_1 \quad x_2]^{\mathrm{T}}$。

通过设计观测器,实现 $\hat{\boldsymbol{x}} \to \boldsymbol{x}$。

6.1.2 观测器设计与分析

写成状态方程为

$$\begin{aligned}\dot{\boldsymbol{x}} &= \boldsymbol{A}\boldsymbol{x} + \boldsymbol{B}u \\ y &= \boldsymbol{C}\boldsymbol{x}\end{aligned} \tag{6.1}$$

其中,$\boldsymbol{A}=\begin{bmatrix}0 & 1\\ 0 & 0\end{bmatrix}$,$\boldsymbol{B}=[0 \quad 1]^{\mathrm{T}}$,$\boldsymbol{C}=[1 \quad 0]$,$\boldsymbol{x}=[x_1 \quad x_2]^{\mathrm{T}}$,$u$ 为控制输入。

设计如下状态观测器

$$\begin{aligned}\dot{\hat{\boldsymbol{x}}} &= \boldsymbol{A}\hat{\boldsymbol{x}} + \boldsymbol{B}u + \boldsymbol{L}(y - \hat{y}) \\ \hat{y} &= \boldsymbol{C}\hat{\boldsymbol{x}}\end{aligned} \tag{6.2}$$

其中,$\hat{\boldsymbol{x}}=[\hat{x}_1 \quad \hat{x}_2]^{\mathrm{T}}$,$\boldsymbol{L}$ 为观测器增益。

取 $\tilde{\boldsymbol{x}}=\boldsymbol{x}-\hat{\boldsymbol{x}}$,则

$$\dot{\tilde{\boldsymbol{x}}} = \dot{\boldsymbol{x}} - \dot{\hat{\boldsymbol{x}}} = \boldsymbol{A}\boldsymbol{x} + \boldsymbol{B}u - [\boldsymbol{A}\hat{\boldsymbol{x}} + \boldsymbol{B}u + \boldsymbol{L}\boldsymbol{C}(\boldsymbol{x} - \hat{\boldsymbol{x}})] = (\boldsymbol{A} - \boldsymbol{L}\boldsymbol{C})\tilde{\boldsymbol{x}}$$

定义 Lyapunov 函数为

$$V_{\mathrm{o}} = \tilde{\boldsymbol{x}}^{\mathrm{T}}\boldsymbol{R}\tilde{\boldsymbol{x}}$$

其中,$\boldsymbol{R}$ 为对称正定阵。

则

$$\dot{V}_o=[(\boldsymbol{A}-\boldsymbol{LC})\tilde{\boldsymbol{x}}]^T\boldsymbol{R}\tilde{\boldsymbol{x}}+\tilde{\boldsymbol{x}}^T\boldsymbol{R}(\boldsymbol{A}-\boldsymbol{LC})\tilde{\boldsymbol{x}}=\tilde{\boldsymbol{x}}^T(\boldsymbol{A}-\boldsymbol{LC})^T\boldsymbol{R}\tilde{\boldsymbol{x}}+\tilde{\boldsymbol{x}}^T\boldsymbol{R}(\boldsymbol{A}-\boldsymbol{LC})\tilde{\boldsymbol{x}}$$
$$=\tilde{\boldsymbol{x}}^T[(\boldsymbol{A}-\boldsymbol{LC})^T\boldsymbol{R}+\boldsymbol{R}(\boldsymbol{A}-\boldsymbol{LC})]\tilde{\boldsymbol{x}}$$

其中,$\boldsymbol{\Phi}=(\boldsymbol{A}-\boldsymbol{LC})^T\boldsymbol{R}+\boldsymbol{R}(\boldsymbol{A}-\boldsymbol{LC})$。

取$\boldsymbol{\Phi}+\alpha\boldsymbol{I}<0,\alpha>0$,则

$$\dot{V}_o=\tilde{\boldsymbol{x}}^T\boldsymbol{\Phi}\tilde{\boldsymbol{x}}<-\alpha\tilde{\boldsymbol{x}}^T\tilde{\boldsymbol{x}}$$

可得:

$$[(\boldsymbol{A}-\boldsymbol{LC})^T\boldsymbol{R}+\boldsymbol{R}(\boldsymbol{A}-\boldsymbol{LC})]+\alpha\boldsymbol{I}<0$$

令 $\boldsymbol{Q}=\boldsymbol{RL}$,则可得第一个 LMI 为

$$(\boldsymbol{RA}-\boldsymbol{QC}+[\boldsymbol{RA}-\boldsymbol{QC}]^T)+\alpha\boldsymbol{I}<0 \tag{6.3}$$

定义 $\lambda_{\max}(\boldsymbol{\Phi})$为$\boldsymbol{\Phi}$ 的最大特征值,则

$$\dot{V}_o<-\alpha\tilde{\boldsymbol{x}}^T\tilde{\boldsymbol{x}}<-\frac{\alpha}{\lambda_{\max}(\boldsymbol{\Phi})}\tilde{\boldsymbol{x}}^T\boldsymbol{\Phi}\tilde{\boldsymbol{x}}=-\beta V_o$$

其中,$\beta=\dfrac{\alpha}{\lambda_{\max}(\boldsymbol{\Phi})}$。

由于不等式 $\dot{V}_o<-\beta V_o$ 的解为 $V_o(t)<\mathrm{e}^{-\beta t}V_o(0)$,则 $V_o(t)$以指数形式收敛于零。闭环系统为指数收敛,即当 $t\to\infty$时,$\tilde{\boldsymbol{x}}\to 0$,且指数收敛,系统的收敛速度取决于 β。

可得第二个 LMI 为

$$\boldsymbol{R}>0 \tag{6.4}$$

根据以上两个 LMI 可求 $\boldsymbol{R}$ 和 $\boldsymbol{Q}$,由 $\boldsymbol{R}=\boldsymbol{KQ}$ 可得

$$\boldsymbol{L}=\boldsymbol{R}^{-1}\boldsymbol{Q} \tag{6.5}$$

6.1.3 仿真实例

被控对象取式(6.1),采用观测器式(6.2),观测器初始状态取 $\hat{\boldsymbol{x}}(0)=[0.1\quad 0.2]$,被控对象初始状态取 $\boldsymbol{x}(0)=[1.0\quad 0]$。通过运行 LMI 程序 Chap6_1LMI.m,求解 LMI 不等式(6.3)和(6.4),$\alpha=30$,可得观测器增益 $\boldsymbol{L}=[0.9779\quad 1.3371]^T$,仿真结果如图 6.1 和图 6.2 所示。

仿真程序:

(1) LMI 主程序:chap6_1LMI.m

```
clear all;
close all;
A = [0 1;0 0];
B = [0 1]';
C = [1 0];


R = sdpvar(2,2,'symmetric');
Q = sdpvar(2,1);

alfa = 30;
```

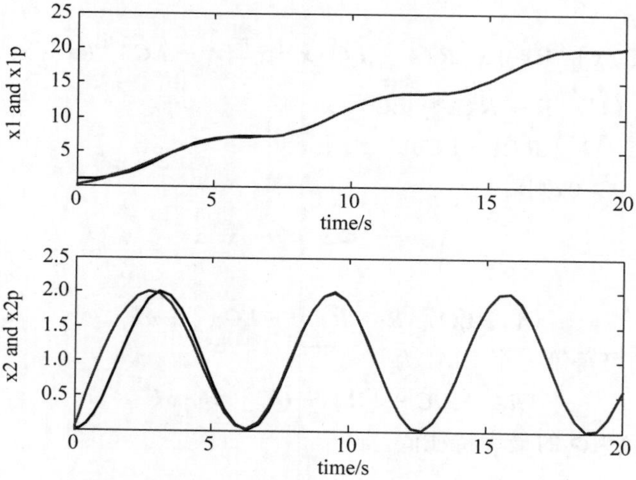

图 6.1 状态观测结果

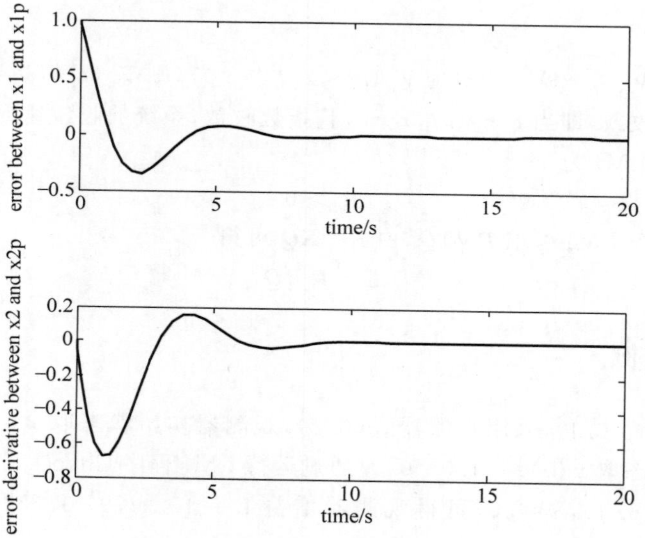

图 6.2 状态观测误差

```
Fai = R * A - Q * C + (R * A - Q * C)' + alfa * eye(2);

 % First LMI
L1 = set(Fai < 0);
L2 = set(R > 0);
L = L1 + L2;
solvesdp(L);

R = double(R)
Q = double(Q)
L = inv(R) * Q
```

(2) 主程序：chap6_1sim.mdl

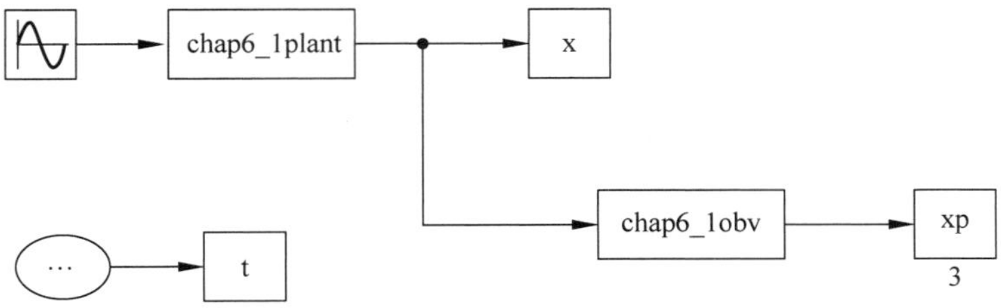

(3) 观测器程序：chap6_1obv.m

```
function [sys,x0,str,ts] = model(t,x,u,flag)
switch flag,
case 0,
    [sys,x0,str,ts] = mdlInitializeSizes;
case 1,
    sys = mdlDerivatives(t,x,u);
case 3,
    sys = mdlOutputs(t,x,u);
case {1,2,4,9}
    sys = [];
otherwise
    error(['Unhandled flag = ',num2str(flag)]);
end
function [sys,x0,str,ts] = mdlInitializeSizes
sizes = simsizes;
sizes.NumContStates  = 2;
sizes.NumDiscStates  = 0;
sizes.NumOutputs     = 2;
sizes.NumInputs      = 2;
sizes.DirFeedthrough = 1;
sizes.NumSampleTimes = 0;
sys = simsizes(sizes);
x0 = [0 0];
str = [];
ts = [];
function sys = mdlDerivatives(t,x,u)
x1 = u(1);
x2 = u(2);
A = [0 1;0 0];
B = [0 1]';

ut = sin(t);
L = [0.9779    1.3371]';

dx = A * x + B * ut + L * (x1 - x(1));
sys(1) = dx(1);
sys(2) = dx(2);
function sys = mdlOutputs(t,x,u)
x1p = x(1);x2p = x(2);
```

```
sys(1) = x1p;
sys(2) = x2p;
```

(4) 作图程序：chap6_1plot. m

```
close all;
figure(1);
subplot(211);
plot(t,x(:,1),'k',t,xp(:,1),'r','linewidth',2);
xlabel('time(s)');ylabel('x1 and x1p');
subplot(212);
plot(t,x(:,2),'k',t,xp(:,2),'r','linewidth',2);
xlabel('time(s)');ylabel('x2 and x2p');

figure(2);
subplot(211);
plot(t,x(:,1) - xp(:,1),'k','linewidth',2);
xlabel('time(s)');ylabel('error between x1 and x1p');
subplot(212);
plot(t,x(:,2) - xp(:,2),'k','linewidth',2);
xlabel('time(s)');ylabel('error derivative between x2 and x2p');
```

6.2 基于 LMI 的线性系统状态观测的滑模控制

6.2.1 系统描述

考虑如下模型

$$\begin{cases}\dot{x}_1 = x_2 \\ \dot{x}_2 = u \\ y = x_1\end{cases} \tag{6.6}$$

其中，$\boldsymbol{x} = [x_1 \quad x_2]^{\mathrm{T}}$，$u$ 为控制输入。

控制问题为采用观测器观测系统状态，实现 x_1 跟踪指令 $x_{1\mathrm{d}}$，x_2 跟踪指令 $\dot{x}_{1\mathrm{d}}$。

6.2.2 观测器设计与闭环系统分析

状态观测器采用式(6.2)，即

$$\begin{aligned}\dot{\hat{x}}_1 &= \hat{x}_2 + L(1)(y - \hat{y}) \\ \dot{\hat{x}}_2 &= u + L(2)(y - \hat{y}) \\ \hat{y} &= \hat{x}_1\end{aligned} \tag{6.7}$$

其中，$\hat{\boldsymbol{x}} = [\hat{x}_1 \quad \hat{x}_2]^{\mathrm{T}}$，$\boldsymbol{L}$ 为观测器增益，$\boldsymbol{L}$ 的求解见式(6.3)和式(6.4)。

针对模型式(6.6)，设计滑模函数为

$$s=ce+\dot{e}$$

其中，$c>0$，$e=x_{1d}-x_1$，$\dot{e}=\dot{x}_{1d}-\dot{x}_1$。

取

$$\hat{s}=c\hat{e}+\dot{\hat{e}} \tag{6.8}$$

其中，$\hat{e}=x_{1d}-\hat{x}_1$，$\dot{\hat{e}}=\dot{x}_{1d}-\dot{\hat{x}}_1$。

取控制律为

$$u(t)=\ddot{x}_{1d}+\eta\hat{s}+c\dot{\hat{e}} \tag{6.9}$$

其中，$\eta>0$。

取控制 Lyapunov 函数为

$$V_c=\frac{1}{2}s^2$$

由于$\ddot{e}=\ddot{x}_{1d}-\ddot{x}_1=\ddot{x}_{1d}-u$，$\dot{s}=c\dot{e}+\ddot{e}=c\dot{e}+\ddot{x}_{1d}-u$，定义

$$\dot{\tilde{e}}=\dot{e}-\dot{\hat{e}},\quad \dot{\tilde{x}}_1=\dot{x}_1-\dot{\hat{x}}_1$$

则

$$\begin{aligned}\dot{s}&=c\dot{e}+\ddot{x}_{1d}-(\ddot{x}_{1d}+\eta\hat{s}+c\dot{\hat{e}})=c\dot{\tilde{e}}-\eta\hat{s}=-\eta s+\eta\tilde{s}+c\dot{\tilde{e}}\\&=-\eta s+\eta(-c\tilde{x}_1-\dot{\tilde{x}}_1)+c(-\dot{\tilde{x}}_1)=-\eta s-\eta c\tilde{x}_1+(-\eta-c)\dot{\tilde{x}}_1\end{aligned}$$

其中，$\tilde{x}_1=-\hat{x}_1$，$\tilde{x}_2=x_2-\hat{x}_2$，$\tilde{e}=e-\hat{e}=-x_1+\hat{x}_1=-\tilde{x}_1$，$\dot{\tilde{e}}=\dot{e}-\dot{\hat{e}}=\dot{x}_{1d}-\dot{x}_1-(\dot{x}_{1d}-\dot{\hat{x}}_1)=-(\dot{x}_1-\dot{\hat{x}}_1)=-\dot{\tilde{x}}_1$，$\tilde{s}=s-\hat{s}=ce+\dot{e}-(c\hat{e}+\dot{\hat{e}})=c\tilde{e}+\dot{\tilde{e}}=-c\tilde{x}_1-\dot{\tilde{x}}_1$。

则

$$\dot{V}_c=-\eta s^2+s[-\eta c\tilde{x}_1+(-\eta-c)\dot{\tilde{x}}_1]=-\eta s^2+k_1s\tilde{x}_1+k_2s\dot{\tilde{x}}_1$$

其中，$k_1=-\eta c$，$k_2=-\eta-c$。

由于 $k_1s\tilde{x}_1\leqslant\frac{1}{2}s^2+\frac{1}{2}k_1^2\tilde{x}_1^2$，$k_2s\dot{\tilde{x}}_1\leqslant\frac{1}{2}s^2+\frac{1}{2}k_2^2\dot{\tilde{x}}_1^2$，则

$$\begin{aligned}\dot{V}_c&\leqslant-\eta s^2+\frac{1}{2}s^2+\frac{1}{2}k_1^2\tilde{x}_1{}^2+\frac{1}{2}s^2+\frac{1}{2}k_2^2\dot{\tilde{x}}_1^2=-(\eta-1)s^2+\frac{1}{2}k_1^2\tilde{x}_1^2+\frac{1}{2}k_2^2\dot{\tilde{x}}_1^2\\&\leqslant-\eta_1V_c+\eta_2\tilde{x}^{\mathrm{T}}\tilde{x}\end{aligned}$$

其中，

$$\begin{aligned}\dot{\tilde{x}}_1{}^2&=(\dot{x}_1-\dot{\hat{x}}_1)^2=(x_2-\hat{x}_2-L_1\tilde{x}_1)^2=\tilde{x}_2^2-2L_1\tilde{x}_1\tilde{x}_2+L_1^2\tilde{x}_1^2\\&\leqslant\tilde{x}_2^2+L_1\tilde{x}_1^2+L_1\tilde{x}_2^2+L_1^2\tilde{x}_1^2=2L_1\tilde{x}_1^2+(L_1+1)\tilde{x}_2^2\end{aligned}$$

$$\begin{aligned}\frac{1}{2}k_1^2\tilde{x}_1^2+\frac{1}{2}k_2^2\dot{\tilde{x}}_1^2&=\frac{1}{2}k_1^2\tilde{x}_1^2+\frac{1}{2}k_2^2[2L_1\tilde{x}_1^2+(L_1+1)\tilde{x}_2^2]\\&=\left(\frac{1}{2}k_1^2+k_2^2L_1\right)\tilde{x}_1^2+\frac{1}{2}k_2^2(L_1+1)\tilde{x}_2^2\end{aligned}$$

其中，$\eta>1$，$\eta_1=2(\eta-1)$，$\eta_2=\max\left\{\frac{1}{2}k_1^2+k_2^2L_1,\frac{1}{2}k_2^2(L_1+1)\right\}$。

则闭环系统 Lyapunov 函数为

$$V=V_c+V_o \tag{6.10}$$

其中，$V_o=\tilde{\boldsymbol{x}}^{\mathrm{T}}\boldsymbol{R}\tilde{\boldsymbol{x}}$。

根据6.1.2节，可知 $\dot{V}_o=\tilde{\boldsymbol{x}}^{\mathrm{T}}\boldsymbol{\Phi}\tilde{\boldsymbol{x}}<-\alpha\tilde{\boldsymbol{x}}^{\mathrm{T}}\tilde{\boldsymbol{x}}$，则

$$\dot{V}=\dot{V}_c+\dot{V}_o<-\eta_1V_c+\eta_2\tilde{\boldsymbol{x}}^{\mathrm{T}}\tilde{\boldsymbol{x}}-\alpha\tilde{\boldsymbol{x}}^{\mathrm{T}}\tilde{\boldsymbol{x}}=-\eta_1V_c-(\alpha-\eta_2)\tilde{\boldsymbol{x}}^{\mathrm{T}}\tilde{\boldsymbol{x}}$$

取 $\alpha>\eta_2$，由于

$$-(\alpha-\eta_2)\tilde{\boldsymbol{x}}^{\mathrm{T}}\tilde{\boldsymbol{x}}<-\frac{\alpha-\eta_2}{\lambda_{\max}(\boldsymbol{\Phi})}\tilde{\boldsymbol{x}}^{\mathrm{T}}\boldsymbol{\Phi}\tilde{\boldsymbol{x}}=-\beta_1V_o$$

其中，$\lambda_{\max}(\boldsymbol{\Phi})$为$\boldsymbol{\Phi}$的最大特征值，$\beta_1=\dfrac{\alpha-\eta_2}{\lambda_{\max}(\boldsymbol{\Phi})}$，$\alpha>\eta_2$。

则

$$\dot{V}\leqslant-\eta_1V_c-\beta_1V_o\leqslant-\mu(V_c+V_o)=-\mu V$$

其中，$\mu=\min\{\eta_1,\beta_1\}$。

不等式 $\dot{V}\leqslant-\mu V$ 的解为 $V(t)\leqslant \mathrm{e}^{-\mu t}$，则 $V(t)$以指数形式收敛于零。闭环系统为指数收敛，即当 $t\to\infty$时，$s\to 0$，$\tilde{\boldsymbol{x}}\to 0$ 且指数收敛，系统的收敛速度取决于 μ，即 η_1 和 β_1。

6.2.3 仿真实例

被控对象取式(6.6)，初始状态取 $\boldsymbol{x}(0)=[1.0\quad 0]$。采用观测器式(6.7)，观测器初始状态取 $\hat{\boldsymbol{x}}(0)=[0.1\quad 0.2]$，采用控制器式(6.9)，取 $c=10$，$\eta=50$。位置指令取 $x_{1d}=\sin t$。通过运行LMI程序chap6_1LMI.m，求解LMI不等式(6.3)和式(6.4)，$\alpha=30$，可得观测器增益 $\boldsymbol{L}=[0.9779\quad 1.3371]^{\mathrm{T}}$，仿真结果如图6.3至图6.5所示。

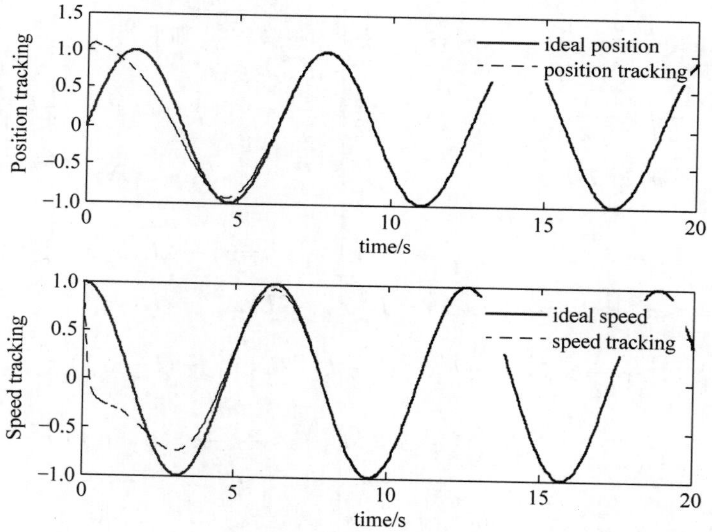

图6.3 位置和速度跟踪

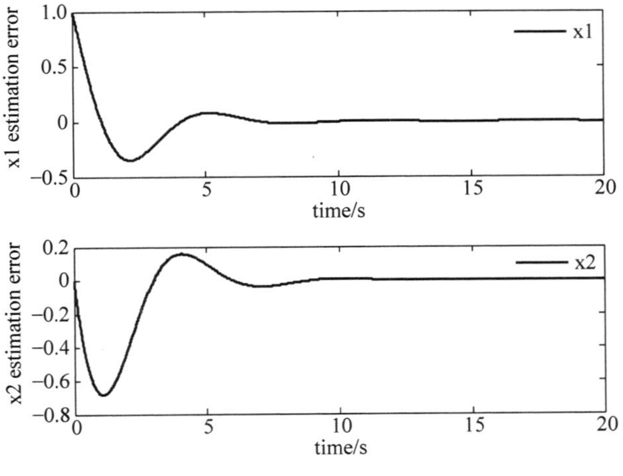

图 6.4 状态观测误差

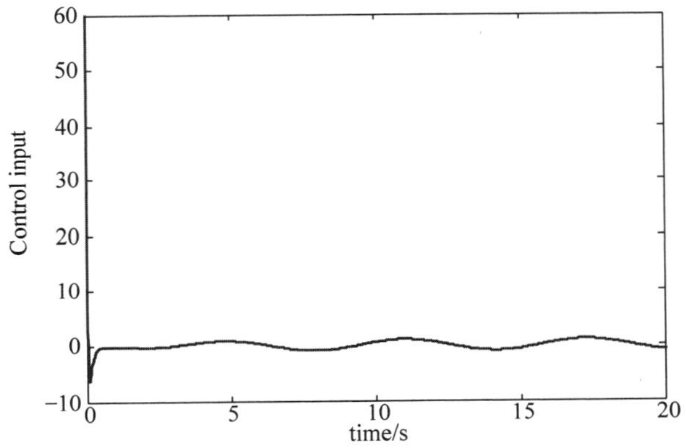

图 6.5 控制输入

仿真程序：

（1）主程序：chap6_2sim. mdl

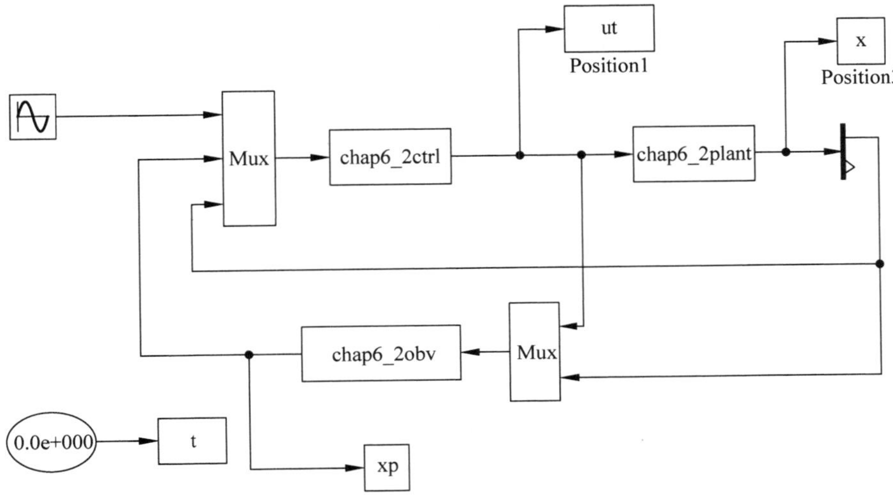

（2）控制器程序：chap6_2ctrl. m

```
function [sys,x0,str,ts] = s_function(t,x,u,flag)
switch flag,
case 0,
    [sys,x0,str,ts] = mdlInitializeSizes;
case 3,
    sys = mdlOutputs(t,x,u);
case {1,2, 4, 9 }
    sys = [];
otherwise
    error(['Unhandled flag = ',num2str(flag)]);
end
function [sys,x0,str,ts] = mdlInitializeSizes
sizes = simsizes;
sizes.NumContStates  = 0;
sizes.NumDiscStates  = 0;
sizes.NumOutputs     = 1;
sizes.NumInputs      = 4;
sizes.DirFeedthrough = 1;
sizes.NumSampleTimes = 1;
sys = simsizes(sizes);
x0 = [];
str = [];
ts = [-1 0];
function sys = mdlOutputs(t,x,u)
x1d = sin(t);
dx1d = cos(t);
ddx1d = -sin(t);

x1p = u(2);
x2p = u(3);
x1 = u(4);

L = [0.9779 1.3371]';

e1p = x1d - x1p;
dx1p = x2p + L(1) * (x1 - x1p);
de1p = dx1d - dx1p;

e2p = dx1d - x2p;

c = 10;
xite = 3.0;
sp = c * e1p + de1p;

ut = ddx1d + xite * sp + c * de1p;

sys(1) = ut;
```

(3) 观测器程序：chap6_2obv.m

```
function [sys,x0,str,ts] = model(t,x,u,flag)
switch flag,
case 0,
    [sys,x0,str,ts] = mdlInitializeSizes;
case 1,
    sys = mdlDerivatives(t,x,u);
case 3,
    sys = mdlOutputs(t,x,u);
case {1,2,4,9}
    sys = [];
otherwise
    error(['Unhandled flag = ',num2str(flag)]);
end
function [sys,x0,str,ts] = mdlInitializeSizes
sizes = simsizes;
sizes.NumContStates   = 2;
sizes.NumDiscStates   = 0;
sizes.NumOutputs      = 2;
sizes.NumInputs       = 2;
sizes.DirFeedthrough  = 1;
sizes.NumSampleTimes  = 0;
sys = simsizes(sizes);
x0 = [0 0];
str = [];
ts = [];
function sys = mdlDerivatives(t,x,u)
ut = u(1);
x1 = u(2);

A = [0 1;0 0];
B = [0 1]';

L = [0.8266 1.2803]';

dx = A * x + B * ut + L * (x1 - x(1));
sys(1) = dx(1);
sys(2) = dx(2);
function sys = mdlOutputs(t,x,u)
x1p = x(1);x2p = x(2);
sys(1) = x1p;
sys(2) = x2p;
```

(4) 被控对象程序：chap6_2plant.m

```
function [sys,x0,str,ts] = s_function(t,x,u,flag)
switch flag,
case 0,
    [sys,x0,str,ts] = mdlInitializeSizes;
case 1,
```

```
    sys = mdlDerivatives(t,x,u);
case 3,
    sys = mdlOutputs(t,x,u);
case {2, 4, 9 }
    sys = [];
otherwise
    error(['Unhandled flag = ',num2str(flag)]);
end
function [sys,x0,str,ts] = mdlInitializeSizes
sizes = simsizes;
sizes.NumContStates   = 2;
sizes.NumDiscStates   = 0;
sizes.NumOutputs      = 2;
sizes.NumInputs       = 1;
sizes.DirFeedthrough  = 0;
sizes.NumSampleTimes  = 0;
sys = simsizes(sizes);
x0 = [1.0 0];
str = [];
ts = [];
function sys = mdlDerivatives(t,x,u)
ut = u(1);
sys(1) = x(2);
sys(2) = ut;
function sys = mdlOutputs(t,x,u)
sys(1) = x(1);
sys(2) = x(2);
```

(5) 作图程序：chap6_2plot.m

```
close all;

figure(1);
subplot(211);
plot(t,x(:,1) - xp(:,1),'k','linewidth',2);
xlabel('time(s)');ylabel('x1 estimation error');
subplot(212);
plot(t,x(:,2) - xp(:,2),'k','linewidth',2);
xlabel('time(s)');ylabel('x2 estimation error');

figure(2);
subplot(211);
plot(t,sin(t),'r',t,x(:,1),'k:','linewidth',2);
xlabel('time(s)');ylabel('Position tracking');
legend('ideal position','position tracking');
subplot(212);
plot(t,cos(t),'r',t,x(:,2),'k:','linewidth',2);
xlabel('time(s)');ylabel('Speed tracking');
legend('ideal speed','speed tracking');

figure(3);
```

```
plot(t,ut(:,1),'r','linewidth',2);
xlabel('time(s)');ylabel('Control input');
```

6.3 基于 LMI 的线性系统状态观测及控制

6.3.1 系统描述

考虑如下模型

$$\begin{aligned} \dot{\boldsymbol{x}} &= \boldsymbol{A}\boldsymbol{x} + \boldsymbol{B}u \\ y &= \boldsymbol{C}\boldsymbol{x} \end{aligned} \tag{6.11}$$

其中，$\boldsymbol{x}=[x_1 \quad x_2]^{\mathrm{T}}$，$u$ 为控制输入，$\boldsymbol{C}=[1,0]$。

假设 6.1[1]：由于引入了观测器，基于观测器的状态反馈闭环系统不再保证完全能控，为了保证 LMI 有可行解，$\boldsymbol{A}$，$\boldsymbol{B}$ 和 $\boldsymbol{C}$ 需要使基于观测器的闭环系统的不能控部分是稳定的。

控制目标为通过设计控制器和观测器，实现 $\hat{\boldsymbol{x}}\to\boldsymbol{x}$，$\boldsymbol{x}\to 0$。

6.3.2 观测器和控制器设计及分析

参考文献[2,3]，设计状态观测器和控制器为

$$\begin{aligned} \dot{\hat{\boldsymbol{x}}} &= \boldsymbol{A}\hat{\boldsymbol{x}} + \boldsymbol{B}u + \boldsymbol{L}(y-\hat{y}) \\ \hat{y} &= \boldsymbol{C}\hat{\boldsymbol{x}} \\ u &= -\boldsymbol{K}\hat{\boldsymbol{x}} \end{aligned} \tag{6.12}$$

其中，控制增益 $\boldsymbol{K}=[k_1 \quad k_2]^{\mathrm{T}}$，$\hat{\boldsymbol{x}}=[\hat{x}_1 \quad \hat{x}_2]^{\mathrm{T}}$。

取 $\boldsymbol{e}=\boldsymbol{x}-\hat{\boldsymbol{x}}$，则

$$\dot{\boldsymbol{x}} = \boldsymbol{A}\boldsymbol{x} - \boldsymbol{B}\boldsymbol{K}\hat{\boldsymbol{x}} = (\boldsymbol{A}-\boldsymbol{B}\boldsymbol{K})\boldsymbol{x} + \boldsymbol{B}\boldsymbol{K}\boldsymbol{e}$$

$$\dot{\boldsymbol{e}} = \dot{\boldsymbol{x}} - \dot{\hat{\boldsymbol{x}}} = \boldsymbol{A}\boldsymbol{x} + \boldsymbol{B}u - [\boldsymbol{A}\hat{\boldsymbol{x}} + \boldsymbol{B}u + \boldsymbol{L}\boldsymbol{C}(\boldsymbol{x}-\hat{\boldsymbol{x}})] = (\boldsymbol{A}-\boldsymbol{L}\boldsymbol{C})\boldsymbol{e}$$

定义 $\boldsymbol{z}=[\boldsymbol{x}^{\mathrm{T}} \quad \boldsymbol{e}^{\mathrm{T}}]^{\mathrm{T}}$，定义闭环系统 Lyapunov 函数为

$$V = \boldsymbol{z}^{\mathrm{T}}\boldsymbol{\Lambda}\boldsymbol{z} = \boldsymbol{x}^{\mathrm{T}}\boldsymbol{P}\boldsymbol{x} + \boldsymbol{e}^{\mathrm{T}}\boldsymbol{R}\boldsymbol{e}$$

其中，$\boldsymbol{\Lambda}=\begin{bmatrix}\boldsymbol{P} & 0 \\ 0 & \boldsymbol{R}\end{bmatrix}$，$\boldsymbol{P}$ 和 $\boldsymbol{R}$ 为对称正定阵。

则

$$\begin{aligned} \dot{V}_1 &= \dot{\boldsymbol{x}}^{\mathrm{T}}\boldsymbol{P}\boldsymbol{x} + \boldsymbol{x}^{\mathrm{T}}\boldsymbol{P}\dot{\boldsymbol{x}} = [(\boldsymbol{A}-\boldsymbol{B}\boldsymbol{K})\boldsymbol{x} + \boldsymbol{B}\boldsymbol{K}\boldsymbol{e}]^{\mathrm{T}}\boldsymbol{P}\boldsymbol{x} + \boldsymbol{x}^{\mathrm{T}}\boldsymbol{P}[(\boldsymbol{A}-\boldsymbol{B}\boldsymbol{K})\boldsymbol{x} + \boldsymbol{B}\boldsymbol{K}\boldsymbol{e}] \\ &= \boldsymbol{x}^{\mathrm{T}}(\boldsymbol{A}-\boldsymbol{B}\boldsymbol{K})^{\mathrm{T}}\boldsymbol{P}\boldsymbol{x} + \boldsymbol{e}^{\mathrm{T}}\boldsymbol{K}^{\mathrm{T}}\boldsymbol{B}^{\mathrm{T}}\boldsymbol{P}\boldsymbol{x} + \boldsymbol{x}^{\mathrm{T}}\boldsymbol{P}(\boldsymbol{A}-\boldsymbol{B}\boldsymbol{K})\boldsymbol{x} + \boldsymbol{x}^{\mathrm{T}}\boldsymbol{P}\boldsymbol{B}\boldsymbol{K}\boldsymbol{e} \\ &= \boldsymbol{x}^{\mathrm{T}}[(\boldsymbol{A}-\boldsymbol{B}\boldsymbol{K})^{\mathrm{T}}\boldsymbol{P} + \boldsymbol{P}(\boldsymbol{A}-\boldsymbol{B}\boldsymbol{K})]\boldsymbol{x} + \boldsymbol{e}^{\mathrm{T}}\boldsymbol{K}^{\mathrm{T}}\boldsymbol{B}^{\mathrm{T}}\boldsymbol{P}\boldsymbol{x} + \boldsymbol{x}^{\mathrm{T}}\boldsymbol{P}\boldsymbol{B}\boldsymbol{K}\boldsymbol{e} \end{aligned}$$

$$\begin{aligned} \dot{V}_2 &= [(\boldsymbol{A}-\boldsymbol{L}\boldsymbol{C})\boldsymbol{e}]^{\mathrm{T}}\boldsymbol{R}\boldsymbol{e} + \boldsymbol{e}^{\mathrm{T}}\boldsymbol{R}(\boldsymbol{A}-\boldsymbol{L}\boldsymbol{C})\boldsymbol{e} = \boldsymbol{e}^{\mathrm{T}}(\boldsymbol{A}-\boldsymbol{L}\boldsymbol{C})^{\mathrm{T}}\boldsymbol{R}\boldsymbol{e} + \boldsymbol{e}^{\mathrm{T}}\boldsymbol{R}(\boldsymbol{A}-\boldsymbol{L}\boldsymbol{C})\boldsymbol{e} \\ &= \boldsymbol{e}^{\mathrm{T}}[(\boldsymbol{A}-\boldsymbol{L}\boldsymbol{C})^{\mathrm{T}}\boldsymbol{R} + \boldsymbol{R}(\boldsymbol{A}-\boldsymbol{L}\boldsymbol{C})]\boldsymbol{e} \end{aligned}$$

则

$$\dot{V}=\boldsymbol{x}^{\mathrm{T}}[(\boldsymbol{A}-\boldsymbol{BK})^{\mathrm{T}}\boldsymbol{P}+\boldsymbol{P}(\boldsymbol{A}-\boldsymbol{BK})]\boldsymbol{x}+\boldsymbol{e}^{\mathrm{T}}\boldsymbol{K}^{\mathrm{T}}\boldsymbol{B}^{\mathrm{T}}\boldsymbol{Px}+\boldsymbol{x}^{\mathrm{T}}\boldsymbol{PBKe}+\boldsymbol{e}^{\mathrm{T}}[(\boldsymbol{A}-\boldsymbol{LC})^{\mathrm{T}}\boldsymbol{R}+\boldsymbol{R}(\boldsymbol{A}-\boldsymbol{LC})]\boldsymbol{e}$$

根据 $\boldsymbol{z}=[\boldsymbol{x}^{\mathrm{T}} \quad \boldsymbol{e}^{\mathrm{T}}]^{\mathrm{T}}$,可得

$$\begin{aligned}\dot{V}&=\boldsymbol{x}^{\mathrm{T}}[(\boldsymbol{A}-\boldsymbol{BK})^{\mathrm{T}}\boldsymbol{P}+\boldsymbol{P}(\boldsymbol{A}-\boldsymbol{BK})]\boldsymbol{x}+\boldsymbol{e}^{\mathrm{T}}\boldsymbol{K}^{\mathrm{T}}\boldsymbol{B}^{\mathrm{T}}\boldsymbol{Px}+\boldsymbol{x}^{\mathrm{T}}\boldsymbol{PBKe}+\\&\quad\boldsymbol{e}^{\mathrm{T}}[(\boldsymbol{A}-\boldsymbol{LC})^{\mathrm{T}}\boldsymbol{R}+\boldsymbol{R}(\boldsymbol{A}-\boldsymbol{LC})]\boldsymbol{e}\\&=\boldsymbol{z}^{\mathrm{T}}\begin{bmatrix}(\boldsymbol{A}-\boldsymbol{BK})^{\mathrm{T}}\boldsymbol{P}+\boldsymbol{P}(\boldsymbol{A}-\boldsymbol{BK}) & \boldsymbol{PBK}\\ \boldsymbol{K}^{\mathrm{T}}\boldsymbol{B}^{\mathrm{T}}\boldsymbol{P} & (\boldsymbol{A}-\boldsymbol{LC})^{\mathrm{T}}\boldsymbol{R}+\boldsymbol{R}(\boldsymbol{A}-\boldsymbol{LC})\end{bmatrix}\boldsymbol{z}\end{aligned}$$

其中,$\boldsymbol{\Phi}=\begin{bmatrix}(\boldsymbol{A}-\boldsymbol{BK})^{\mathrm{T}}\boldsymbol{P}+\boldsymbol{P}(\boldsymbol{A}-\boldsymbol{BK}) & \boldsymbol{PBK}\\ \boldsymbol{K}^{\mathrm{T}}\boldsymbol{B}^{\mathrm{T}}\boldsymbol{P} & (\boldsymbol{A}-\boldsymbol{LC})^{\mathrm{T}}\boldsymbol{R}+\boldsymbol{R}(\boldsymbol{A}-\boldsymbol{LC})\end{bmatrix}$。

取

$$\boldsymbol{\Phi}<0$$

即

$$\begin{bmatrix}(\boldsymbol{A}-\boldsymbol{BK})^{\mathrm{T}}\boldsymbol{P}+\boldsymbol{P}(\boldsymbol{A}-\boldsymbol{BK}) & \boldsymbol{PBK}\\ \boldsymbol{K}^{\mathrm{T}}\boldsymbol{B}^{\mathrm{T}}\boldsymbol{P} & (\boldsymbol{A}-\boldsymbol{LC})^{\mathrm{T}}\boldsymbol{R}+\boldsymbol{R}(\boldsymbol{A}-\boldsymbol{LC})\end{bmatrix}<0$$

不妨取 $\boldsymbol{P}=0.5\boldsymbol{I}$,令 $\boldsymbol{Q}=\boldsymbol{RL}$,则可得第一个 LMI 为

$$\begin{bmatrix}0.5(\boldsymbol{A}-\boldsymbol{BK}+*) & 0.5\boldsymbol{BK}\\ * & \boldsymbol{RA}-\boldsymbol{QC}+*\end{bmatrix}<0 \tag{6.13}$$

其中 * 为前一项或对角项的转置。

则

$$\dot{V}=\boldsymbol{z}^{\mathrm{T}}\boldsymbol{\Phi}\boldsymbol{z}\leqslant 0$$

闭环系统为渐进收敛,即当 $t\to\infty$ 时,$\boldsymbol{e}\to 0$,$\boldsymbol{x}\to 0$。

可得第二个 LMI 为

$$\boldsymbol{R}>0 \tag{6.14}$$

根据以上两个 LMI 可求 $\boldsymbol{R}$ 和 $\boldsymbol{Q}$,由 $\boldsymbol{R}=\boldsymbol{KQ}$ 可得

$$\boldsymbol{L}=\boldsymbol{R}^{-1}\boldsymbol{Q} \tag{6.15}$$

通过上面两个 LMI,可求 K 和 L。

6.3.3 仿真实例

被控对象取式(6.11),为了满足假设 6.1,可采用以下两种模型进行仿真:

(1) $\boldsymbol{A}=\begin{bmatrix}-1 & 1\\ 0 & 0\end{bmatrix}$,$\boldsymbol{B}=[0 \quad 1]^{\mathrm{T}}$,$\boldsymbol{C}=[1 \quad 0]$;

(2) $\boldsymbol{A}=\begin{bmatrix}0 & 1\\ 0 & 0\end{bmatrix}$,$\boldsymbol{B}=[1 \quad 1]^{\mathrm{T}}$,$\boldsymbol{C}=[1 \quad 0]$。

仿真中,取 M=1 为模型(1),M=2 为模型(2)。采用观测器和控制律式(6.12),观测器初始状态取 $\hat{\boldsymbol{x}}(0)=[0 \quad 0]$,被控对象初始状态取 $\boldsymbol{x}(0)=[0.5 \quad 0.5]$。

取 M＝1，采用式（6.13）和式（6.14），通过运行 LMI 程序 chap6_3LMI.m，可得控制器增益 $\boldsymbol{K}=[0.5000\quad 1.1059]$，观测器增益为 $\boldsymbol{L}=[-0.0625\quad 1.3125]^{\mathrm{T}}$，并将模型信息和所求得的 $\boldsymbol{K}$ 及 $\boldsymbol{L}$ 保存在文件 LMI_file.m 中，以便其他相关程序调用。仿真结果如图 6.6 至图 6.8 所示。

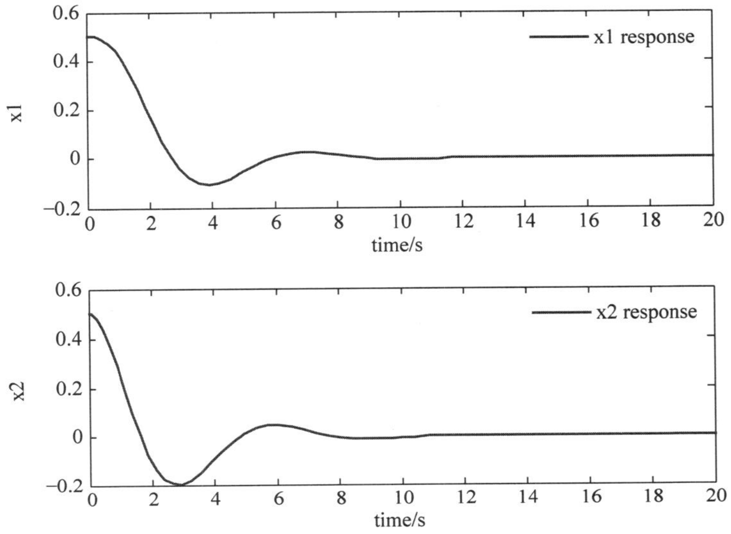

图 6.6　状态的响应

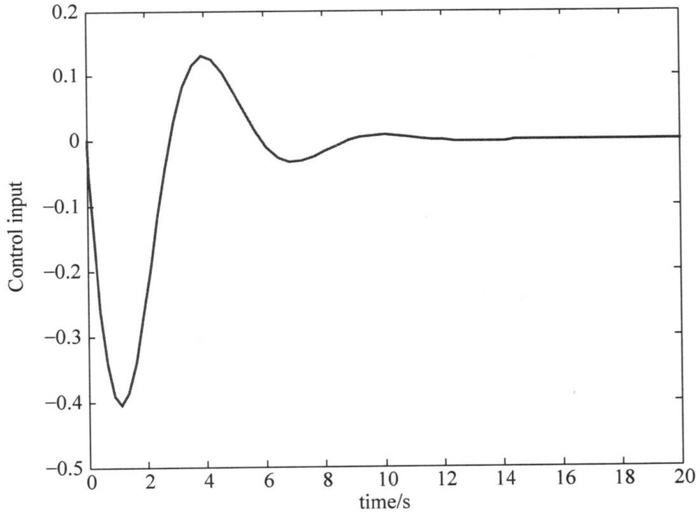

图 6.7　控制输入

仿真程序：

（1）LMI 程序：chap6_3LMI.m

```
clear all;
close all;
% Remark: LMI can be solved only A = [ - 1 1;0 0] or B = [1 1]';
```

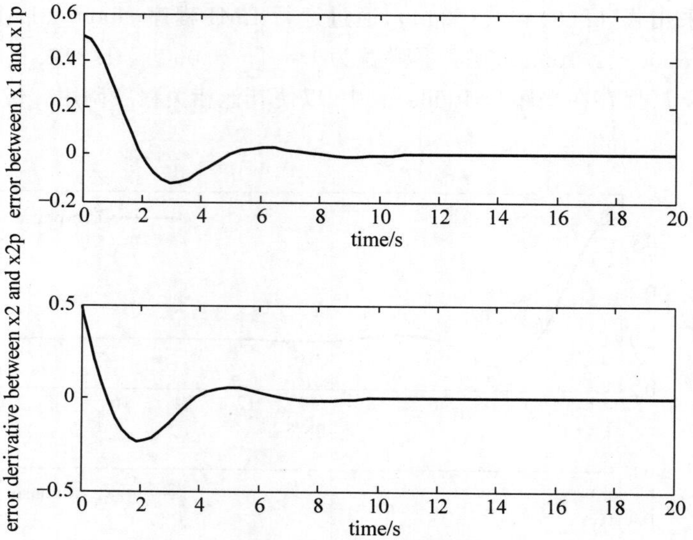

图 6.8 观测器观测误差

```
M = 2;
if M == 1
A = [ - 1 1; 0 0];
B = [0 1]';
elseif M == 2
A = [0 1; 0 0];
B = [1 1]';
elseif M == 3 % no solution!
A = [0 1; 0 0];
B = [0 1]';
end

C = [1 0];

P = 0.5 * eye(2);
R = sdpvar(2,2,'symmetric');
K = sdpvar(1,2);
Q = sdpvar(2,1);

Fai = [P * ((A - B * K) + (A - B * K)') P * B * K;(P * B * K)' R * A - Q * C + (R * A - Q * C)'];

% First and Second LMI
L1 = set(Fai < 0);
L2 = set(R > 0);
L3 = L1 + L2;
solvesdp(L3);

R = double(R);
Q = double(Q);
K = double(K)
L = inv(R) * Q
```

```
save LMI_file A B K L;
```

(2）控制系统主程序：chap6_3sim.mdl

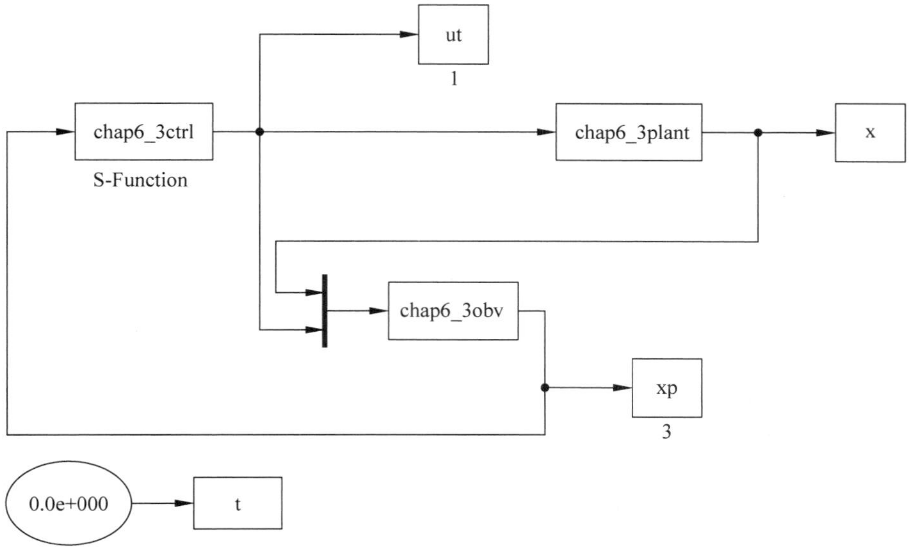

(3）控制器程序：chap6_3ctrl.m

```
function [sys,x0,str,ts] = model(t,x,u,flag)
switch flag,
case 0,
    [sys,x0,str,ts] = mdlInitializeSizes;
case 3,
    sys = mdlOutputs(t,x,u);
case {1,2,4,9}
    sys = [];
otherwise
    error(['Unhandled flag = ',num2str(flag)]);
end
function [sys,x0,str,ts] = mdlInitializeSizes
sizes = simsizes;
sizes.NumDiscStates  = 0;
sizes.NumOutputs     = 1;
sizes.NumInputs      = 2;
sizes.DirFeedthrough = 1;
sizes.NumSampleTimes = 0;
sys = simsizes(sizes);
x0 = [];
str = [];
ts = [];
function sys = mdlOutputs(t,x,u)
load LMI_file;

x1p = u(1);x2p = u(2);
xp = [x1p x2p]';
```

```
ut = - K * xp;

sys(1) = ut;
```

(4) 被控对象程序：chap6_3plant. m

```
function [sys,x0,str,ts] = s_function(t,x,u,flag)
switch flag,
case 0,
    [sys,x0,str,ts] = mdlInitializeSizes;
case 1,
    sys = mdlDerivatives(t,x,u);
case 3,
    sys = mdlOutputs(t,x,u);
case {2, 4, 9 }
    sys = [];
otherwise
    error(['Unhandled flag = ',num2str(flag)]);
end
function [sys,x0,str,ts] = mdlInitializeSizes
sizes = simsizes;
sizes.NumContStates  = 2;
sizes.NumDiscStates  = 0;
sizes.NumOutputs     = 2;
sizes.NumInputs      = 1;
sizes.DirFeedthrough = 0;
sizes.NumSampleTimes = 0;
sys = simsizes(sizes);
x0 = [0.5 0.5];
str = [];
ts = [];
function sys = mdlDerivatives(t,x,u)
ut = u(1);
load LMI_file;
dx = A * x + B * ut;

sys(1) = dx(1);
sys(2) = dx(2);
function sys = mdlOutputs(t,x,u)
sys(1) = x(1);
sys(2) = x(2);
```

(5) 观测器程序：chap6_3obv. m

```
function [sys,x0,str,ts] = model(t,x,u,flag)
switch flag,
case 0,
    [sys,x0,str,ts] = mdlInitializeSizes;
case 1,
    sys = mdlDerivatives(t,x,u);
case 3,
```

```
    sys = mdlOutputs(t,x,u);
case {1,2,4,9}
    sys = [];
otherwise
    error(['Unhandled flag = ',num2str(flag)]);
end
function [sys,x0,str,ts] = mdlInitializeSizes
sizes = simsizes;
sizes.NumContStates  = 2;
sizes.NumDiscStates  = 0;
sizes.NumOutputs     = 2;
sizes.NumInputs      = 3;
sizes.DirFeedthrough = 1;
sizes.NumSampleTimes = 0;
sys = simsizes(sizes);
x0 = [0 0];
str = [];
ts = [];
function sys = mdlDerivatives(t,x,u)
x1 = u(1);
x2 = u(2);

ut = u(3);

load LMI_file;
dx = A * x + B * ut + L * (x1 - x(1));
sys(1) = dx(1);
sys(2) = dx(2);
function sys = mdlOutputs(t,x,u)
x1p = x(1);x2p = x(2);
sys(1) = x1p;
sys(2) = x2p;
```

(6) 作图程序：chap6_3plot.m

```
close all;
figure(1);
subplot(211);
plot(t,x(:,1),'r','linewidth',2);
xlabel('time(s)');ylabel('x1');
legend('x1 response');
subplot(212);
plot(t,x(:,2),'r','linewidth',2);
xlabel('time(s)');ylabel('x2');
legend('x2 response');

figure(2);
plot(t,ut(:,1),'r','linewidth',2);
xlabel('time(s)');ylabel('Control input');

figure(3);
```

```
subplot(211);
plot(t,x(:,1) - xp(:,1),'k','linewidth',2);
xlabel('time(s)');ylabel('error between x1 and x1p');
subplot(212);
plot(t,x(:,2) - xp(:,2),'k','linewidth',2);
xlabel('time(s)');ylabel('error derivative between x2 and x2p');
```

参考文献

[1] 郑大钟. 线性系统理论[M]. 2版. 北京：清华大学出版社，2002：365.

[2] Lien C H. An efficient method to design robust observer-based control of uncertain linear system[J]. Applied Mathematics & Computation，2004，158(1):29-44.

[3] Lien C H. Robust observer-based control of systems with state perturbations via LMI approach[J]. IEEE Transactions on Automatic Control，2004，49(8):1365-1370.

第7章 基于LMI的干扰观测器设计

在实际的控制系统中通常存在扰动，通过控制中的切换鲁棒项，可有效地克服干扰，但当扰动值较大时，需要增大控制中的切换项增益，这就容易产生抖振。为了克服这种问题，一种有效的办法是设计干扰观测器，通过在控制律中加入干扰估计值对干扰加以补偿，从而有效地降低抖振。

7.1 非线性干扰观测器的设计

7.1.1 系统描述

考虑双关节机械手动力学方程：

$$\boldsymbol{J}(\boldsymbol{\theta})\ddot{\boldsymbol{\theta}}+\boldsymbol{C}(\boldsymbol{\theta},\dot{\boldsymbol{\theta}})\dot{\boldsymbol{\theta}}+\boldsymbol{G}(\boldsymbol{\theta})=\boldsymbol{\tau}+\boldsymbol{d} \tag{7.1}$$

其中，$\boldsymbol{J}(\boldsymbol{\theta})\in\mathbf{R}^{2\times 2}$，为机械手的惯性矩阵，$\boldsymbol{C}(\boldsymbol{\theta},\dot{\boldsymbol{\theta}})\in\mathbf{R}^2$，表示离心力和哥氏力，$\boldsymbol{G}(\boldsymbol{\theta})\in\mathbf{R}^2$ 为重力项，$\boldsymbol{\theta}\in\mathbf{R}^2$，$\dot{\boldsymbol{\theta}}\in\mathbf{R}^2$ 和 $\boldsymbol{\tau}\in\mathbf{R}^2$ 分别代表角度、角速度和控制输入，$\boldsymbol{d}\in\mathbf{R}^2$ 为外界干扰。

7.1.2 非线性干扰观测器的设计

非线性干扰观测器设计为：

$$\begin{cases}\dot{\boldsymbol{z}}=\boldsymbol{L}(\boldsymbol{\theta})\left[\boldsymbol{C}(\boldsymbol{\theta},\dot{\boldsymbol{\theta}})\dot{\boldsymbol{\theta}}+\boldsymbol{G}(\boldsymbol{\theta})-\boldsymbol{\tau}\right]-\boldsymbol{L}(\boldsymbol{\theta})\hat{\boldsymbol{d}}\\ \hat{\boldsymbol{d}}=\boldsymbol{z}+\boldsymbol{p}(\dot{\boldsymbol{\theta}})\end{cases} \tag{7.2}$$

为了克服观测器的不足之处，文[1]中取

$$\boldsymbol{L}(\boldsymbol{\theta})=\boldsymbol{X}^{-1}\boldsymbol{J}^{-1}(\boldsymbol{\theta}) \tag{7.3}$$

$$\boldsymbol{p}(\dot{\boldsymbol{\theta}})=\boldsymbol{X}^{-1}\dot{\boldsymbol{\theta}} \tag{7.4}$$

其中，$\boldsymbol{X}$ 为可逆矩阵，需要通过线性矩阵不等式来求。

令

$$\dot{\boldsymbol{p}}(\dot{\boldsymbol{\theta}})=\boldsymbol{L}(\boldsymbol{\theta})\boldsymbol{J}(\boldsymbol{\theta})\ddot{\boldsymbol{\theta}}$$

式(7.2)、式(7.3)和式(7.4)构成了非线性干扰观测器。一般没有干扰 $\boldsymbol{d}$ 的微分的先验知识，假设相对于观测器的动态特性干扰的变化是缓慢的[2]，则可取 $\dot{\boldsymbol{d}}=0$。

设计 Lyapunov 函数为

$$V_{\mathrm{o}}=\tilde{\boldsymbol{d}}^{\mathrm{T}}\boldsymbol{X}^{\mathrm{T}}\boldsymbol{J}(\boldsymbol{\theta})\boldsymbol{X}\tilde{\boldsymbol{d}}$$

其中，$\boldsymbol{J}(\boldsymbol{\theta})=\boldsymbol{J}(\boldsymbol{\theta})^{\mathrm{T}}>0$。

则

$$\dot{V}_{\mathrm{o}}=\dot{\tilde{\boldsymbol{d}}}^{\mathrm{T}}\boldsymbol{X}^{\mathrm{T}}\boldsymbol{J}(\boldsymbol{\theta})\boldsymbol{X}\tilde{\boldsymbol{d}}+\tilde{\boldsymbol{d}}^{\mathrm{T}}\boldsymbol{X}^{\mathrm{T}}\dot{\boldsymbol{J}}(\boldsymbol{\theta})\boldsymbol{X}\tilde{\boldsymbol{d}}+\tilde{\boldsymbol{d}}^{\mathrm{T}}\boldsymbol{X}^{\mathrm{T}}\boldsymbol{J}(\boldsymbol{\theta})\boldsymbol{X}\dot{\tilde{\boldsymbol{d}}}$$

根据观测器式(7.2)，可得

$$\begin{aligned}
\dot{\tilde{\boldsymbol{d}}}&=\dot{\boldsymbol{d}}-\dot{\hat{\boldsymbol{d}}}=\dot{\boldsymbol{d}}-\dot{\boldsymbol{z}}-\dot{\boldsymbol{p}}(\dot{\boldsymbol{\theta}})\\
&=\dot{\boldsymbol{d}}-\boldsymbol{L}(\boldsymbol{\theta})\left[\boldsymbol{C}(\boldsymbol{\theta},\dot{\boldsymbol{\theta}})\dot{\boldsymbol{\theta}}+\boldsymbol{G}(\boldsymbol{\theta})-\boldsymbol{\tau}\right]+\boldsymbol{L}(\boldsymbol{\theta})\hat{\boldsymbol{d}}-\boldsymbol{L}(\boldsymbol{\theta})\boldsymbol{J}(\boldsymbol{\theta})\ddot{\boldsymbol{\theta}}\\
&=\dot{\boldsymbol{d}}+\boldsymbol{L}(\boldsymbol{\theta})\hat{\boldsymbol{d}}-\boldsymbol{L}(\boldsymbol{\theta})\left[\boldsymbol{J}(\boldsymbol{\theta})\ddot{\boldsymbol{\theta}}+\boldsymbol{C}(\boldsymbol{\theta},\dot{\boldsymbol{\theta}})\dot{\boldsymbol{\theta}}+\boldsymbol{G}(\boldsymbol{\theta})-\boldsymbol{\tau}\right]\\
&=\dot{\boldsymbol{d}}+\boldsymbol{L}(\boldsymbol{\theta})\hat{\boldsymbol{d}}-\boldsymbol{L}(\boldsymbol{\theta})\boldsymbol{d}=\dot{\boldsymbol{d}}-\boldsymbol{L}(\boldsymbol{\theta})\tilde{\boldsymbol{d}}
\end{aligned}$$

因而得到观测误差方程为

$$\dot{\tilde{\boldsymbol{d}}}+\boldsymbol{L}(\boldsymbol{\theta})\tilde{\boldsymbol{d}}=0 \tag{7.5}$$

从而得到

$$\begin{aligned}
\dot{\tilde{\boldsymbol{d}}}&=-\boldsymbol{L}(\boldsymbol{\theta})\tilde{\boldsymbol{d}}=-\boldsymbol{X}^{-1}\boldsymbol{J}^{-1}(\boldsymbol{\theta})\tilde{\boldsymbol{d}}\\
\dot{\tilde{\boldsymbol{d}}}^{\mathrm{T}}&=-\left[\boldsymbol{X}^{-1}\boldsymbol{J}^{-1}(\boldsymbol{\theta})\tilde{\boldsymbol{d}}\right]^{\mathrm{T}}=-\tilde{\boldsymbol{d}}^{\mathrm{T}}\boldsymbol{J}^{-\mathrm{T}}(\boldsymbol{\theta})\boldsymbol{X}^{-\mathrm{T}}
\end{aligned}$$

则

$$\begin{aligned}
\dot{V}_{\mathrm{o}}&=\dot{\tilde{\boldsymbol{d}}}^{\mathrm{T}}\boldsymbol{X}^{\mathrm{T}}\boldsymbol{J}(\boldsymbol{\theta})\boldsymbol{X}\tilde{\boldsymbol{d}}+\tilde{\boldsymbol{d}}^{\mathrm{T}}\boldsymbol{X}^{\mathrm{T}}\dot{\boldsymbol{J}}(\boldsymbol{\theta})\boldsymbol{X}\tilde{\boldsymbol{d}}+\tilde{\boldsymbol{d}}^{\mathrm{T}}\boldsymbol{X}^{\mathrm{T}}\boldsymbol{J}(\boldsymbol{\theta})\boldsymbol{X}\dot{\tilde{\boldsymbol{d}}}\\
&=-\tilde{\boldsymbol{d}}^{\mathrm{T}}\boldsymbol{J}^{-\mathrm{T}}(\boldsymbol{\theta})\boldsymbol{X}^{-\mathrm{T}}\boldsymbol{X}^{\mathrm{T}}\boldsymbol{J}(\boldsymbol{\theta})\boldsymbol{X}\tilde{\boldsymbol{d}}+\tilde{\boldsymbol{d}}^{\mathrm{T}}\boldsymbol{X}^{\mathrm{T}}\dot{\boldsymbol{J}}(\boldsymbol{\theta})\boldsymbol{X}\tilde{\boldsymbol{d}}-\tilde{\boldsymbol{d}}^{\mathrm{T}}\boldsymbol{X}^{\mathrm{T}}\boldsymbol{J}(\boldsymbol{\theta})\boldsymbol{X}\boldsymbol{X}^{-1}\boldsymbol{J}^{-1}(\boldsymbol{\theta})\tilde{\boldsymbol{d}}\\
&=-\tilde{\boldsymbol{d}}^{\mathrm{T}}\boldsymbol{X}\tilde{\boldsymbol{d}}+\tilde{\boldsymbol{d}}^{\mathrm{T}}\boldsymbol{X}^{\mathrm{T}}\dot{\boldsymbol{J}}(\boldsymbol{\theta})\boldsymbol{X}\tilde{\boldsymbol{d}}-\tilde{\boldsymbol{d}}^{\mathrm{T}}\boldsymbol{X}^{\mathrm{T}}\tilde{\boldsymbol{d}}\\
&=-\tilde{\boldsymbol{d}}^{\mathrm{T}}\left[\boldsymbol{X}-\boldsymbol{X}^{\mathrm{T}}\dot{\boldsymbol{J}}(\boldsymbol{\theta})\boldsymbol{X}+\boldsymbol{X}^{\mathrm{T}}\right]\tilde{\boldsymbol{d}}
\end{aligned}$$

构造如下不等式

$$\boldsymbol{X}+\boldsymbol{X}^{\mathrm{T}}-\boldsymbol{X}^{\mathrm{T}}\dot{\boldsymbol{J}}(\boldsymbol{\theta})\boldsymbol{X}>\boldsymbol{\Gamma} \tag{7.6}$$

其中，$\boldsymbol{\Gamma}>0$ 为对称正定阵。

则

$$\dot{V}_{\mathrm{o}}\leqslant-\tilde{\boldsymbol{d}}^{\mathrm{T}}\boldsymbol{\Gamma}\tilde{\boldsymbol{d}}$$

取 $\boldsymbol{\Gamma}>\alpha\boldsymbol{X}^{\mathrm{T}}\boldsymbol{J}(\boldsymbol{\theta})\boldsymbol{X}$，$\alpha>0$，则

$$-\tilde{\boldsymbol{d}}^{\mathrm{T}}\boldsymbol{\Gamma}\tilde{\boldsymbol{d}}<-\tilde{\boldsymbol{d}}^{\mathrm{T}}\left[\alpha\boldsymbol{X}^{\mathrm{T}}\boldsymbol{J}(\boldsymbol{\theta})\boldsymbol{X}\right]\tilde{\boldsymbol{d}}$$

$$\dot{V}_{\mathrm{o}}\leqslant-\alpha V_{\mathrm{o}}$$

则 $\alpha V_{\mathrm{o}}+\dot{V}_{\mathrm{o}}\leqslant0$，即 $\dot{V}_{\mathrm{o}}\leqslant-\alpha V_{\mathrm{o}}$，采用不等式求解定理，$\dot{V}_{\mathrm{o}}\leqslant-\alpha V_{\mathrm{o}}$ 的解为

$$V_{\mathrm{o}}(t)\leqslant V_{\mathrm{o}}(0)\exp(-\alpha t)$$

如果 $t\to\infty$，则 $V_{\mathrm{o}}(t)\to0$，从而 $\tilde{\boldsymbol{d}}\to0$ 且指数收敛。

可见，收敛精度取决于参数 $\boldsymbol{\Gamma}$ 特征值，$\boldsymbol{\Gamma}$ 特征值越大，收敛速度越快，精度越高。

7.1.3 LMI 不等式的求解

由不等式(7.6)可见，式中含有非线性项，必须转化为线性矩阵不等式才能求解。令 $\boldsymbol{Y}=\boldsymbol{X}^{-1}$，将 $\boldsymbol{Y}^{\mathrm{T}}=(\boldsymbol{X}^{-1})^{\mathrm{T}}$ 和 $\boldsymbol{Y}=\boldsymbol{X}^{-1}$ 分别乘以式(7.6)的左右两边，得

$$\boldsymbol{Y}^{\mathrm{T}}+\boldsymbol{Y}-\dot{\boldsymbol{J}}(\boldsymbol{\theta})>\boldsymbol{Y}^{\mathrm{T}}\boldsymbol{\Gamma}\boldsymbol{Y}$$

即

$$\boldsymbol{Y}^{\mathrm{T}}+\boldsymbol{Y}-\boldsymbol{Y}^{\mathrm{T}}\boldsymbol{\Gamma}\boldsymbol{Y}>\dot{\boldsymbol{J}}(\boldsymbol{\theta})$$

由于 $\|\dot{\boldsymbol{J}}(\boldsymbol{\theta})\|\leqslant\zeta$，则 $\dot{\boldsymbol{J}}(\theta)\leqslant\zeta\boldsymbol{I}$，则上式成立的充分条件为

$$\boldsymbol{Y}^{\mathrm{T}}+\boldsymbol{Y}-\boldsymbol{Y}^{\mathrm{T}}\boldsymbol{\Gamma}\boldsymbol{Y}>\zeta\boldsymbol{I}$$

即

$$\boldsymbol{Y}^{\mathrm{T}}+\boldsymbol{Y}-\zeta\boldsymbol{I}-\boldsymbol{Y}^{\mathrm{T}}\boldsymbol{\Gamma}\boldsymbol{Y}>0$$

根据 Schur 补定理[3]：假设 $\boldsymbol{C}$ 为正定矩阵，则 $\boldsymbol{A}-\boldsymbol{B}\boldsymbol{C}^{-1}\boldsymbol{B}^{\mathrm{T}}>0$ 等价为 $\begin{bmatrix}\boldsymbol{A} & \boldsymbol{B}\\ \boldsymbol{B}^{\mathrm{T}} & \boldsymbol{C}\end{bmatrix}>0$。则上式等价为

$$\begin{bmatrix}\boldsymbol{Y}^{\mathrm{T}}+\boldsymbol{Y}-\zeta\boldsymbol{I} & \boldsymbol{Y}^{\mathrm{T}}\\ \boldsymbol{Y} & \boldsymbol{\Gamma}^{-1}\end{bmatrix}>0 \tag{7.7}$$

通过 MATLAB 下的 LMI 工具箱 YALMIP 工具箱，求解式(7.7)，便可求得 $\boldsymbol{Y}$，从而得到 $\boldsymbol{X}$。该不等式的求解是否有效取决于 ζ 和 $\boldsymbol{\Gamma}$ 值。ζ 越小、$\boldsymbol{\Gamma}$ 越小，越容易得到有效的解。

7.1.4 仿真实例：干扰观测器开环测试

考虑稳定的 SISO 系统，模型为

$$\ddot{\theta}=-25\dot{\theta}+133(\tau+d)$$

对比 $\boldsymbol{J}(\boldsymbol{\theta})\ddot{\boldsymbol{\theta}}+\boldsymbol{C}(\boldsymbol{\theta},\dot{\boldsymbol{\theta}})\dot{\boldsymbol{\theta}}+\boldsymbol{G}(\boldsymbol{\theta})=\boldsymbol{\tau}+\boldsymbol{d}$，可知 $\boldsymbol{J}=\dfrac{1}{133}$，$\boldsymbol{C}=\dfrac{25}{133}$，$\boldsymbol{G}=0$。取 $\boldsymbol{\Gamma}=0.50$，$\boldsymbol{\zeta}=1.0$，解不等式(7.7)可得 $\boldsymbol{X}=0.995$。取 $d(t)=0.05\sin t$，干扰观测器采用式(7.2)、式(7.3)和式(7.4)，仿真结果如图 7.1 所示。

仿真程序：

(1) LMI 设计程序：chap7_1LMI.m

```
clear all;
close all;
Y = sdpvar(1,1);
Kesi = 1;
Gama = 0.50;

FAI = [Y + Y' - Kesi * eye(1) Y';Y inv(Gama)];
```

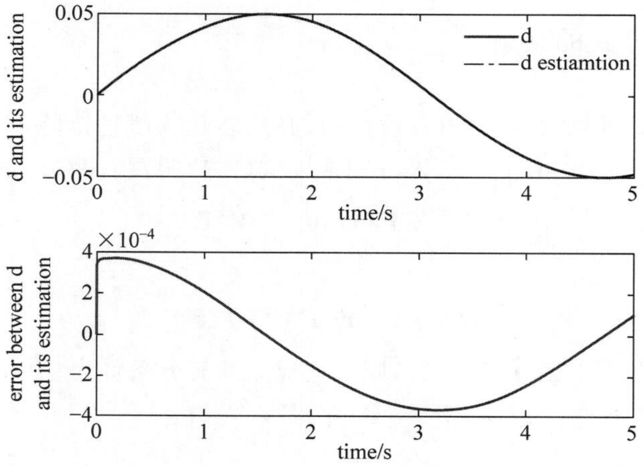

图 7.1　$d(t)=0.05\sin t$ 的干扰观测结果

```
%LMI description
L = set(FAI > 0);

solvesdp(L);
Y = double(Y);
X = inv(Y)
```

(2) Simulink 主程序：chap7_1sim.mdl

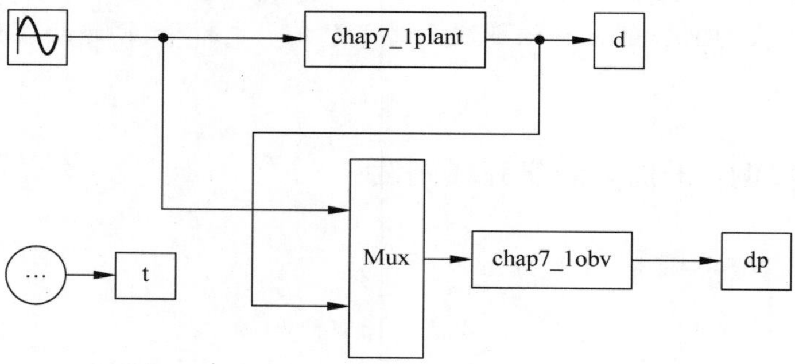

(3) 被控对象程序：chap7_1plant.m

```
function [sys,x0,str,ts] =  NDO_plant (t,x,u,flag)
switch flag,
case 0,
    [sys,x0,str,ts] = mdlInitializeSizes;
case 1,
    sys = mdlDerivatives(t,x,u);
case 3,
    sys = mdlOutputs(t,x,u);
case {2, 4, 9 }
    sys  =  [];
otherwise
    error(['Unhandled flag  =  ',num2str(flag)]);
```

```
end
function [sys,x0,str,ts] = mdlInitializeSizes
sizes = simsizes;
sizes.NumContStates  = 2;
sizes.NumDiscStates  = 0;
sizes.NumOutputs     = 3;
sizes.NumInputs      = 1;
sizes.DirFeedthrough = 1;
sizes.NumSampleTimes = 0;
sys = simsizes(sizes);
x0 = [0.1,0];
str = [];
ts = [];
function sys = mdlDerivatives(t,x,u)
ut = u(1);
% dt = -5;
dt = 0.05 * sin(t);
sys(1) = x(2);
sys(2) = -25 * x(2) + 133 * (ut + dt);
function sys = mdlOutputs(t,x,u)
% dt = -5;
dt = 0.05 * sin(t);
sys(1) = x(1);
sys(2) = x(2);
sys(3) = dt;
```

(4) 干扰观测器程序：chap7_1obv.m

```
function [sys,x0,str,ts] = NDO(t,x,u,flag)
switch flag,
case 0,
    [sys,x0,str,ts] = mdlInitializeSizes;
case 1,
    sys = mdlDerivatives(t,x,u);
case 3,
    sys = mdlOutputs(t,x,u);
case {2, 4, 9 }
    sys = [];
otherwise
    error(['Unhandled flag = ',num2str(flag)]);
end
function [sys,x0,str,ts] = mdlInitializeSizes
sizes = simsizes;
sizes.NumContStates  = 1;
sizes.NumDiscStates  = 0;
sizes.NumOutputs     = 1;
sizes.NumInputs      = 4;
sizes.DirFeedthrough = 1;
sizes.NumSampleTimes = 0;
sys = simsizes(sizes);
```

```
x0 = [0];
str = [];
ts = [];
function sys = mdlDerivatives(t,x,u)
J = 1/133;C = 25/133;G = 0;

tol = u(1);
dth = u(3);
z = x(1);

X = 0.995;
L = inv(X) * inv(J);
p = inv(X) * dth;
d = z + p;

dz = L * (C * dth + G - tol) - L * d;
sys(1) = dz;
function sys = mdlOutputs(t,x,u)
dth = u(3);
z = x(1);

X = 0.995;
p = inv(X) * dth;
d = z + p;

sys(1) = d;
```

(5) 作图程序：chap7_1plot.m

```
close all;

figure(1);
subplot(211);
plot(t,d(:,3),'r',t,dp(:,1),'-.b','linewidth',2);
xlabel('time(s)');ylabel('d and its estimation');
legend('d','d estiamtion');
subplot(212);
plot(t,d(:,3) - dp(:,1),'r','linewidth',2);
xlabel('time(s)');ylabel('error between d and its estimation');
```

7.2 基于干扰观测器的滑模控制

7.2.1 滑模控制器的设计

在7.1节的基础上，采用观测器式(7.2)、式(7.3)和式(7.4)观测干扰 d，在滑模控制中对干扰进行补偿，可有效地降低切换增益，从而有效地降低抖振。

关节的理想角度为$\boldsymbol{\theta}_d$，取跟踪误差 $\boldsymbol{e}=\boldsymbol{\theta}-\boldsymbol{\theta}_d$，定义滑模函数为：

$$\boldsymbol{s}=\dot{\boldsymbol{e}}+\boldsymbol{\Lambda}\boldsymbol{e} \tag{7.8}$$

其中，$\boldsymbol{\Lambda}=\begin{bmatrix}\lambda_1 & 0\\ 0 & \lambda_2\end{bmatrix}$，$\lambda_i>0$，$i=1,2$。

则

$$\dot{\boldsymbol{s}}=\ddot{\boldsymbol{\theta}}-\ddot{\boldsymbol{\theta}}_{\mathrm{d}}+\boldsymbol{\Lambda}\dot{\boldsymbol{e}}=\boldsymbol{J}^{-1}(\boldsymbol{\tau}-\boldsymbol{C}\dot{\boldsymbol{\theta}}-\boldsymbol{G}+\boldsymbol{d})-\ddot{\boldsymbol{\theta}}_{\mathrm{d}}+\boldsymbol{\Lambda}\dot{\boldsymbol{e}}$$

设计控制器为

$$\boldsymbol{\tau}=\boldsymbol{J}\boldsymbol{\nu}+\boldsymbol{C}\dot{\boldsymbol{\theta}}+\boldsymbol{G}-\boldsymbol{k}\boldsymbol{s}-\boldsymbol{\eta}\operatorname{sgn}\boldsymbol{s}-\hat{\boldsymbol{d}}-\boldsymbol{C}\boldsymbol{s} \tag{7.9}$$

其中，$\boldsymbol{k}=\begin{bmatrix}k_1 & 0\\ 0 & k_2\end{bmatrix}$，$\boldsymbol{\eta}=\begin{bmatrix}\eta_1 & 0\\ 0 & \eta_2\end{bmatrix}$，$\eta_i>|\tilde{d}(0)|+\eta_{i0}$，$\eta_{i0}>0$，$k_i>0$，$i=1,2$。

则有

$$\boldsymbol{J}\dot{\boldsymbol{s}}=\boldsymbol{J}\boldsymbol{\nu}-\boldsymbol{k}\boldsymbol{s}-\boldsymbol{\eta}\operatorname{sgn}\boldsymbol{s}-\hat{\boldsymbol{d}}+\boldsymbol{d}-\boldsymbol{C}\boldsymbol{s}+\boldsymbol{J}(\boldsymbol{\Lambda}\dot{\boldsymbol{e}}-\ddot{\boldsymbol{\theta}}_{\mathrm{d}})=\boldsymbol{J}(\boldsymbol{\nu}+\boldsymbol{\Lambda}\dot{\boldsymbol{e}}-\ddot{\boldsymbol{\theta}}_{\mathrm{d}})-\boldsymbol{k}\boldsymbol{s}-\boldsymbol{\eta}\operatorname{sgn}\boldsymbol{s}+\tilde{\boldsymbol{d}}-\boldsymbol{C}\boldsymbol{s}$$

其中，$\tilde{\boldsymbol{d}}=\boldsymbol{d}-\hat{\boldsymbol{d}}$，取

$$\boldsymbol{\nu}=\ddot{\boldsymbol{\theta}}_{\mathrm{d}}-\boldsymbol{\Lambda}\dot{\boldsymbol{e}} \tag{7.10}$$

则 $\boldsymbol{J}\dot{\boldsymbol{s}}=-\boldsymbol{k}\boldsymbol{s}-\boldsymbol{\eta}\operatorname{sgn}\boldsymbol{s}+\tilde{\boldsymbol{d}}-\boldsymbol{C}\boldsymbol{s}$，由于 $\boldsymbol{J}(\boldsymbol{\theta})$ 为正定阵，设计闭环系统 Lyapunov 函数为

$$V=\frac{1}{2}\boldsymbol{s}^{\mathrm{T}}\boldsymbol{J}\boldsymbol{s}+V_{\mathrm{o}}$$

其中，$V_{\mathrm{c}}=\dfrac{1}{2}\boldsymbol{s}^{\mathrm{T}}\boldsymbol{J}\boldsymbol{s}$。

由于干扰观测器指数收敛，则 $\|\tilde{\boldsymbol{d}}\|\leqslant\|\tilde{\boldsymbol{d}}(t_0)\|$。取 $\|\boldsymbol{\eta}\|>\|\tilde{\boldsymbol{d}}(t_0)\|$，则

$$-\boldsymbol{\eta}\|\boldsymbol{s}\|-\boldsymbol{s}^{\mathrm{T}}\tilde{\boldsymbol{d}}<0$$

取 $\lambda_{\min}\{\boldsymbol{k}\}\geqslant\dfrac{\alpha}{2}\lambda_{\max}\{\boldsymbol{J}\}$，则 $\boldsymbol{s}^{\mathrm{T}}\boldsymbol{k}\boldsymbol{s}\geqslant\dfrac{\alpha}{2}\boldsymbol{s}^{\mathrm{T}}\boldsymbol{J}\boldsymbol{s}=\alpha V_{\mathrm{c}}$，根据机械手模型的斜对称特性，有 $\boldsymbol{s}^{\mathrm{T}}(\dot{\boldsymbol{J}}-2\boldsymbol{C})\boldsymbol{s}=0$，从而

$$\begin{aligned}\dot{V}&=\boldsymbol{s}^{\mathrm{T}}\boldsymbol{J}\dot{s}+\frac{1}{2}\boldsymbol{s}^{\mathrm{T}}\dot{\boldsymbol{J}}\boldsymbol{s}-\alpha V_{\mathrm{o}}=\boldsymbol{s}^{\mathrm{T}}(-\boldsymbol{C}\boldsymbol{s}-\boldsymbol{k}\boldsymbol{s}-\boldsymbol{\eta}\operatorname{sgn}\boldsymbol{s}+\tilde{\boldsymbol{d}})+\frac{1}{2}\boldsymbol{s}^{\mathrm{T}}\dot{\boldsymbol{J}}\boldsymbol{s}-\alpha V_{\mathrm{o}}\\&=-\boldsymbol{s}^{\mathrm{T}}\boldsymbol{k}\boldsymbol{s}-\boldsymbol{\eta}\|\boldsymbol{s}\|-\boldsymbol{s}^{\mathrm{T}}\tilde{\boldsymbol{d}}+\frac{1}{2}\boldsymbol{s}^{\mathrm{T}}(\dot{\boldsymbol{J}}-2\boldsymbol{C})\boldsymbol{s}-\alpha V_{\mathrm{o}}\\&\geqslant-\boldsymbol{s}^{\mathrm{T}}\boldsymbol{k}\boldsymbol{s}-\alpha V_{\mathrm{o}}\leqslant-\alpha V_{\mathrm{c}}-\alpha V_{\mathrm{o}}=-\alpha V\end{aligned}$$

采用不等式求解定理，$\dot{V}\leqslant-\alpha V$ 的解为

$$V(t)\leqslant V(0)\exp(-\alpha t)$$

如果 $t\to\infty$，则 $V(t)\to0$ 且指数收敛，$\boldsymbol{s}\to0$ 且渐进收敛，$\tilde{\boldsymbol{d}}\to0$ 且指数收敛，系统的收敛速度取决于 α。

7.2.2 仿真实例

二关节机械手动力学方程为

$$\boldsymbol{J}(\boldsymbol{\theta})\ddot{\boldsymbol{\theta}}+\boldsymbol{G}(\boldsymbol{\theta})=\boldsymbol{\tau}+\boldsymbol{d}$$

其中，$\boldsymbol{J}(\boldsymbol{\theta})=\begin{bmatrix} j_1+2X_p\cos(\theta_2) & j_2+X_p\cos(\theta_2) \\ j_2+X_p\cos(\theta_2) & j_3 \end{bmatrix}$，$\boldsymbol{C}(\boldsymbol{\theta},\dot{\boldsymbol{\theta}})=0$，$\boldsymbol{G}(\boldsymbol{\theta})=\begin{bmatrix} 0.01g\cos(\theta_1+\theta_2) \\ 0.01g\cos(\theta_1+\theta_2) \end{bmatrix}$，$j_1=0.10, j_2=0, j_3=0.01, X_p=0.01$。

摩擦模型为 $\boldsymbol{d}(\dot{\boldsymbol{\theta}})=\boldsymbol{k}\dot{\boldsymbol{\theta}}$，$k_1=0.20, k_2=0.20$。关节一和关节二的理想轨迹分别为 $\theta_{1d}=0.1\sin t$ 和 $\theta_{2d}=0.1\sin t$。

干扰观测器采用式(7.2)、式(7.3)和式(7.4)，该观测器无需加速度信号，干扰 $\boldsymbol{d}$ 的观测初始值取 $[0,0]$。由于 $\dot{\boldsymbol{J}}(\boldsymbol{\theta})=\begin{bmatrix} -2X_p\sin(\theta_2)\cdot\dot{\boldsymbol{\theta}}_2 & -X_p\sin(\boldsymbol{\theta}_2)\cdot\dot{\boldsymbol{\theta}}_2 \\ -X_p\sin(\boldsymbol{\theta}_2)\cdot\dot{\boldsymbol{\theta}}_2 & 0 \end{bmatrix}$，则根据 $\|\dot{\boldsymbol{J}}(\boldsymbol{\theta})\|\leqslant\zeta$，可取 $\zeta=3.0$，考虑两个关节的动态性不同，取 $\boldsymbol{\Gamma}=\begin{bmatrix} 0.1 & 0 \\ 0 & 0.03 \end{bmatrix}$，解不等式(7.7)，可得 $\boldsymbol{X}=\begin{bmatrix} 0.2744 & 0 \\ 0 & 0.3722 \end{bmatrix}$。

采用设计控制器式(7.9)，取 $\boldsymbol{\Lambda}=\begin{bmatrix} 10 & 0 \\ 0 & 10 \end{bmatrix}$，$\boldsymbol{\eta}=\begin{bmatrix} 1.0 & 0 \\ 0 & 1.0 \end{bmatrix}$，采用饱和函数代替连续函数，取边界层厚度为 $\Delta=0.20$。仿真结果如图 7.2 至图 7.5 所示。

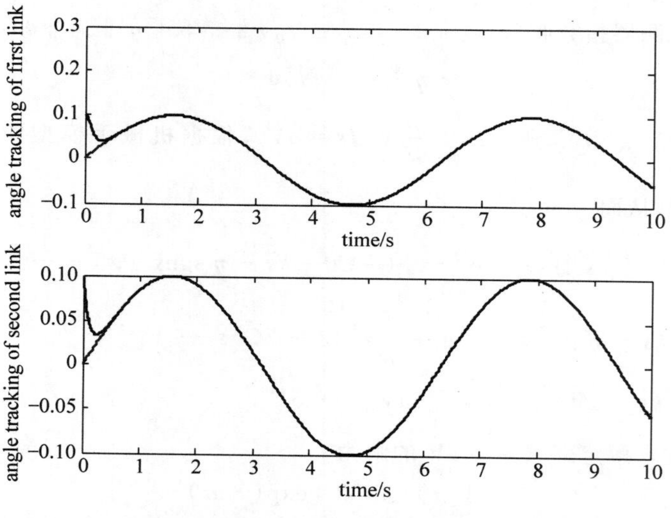

图 7.2　第一个和第二个关节角度跟踪

仿真程序：

(1) LMI 求解程序：chap7_2LMI. m

```
clear all;
close all;
Y = sdpvar(2,2);
Kesi = 3;
```

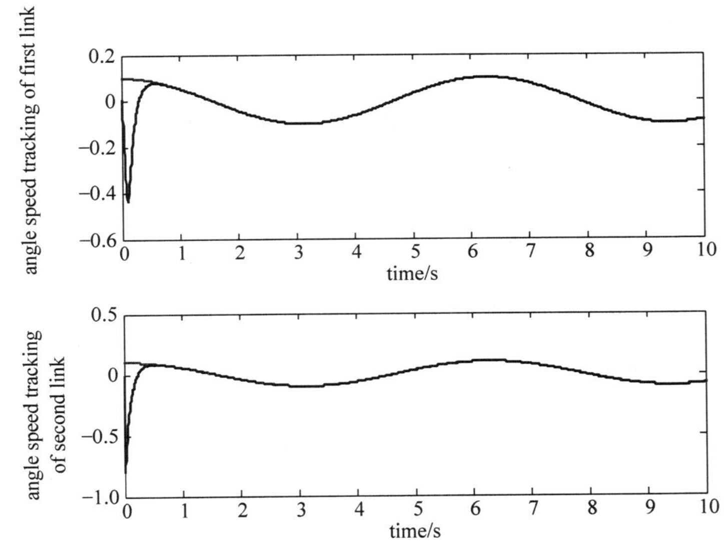

图 7.3　第一个和第二个关节角速度跟踪

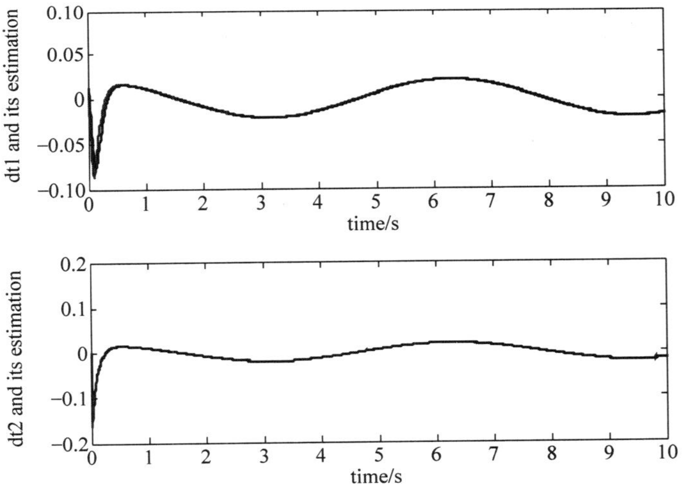

图 7.4　关节 1 及关节 2 的干扰观测结果

```
Gama = 0.10 * [1 0;0 3];

FAI = [Y + Y' - Kesi * eye(2) Y';Y inv(Gama)];
%LMI description
L = set(FAI > 0);

solvesdp(L);
Y = double(Y);
X = inv(Y)
```

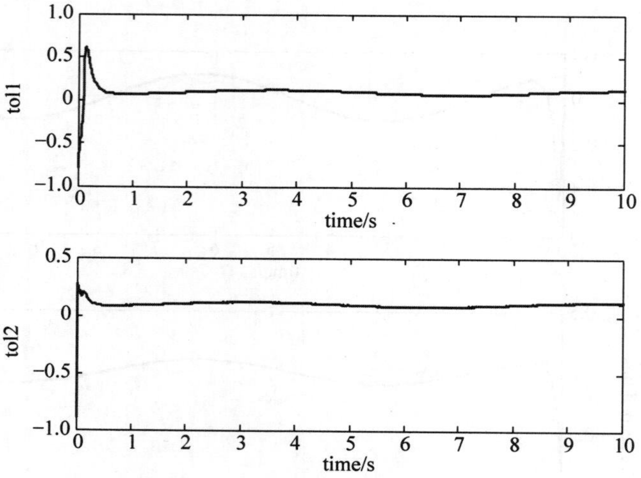

图 7.5　关节 1 及关节 2 上的控制输入

（2）Simulink 主程序：chap7_2sim. mdl

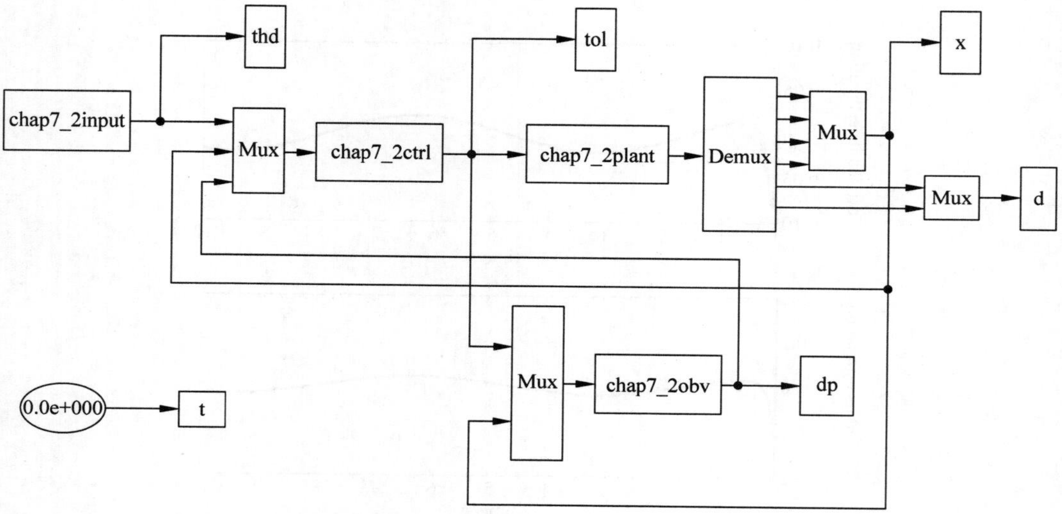

（3）控制器程序：chap7_2ctrl. m

```
function [sys,x0,str,ts] = s_function(t,x,u,flag)
switch flag,
case 0,
    [sys,x0,str,ts] = mdlInitializeSizes;
case 3,
    sys = mdlOutputs(t,x,u);
case {2, 4, 9 }
    sys = [];
otherwise
    error(['Unhandled flag = ',num2str(flag)]);
end
function [sys,x0,str,ts] = mdlInitializeSizes
```

```
sizes = simsizes;
sizes.NumContStates  = 0;
sizes.NumDiscStates  = 0;
sizes.NumOutputs     = 2;
sizes.NumInputs      = 10;
sizes.DirFeedthrough = 1;
sizes.NumSampleTimes = 0;
sys = simsizes(sizes);
x0 = [];
str = [];
ts = [];
function sys = mdlOutputs(t,x,u)
th1d = 0.1 * sin(t);
dth1d = 0.1 * cos(t);
ddth1d = - 0.1 * sin(t);

th2d = 0.1 * sin(t);
dth2d = 0.1 * cos(t);
ddth2d = - 0.1 * sin(t);

thd = [th1d th2d]';
dthd = [dth1d dth2d]';
ddthd = [ddth1d ddth2d]';

th1 = u(5);dth1 = u(6);
th2 = u(7);dth2 = u(8);
dp = [u(9) u(10)]';

th = [th1 th2]';
dth = [dth1 dth2]';

e = th - thd;
de = dth - dthd;

Fai = 10 * eye(2);
s = de + Fai * e;

ddthr = ddthd - Fai * de;

g = 9.8;
j1 = 0.1;j2 = 0;j3 = 0.01;Xp = 0.01;
J = [j1 + 2 * Xp * cos(th2) j2 + Xp * cos(th2)
    j2 + Xp * cos(th2) j3];

G1 = 0.01 * g * cos(th1 + th2);
G2 = 0.01 * g * cos(th1 + th2);
G = [G1;G2];

Xite = 1.0 * eye(2);
%Saturated function
delta = 0.20;
```

```
kk = 1/delta;
for i = 1:2
if abs(s(i))> delta
      sats(i) = sign(s(i));
else
    sats(i) = kk * s(i);
end
end
tol = J * ddthr + G - Xite * [sats(1) sats(2)]' - dp;

sys(1) = tol(1);
sys(2) = tol(2);
```

(4) 被控对象程序：chap7_2plant. m

```
function [sys,x0,str,ts] =  NDO_plant (t,x,u,flag)
switch flag,
case 0,
    [sys,x0,str,ts] = mdlInitializeSizes;
case 1,
    sys = mdlDerivatives(t,x,u);
case 3,
    sys = mdlOutputs(t,x,u);
case {2, 4, 9 }
    sys  =  [];
otherwise
    error(['Unhandled flag  =  ',num2str(flag)]);
end
function [sys,x0,str,ts] = mdlInitializeSizes
global k1 k2
k1 = 0.2;k2 = 0.2;
sizes  =  simsizes;
sizes.NumContStates    =  4;
sizes.NumDiscStates    =  0;
sizes.NumOutputs       =  6;
sizes.NumInputs        =  2;
sizes.DirFeedthrough   =  1;
sizes.NumSampleTimes   =  0;
sys = simsizes(sizes);
x0 = [0.1,0,0.1,0];
str = [];
ts = [];
function sys = mdlDerivatives(t,x,u)
global k1 k2
tol = [u(1);u(2)];
g = 9.8;
j1 = 0.1;j2 = 0;j3 = 0.01;
Xp = 0.01;

J = [j1 + 2 * Xp * cos(x(3)) j2 + Xp * cos(x(3))
   j2 + Xp * cos(x(3)) j3];
```

```
G1 = 0.01 * g * cos(x(1) + x(3));
G2 = 0.01 * g * cos(x(1) + x(3));
G = [G1;G2];

dt = [k1 * x(2);k2 * x(4)];

S = inv(J) * (tol + dt - G);
sys(1) = x(2);
sys(2) = S(1);
sys(3) = x(4);
sys(4) = S(2);
function sys = mdlOutputs(t,x,u)
global k1 k2
dt = [k1 * x(2);k2 * x(4)];

sys(1) = x(1);
sys(2) = x(2);
sys(3) = x(3);
sys(4) = x(4);
sys(5) = dt(1);
sys(6) = dt(2);
```

(5) 干扰观测器程序：chap7_2obv. m

```
function [sys,x0,str,ts] = NDO(t,x,u,flag)
switch flag,
case 0,
    [sys,x0,str,ts] = mdlInitializeSizes;
case 1,
    sys = mdlDerivatives(t,x,u);
case 3,
    sys = mdlOutputs(t,x,u);
case {2, 4, 9 }
    sys = [];
otherwise
    error(['Unhandled flag = ',num2str(flag)]);
end
function [sys,x0,str,ts] = mdlInitializeSizes
sizes = simsizes;
sizes.NumContStates  = 2;
sizes.NumDiscStates  = 0;
sizes.NumOutputs     = 2;
sizes.NumInputs      = 6;
sizes.DirFeedthrough = 1;
sizes.NumSampleTimes = 0;
sys = simsizes(sizes);
x0 = [0 0];
str = [];
ts = [];
function sys = mdlDerivatives(t,x,u)
```

```
tol = [u(1);u(2)];
th = [u(3);u(5)];
dth = [u(4);u(6)];

g = 9.8;
j1 = 0.1;j2 = 0;j3 = 0.01;X = 0.01;
J = [j1 + 2 * X * cos(th(2)) j2 + X * cos(th(2))
    j2 + X * cos(th(2)) j3];
G1 = 0.01 * g * cos(th(1) + th(2));
G2 = 0.01 * g * cos(th(1) + th(2));
G = [G1;G2];

X = [0.2744 0;0 0.3722];

z = [x(1) x(2)]';
L = inv(X) * inv(J);
p = inv(X) * dth;
dp = z + p;

dz = L * (G - tol - dp);
sys(1) = dz(1);
sys(2) = dz(2);
function sys = mdlOutputs(t,x,u)
tol = [u(1);u(2)];
th = [u(3);u(5)];
dth = [u(4);u(6)];

g = 9.8;
j1 = 0.1;j2 = 0;j3 = 0.01;X = 0.01;
J = [j1 + 2 * X * cos(th(2)) j2 + X * cos(th(2))
    j2 + X * cos(th(2)) j3];
G1 = 0.01 * g * cos(th(1) + th(2));
G2 = 0.01 * g * cos(th(1) + th(2));
G = [G1;G2];

X = [0.2744 0;0 0.3722];

z = [x(1) x(2)]';
L = inv(X) * inv(J);
p = inv(X) * dth;
dp = z + p;

sys(1) = dp(1);
sys(2) = dp(2);
```

（6）作图程序：chap7_2plot.m

```
close all;
figure(1);
subplot(211);
plot(t,thd(:,1),'r',t,x(:,1),'b','linewidth',2);
```

```
xlabel('time(s)');ylabel('angle tracking of first link');
subplot(212);
plot(t,thd(:,3),'r',t,x(:,3),'b','linewidth',2);
xlabel('time(s)');ylabel('angle tracking of second link');

figure(2);
subplot(211);
plot(t,thd(:,2),'r',t,x(:,2),'b','linewidth',2);
xlabel('time(s)');ylabel('angle speed tracking of first link');
subplot(212);
plot(t,thd(:,4),'r',t,x(:,4),'b','linewidth',2);
xlabel('time(s)');ylabel('angle speed tracking of second link');

figure(3);
subplot(211);
plot(t,d(:,1),'r',t,dp(:,1),'b','linewidth',2);
xlabel('time(s)');ylabel('dt1 and its estimation');
subplot(212);
plot(t,d(:,2),'r',t,dp(:,2),'b','linewidth',2);
xlabel('time(s)');ylabel('dt2 and its estimation');

figure(4);
subplot(211);
plot(t(:,1),tol(:,1),'r','linewidth',2);
xlabel('time(s)');ylabel('tol1');
subplot(212);
plot(t(:,1),tol(:,2),'r','linewidth',2);
xlabel('time(s)');ylabel('tol2');
```

参考文献

[1] Mohammadi A, Tavakoli M, Marquez H J, et al. Nonlinear disturbance observer design for robotic manipulators[J]. Control Engineering Practice, 2013, 21: 253-267.

[2] Chen W H, Balance D J, Gawthrop P J, et al. A nonlinear disturbance observer for robotic manipulator[J]. IEEE Transactions on Industrial Electronics, 2000, 47(4): 932-938.

[3] Gahinet P, Nemirovsky A, Laub A J, et al. LMI Control toolbox: for use with MATLAB[M]. Natick, MA: The MathWorks, Inc., 1995.

第8章 基于LMI的滑模控制

8.1 基于 LMI 的混沌系统滑模控制

8.1.1 系统描述

针对如下耦合的 Lorenz 混沌系统[1]

$$\begin{aligned}\dot{x}_1(t)&=a(x_2-x_1)\\ \dot{x}_2(t)&=rx_1-x_2-x_1x_3+u_1\\ \dot{x}_3(t)&=-bx_3+x_1x_2+u_2\end{aligned} \tag{8.1}$$

其中，$a=10$，$b=\dfrac{8}{3}$，$r=28$，u_1 和 u_2 为控制输入。

上式可写为

$$\dot{\boldsymbol{x}}(t)=\boldsymbol{Ax}+\boldsymbol{f}(\boldsymbol{x})+\boldsymbol{Bu}=\boldsymbol{Ax}+\begin{bmatrix}0\\ \boldsymbol{f}_2(\boldsymbol{x})\end{bmatrix}+\begin{bmatrix}\boldsymbol{0}\\ \boldsymbol{I}\end{bmatrix}\boldsymbol{u} \tag{8.2}$$

其中，$\boldsymbol{x}\in\mathbf{R}^3$，$\boldsymbol{u}=(u_1\quad u_2)^{\mathrm{T}}\in\mathbf{R}^2$，且 $\boldsymbol{A}=\begin{bmatrix}-a & a & 0\\ r & -1 & 0\\ 0 & 0 & -b\end{bmatrix}$，$\boldsymbol{f}_2(\boldsymbol{x})=\begin{bmatrix}-x_1x_3\\ x_1x_2\end{bmatrix}$，$\boldsymbol{B}=\begin{bmatrix}\boldsymbol{0}\\ \boldsymbol{I}\end{bmatrix}=\begin{bmatrix}0 & 0\\ 1 & 0\\ 0 & 1\end{bmatrix}$。

8.1.2 基于 LMI 的滑模控制

为了实现 $\boldsymbol{x}\rightarrow 0$，设计滑模函数为

$$\boldsymbol{s}=\boldsymbol{Cx} \tag{8.3}$$

其中，$\boldsymbol{C}=[\boldsymbol{C}_1\quad \boldsymbol{I}]=\begin{bmatrix}\boldsymbol{C}_1(1) & 1 & 0\\ \boldsymbol{C}_1(2) & 0 & 1\end{bmatrix}$，$\boldsymbol{C}_1\in\mathbf{R}^{2\times 1}$，$\boldsymbol{I}$ 为 2×2 单位阵。

为了证明滑模到达条件，取 Lyapunov 函数为

$$V(t)=\frac{1}{2}\boldsymbol{s}^{\mathrm{T}}\boldsymbol{s}$$

则

$$\dot{\boldsymbol{s}}=\boldsymbol{C}\dot{\boldsymbol{x}}=\boldsymbol{CAx}+\boldsymbol{Cf}(\boldsymbol{x})+\boldsymbol{CBu}$$
$$\dot{V}(t)=\boldsymbol{s}^{\mathrm{T}}\dot{\boldsymbol{s}}=\boldsymbol{s}^{\mathrm{T}}[\boldsymbol{CAx}+\boldsymbol{Cf}(\boldsymbol{x})+\boldsymbol{CBu}]$$

其中，$\boldsymbol{CB}=[\boldsymbol{C}_1\quad \boldsymbol{I}]\begin{bmatrix}\boldsymbol{0}\\ \boldsymbol{I}\end{bmatrix}=\boldsymbol{I}$。

控制律设计为

$$\boldsymbol{u}=-\boldsymbol{CAx}-\boldsymbol{Cf}(\boldsymbol{x})-\boldsymbol{\eta s} \tag{8.4}$$

其中，$\boldsymbol{\eta}=\begin{bmatrix}\eta & 0\\ 0 & \eta\end{bmatrix}$，$\eta>0$。

则

$$\begin{aligned}\dot{V}(t)&=\boldsymbol{s}^{\mathrm{T}}\dot{\boldsymbol{s}}=\boldsymbol{s}^{\mathrm{T}}[\boldsymbol{CAx}+\boldsymbol{Cf}(\boldsymbol{x})+\boldsymbol{CBu}]\\ &=\boldsymbol{s}^{\mathrm{T}}[\boldsymbol{CAx}+\boldsymbol{Cf}(\boldsymbol{x})+\boldsymbol{u}]=\boldsymbol{s}^{\mathrm{T}}[\boldsymbol{CAx}+\boldsymbol{Cf}(\boldsymbol{x})-\boldsymbol{CAx}-\boldsymbol{Cf}(\boldsymbol{x})-\boldsymbol{\eta s}]\\ &\leqslant-\boldsymbol{\eta}\,\|\boldsymbol{s}\|\leqslant 0\end{aligned}$$

可见，$t\to\infty$ 时，$\boldsymbol{s}\to 0$。上面证明了滑模到达条件，即当 $t>t_0$ 时，$\boldsymbol{s}=0$，则有 $\boldsymbol{u}=-\boldsymbol{CAx}-\boldsymbol{Cf}(\boldsymbol{x})$。

由于

$$\begin{bmatrix}\boldsymbol{0}\\ \boldsymbol{I}\end{bmatrix}[\boldsymbol{C}_1\quad \boldsymbol{I}]\boldsymbol{f}(\boldsymbol{x})=\begin{bmatrix}0 & \boldsymbol{0}\\ \boldsymbol{C}_1 & \boldsymbol{I}\end{bmatrix}\begin{bmatrix}0\\ 0\\ \boldsymbol{f}_2(2)\end{bmatrix}=\begin{bmatrix}0 & 0 & 0\\ \boldsymbol{C}_1(1) & 1 & 0\\ \boldsymbol{C}_1(2) & 0 & 1\end{bmatrix}\begin{bmatrix}0\\ 0\\ \boldsymbol{f}_2(2)\end{bmatrix}=\begin{bmatrix}0\\ 0\\ \boldsymbol{f}_2(2)\end{bmatrix}=\boldsymbol{f}(\boldsymbol{x})$$

则

$$\boldsymbol{f}(\boldsymbol{x})-\boldsymbol{BCf}(\boldsymbol{x})=\boldsymbol{f}(\boldsymbol{x})-\begin{bmatrix}\boldsymbol{0}\\ \boldsymbol{I}\end{bmatrix}[\boldsymbol{C}_1\quad \boldsymbol{I}]\boldsymbol{f}(\boldsymbol{x})=0$$

则

$$\begin{aligned}\dot{\boldsymbol{x}}&=\boldsymbol{Ax}+\boldsymbol{f}(\boldsymbol{x})+\boldsymbol{Bu}=\boldsymbol{Ax}+\boldsymbol{f}(\boldsymbol{x})+\boldsymbol{B}[-\boldsymbol{CAx}-\boldsymbol{Cf}(\boldsymbol{x})]\\ &=\boldsymbol{Ax}+\boldsymbol{f}(\boldsymbol{x})-\boldsymbol{BCAx}-\boldsymbol{BCf}(\boldsymbol{x})=(\boldsymbol{A}-\boldsymbol{BCA})\boldsymbol{x}\end{aligned}$$

取 $\boldsymbol{M}=\boldsymbol{A}-\boldsymbol{BCA}$，则 $\dot{\boldsymbol{x}}=\boldsymbol{Mx}$。

由表达式(8.3)可知，不能保证 $\boldsymbol{x}\to 0$。为了保证 $\boldsymbol{x}\to 0$，取 Lyapunov 函数为

$$V(\boldsymbol{x})=\boldsymbol{x}^{\mathrm{T}}\boldsymbol{x}$$

则

$$\begin{aligned}\dot{V}(\boldsymbol{x})&=(\boldsymbol{Mx})^{\mathrm{T}}\boldsymbol{x}+\boldsymbol{x}^{\mathrm{T}}\boldsymbol{Mx}=\boldsymbol{x}^{\mathrm{T}}\boldsymbol{M}^{\mathrm{T}}\boldsymbol{x}+\boldsymbol{x}^{\mathrm{T}}\boldsymbol{Mx}\\ &=\boldsymbol{x}^{\mathrm{T}}(\boldsymbol{M}^{\mathrm{T}}+\boldsymbol{M})\boldsymbol{x}\end{aligned}$$

为了保证 $\dot{V}(\boldsymbol{x})\leqslant 0$，取

$$\boldsymbol{M}^{\mathrm{T}}+\boldsymbol{M}<0 \tag{8.5}$$

利用 LMI，求不等式(8.5)，可实现滑模参数 $\boldsymbol{C}$ 的求解。但该方法可能会得到$\boldsymbol{M}^{\mathrm{T}}+\boldsymbol{M}\leqslant 0$，为此，需要在滑模函数中加入补偿项。

8.1.3 基于LMI的混沌系统动态补偿滑模控制

为了实现 $\boldsymbol{x}\to 0$,设计滑模函数为

$$\boldsymbol{s}=\boldsymbol{C}\boldsymbol{x}+\boldsymbol{z} \tag{8.6}$$

其中,$\boldsymbol{C}=[\boldsymbol{C}_1 \quad \boldsymbol{I}]=\begin{bmatrix}\boldsymbol{C}_1(1) & 1 & 0\\ \boldsymbol{C}_1(2) & 0 & 1\end{bmatrix}$,$\boldsymbol{C}_1\in\mathbf{R}^{2\times 1}$,$\boldsymbol{I}$ 为 2×2 单位阵。

为了有效地调节闭环系统的极点,补偿算法设计如下[1]:

$$\dot{\boldsymbol{z}}=\boldsymbol{K}\boldsymbol{x}-\boldsymbol{z} \tag{8.7}$$

其中,$\boldsymbol{z}\in\mathbf{R}^2$ 为补偿器状态,$\boldsymbol{K}\in\mathbf{R}^{2\times 3}$。

式(8.6)和式(8.7)中的 $\boldsymbol{C}$ 和 $\boldsymbol{K}$ 为待求矩阵,需要通过LMI求解。则

$$\dot{\boldsymbol{s}}=\boldsymbol{C}\dot{\boldsymbol{x}}+\dot{\boldsymbol{z}}=\boldsymbol{C}[\boldsymbol{A}\boldsymbol{x}+\boldsymbol{f}(\boldsymbol{x})+\boldsymbol{B}\boldsymbol{u}]+\boldsymbol{K}\boldsymbol{x}-\boldsymbol{z}$$

证明滑模到达条件,取 Lyapunov 函数为

$$V(t)=\frac{1}{2}\boldsymbol{s}^{\mathrm{T}}\boldsymbol{s}$$

则

$$\dot{V}(t)=\boldsymbol{s}^{\mathrm{T}}\dot{\boldsymbol{s}}=\boldsymbol{s}^{\mathrm{T}}[\boldsymbol{C}\boldsymbol{A}\boldsymbol{x}+\boldsymbol{C}\boldsymbol{f}(\boldsymbol{x})+\boldsymbol{C}\boldsymbol{B}\boldsymbol{u}+\boldsymbol{K}\boldsymbol{x}-\boldsymbol{z}]$$

控制律设计为

$$\boldsymbol{u}=-\boldsymbol{C}\boldsymbol{A}\boldsymbol{x}-\boldsymbol{C}\boldsymbol{f}(\boldsymbol{x})-\boldsymbol{K}\boldsymbol{x}+\boldsymbol{z}-\boldsymbol{\eta}\boldsymbol{s} \tag{8.8}$$

其中,$\boldsymbol{\eta}>0$。

考虑 $\boldsymbol{C}\boldsymbol{B}=\boldsymbol{I}$,则

$$\begin{aligned}\dot{V}(t)&=\boldsymbol{s}^{\mathrm{T}}\dot{\boldsymbol{s}}=\boldsymbol{s}^{\mathrm{T}}\{[\boldsymbol{C}\boldsymbol{A}\boldsymbol{x}+\boldsymbol{C}\boldsymbol{f}(\boldsymbol{x})+\boldsymbol{C}\boldsymbol{B}\boldsymbol{u}]+\boldsymbol{K}\boldsymbol{x}-\boldsymbol{z}\}\\&=\boldsymbol{s}^{\mathrm{T}}[\boldsymbol{C}\boldsymbol{A}\boldsymbol{x}+\boldsymbol{C}\boldsymbol{f}(\boldsymbol{x})+\boldsymbol{u}+\boldsymbol{K}\boldsymbol{x}-\boldsymbol{z}]=\boldsymbol{s}^{\mathrm{T}}(-\boldsymbol{\eta}\boldsymbol{s})\\&=-\boldsymbol{\eta}\|\boldsymbol{s}\|\leqslant 0\end{aligned}$$

可见,$t\to\infty$ 时,$\boldsymbol{s}\to 0$。

由于

$$\boldsymbol{f}(\boldsymbol{x})-\boldsymbol{B}\boldsymbol{C}\boldsymbol{f}(\boldsymbol{x})=\boldsymbol{f}(\boldsymbol{x})-\begin{bmatrix}\boldsymbol{0}\\ \boldsymbol{I}\end{bmatrix}[\boldsymbol{C}_1 \quad \boldsymbol{I}]\boldsymbol{f}(\boldsymbol{x})$$

$$\begin{bmatrix}\boldsymbol{0}\\ \boldsymbol{I}\end{bmatrix}[\boldsymbol{C}_1 \quad \boldsymbol{I}]\boldsymbol{f}(\boldsymbol{x})=\begin{bmatrix}0 & \boldsymbol{0}\\ \boldsymbol{C}_1 & \boldsymbol{I}\end{bmatrix}\begin{bmatrix}0\\ 0\\ \boldsymbol{f}_2(2)\end{bmatrix}=\begin{bmatrix}0 & 0 & 0\\ \boldsymbol{C}_1(1) & 1 & 0\\ \boldsymbol{C}_1(2) & 0 & 1\end{bmatrix}\begin{bmatrix}0\\ 0\\ \boldsymbol{f}_2(2)\end{bmatrix}=\begin{bmatrix}0\\ 0\\ \boldsymbol{f}_2(2)\end{bmatrix}=\boldsymbol{f}(\boldsymbol{x})$$

则

$$\boldsymbol{f}(\boldsymbol{x})-\boldsymbol{B}\boldsymbol{C}\boldsymbol{f}(\boldsymbol{x})=0$$

从而

$$\begin{aligned}\dot{\boldsymbol{x}}&=\boldsymbol{A}\boldsymbol{x}+\boldsymbol{f}(\boldsymbol{x})+\boldsymbol{B}\boldsymbol{u}=\boldsymbol{A}\boldsymbol{x}+\boldsymbol{f}(\boldsymbol{x})+\boldsymbol{B}[-\boldsymbol{C}\boldsymbol{A}\boldsymbol{x}-\boldsymbol{C}\boldsymbol{f}(\boldsymbol{x})-\boldsymbol{K}\boldsymbol{x}+\boldsymbol{z}]\\&=\boldsymbol{A}\boldsymbol{x}+[\boldsymbol{f}(\boldsymbol{x})-\boldsymbol{B}\boldsymbol{C}\boldsymbol{f}(\boldsymbol{x})]-\boldsymbol{B}\boldsymbol{C}\boldsymbol{A}\boldsymbol{x}-\boldsymbol{B}\boldsymbol{K}\boldsymbol{x}+\boldsymbol{B}\boldsymbol{z}\\&=(\boldsymbol{A}-\boldsymbol{B}\boldsymbol{C}\boldsymbol{A}-\boldsymbol{B}\boldsymbol{K})\boldsymbol{x}+\boldsymbol{B}\boldsymbol{z}\end{aligned}$$

由于满足滑模到达条件，则存在 $t>t_0$ 时，$\boldsymbol{s}=0$，则 $\boldsymbol{z}=-\boldsymbol{Cx}$，从而

$$\dot{\boldsymbol{x}}=(\boldsymbol{A}-\boldsymbol{BCA}-\boldsymbol{BK})\boldsymbol{x}+\boldsymbol{B}(-\boldsymbol{Cx})=[\boldsymbol{A}-\boldsymbol{B}(\boldsymbol{K}+\boldsymbol{C}+\boldsymbol{CA})]\boldsymbol{x} \tag{8.9}$$

取 $\boldsymbol{M}=\boldsymbol{A}-\boldsymbol{B}(\boldsymbol{K}+\boldsymbol{C}+\boldsymbol{CA})$，则 $\dot{\boldsymbol{x}}=\boldsymbol{Mx}$。

由表达式(8.6)可知，不能保证 $\boldsymbol{x}\to 0$。为了保证 $\boldsymbol{x}\to 0$，取 Lyapunov 函数为

$$\boldsymbol{V}(\boldsymbol{x})=\boldsymbol{x}^{\mathrm{T}}\boldsymbol{x}$$

则

$$\begin{aligned}\dot{\boldsymbol{V}}(\boldsymbol{x})&=(\boldsymbol{Mx})^{\mathrm{T}}\boldsymbol{x}+\boldsymbol{x}^{\mathrm{T}}\boldsymbol{Mx}=\boldsymbol{x}^{\mathrm{T}}\boldsymbol{M}^{\mathrm{T}}\boldsymbol{x}+\boldsymbol{x}^{\mathrm{T}}\boldsymbol{Mx}\\&=\boldsymbol{x}^{\mathrm{T}}(\boldsymbol{M}^{\mathrm{T}}+\boldsymbol{M})\boldsymbol{x}\end{aligned}$$

为了保证 $\dot{\boldsymbol{V}}(\boldsymbol{x})\leqslant 0$，取

$$\boldsymbol{M}^{\mathrm{T}}+\boldsymbol{M}<0 \tag{8.10}$$

通过解 LMI 不等式(8.10)，便可以得到满足条件的 $\boldsymbol{C}$ 和 $\boldsymbol{K}$。

在仿真中，可通过矩阵$\boldsymbol{M}^{\mathrm{T}}+\boldsymbol{M}$ 的特征值验证$\boldsymbol{M}^{\mathrm{T}}+\boldsymbol{M}<0$ 是否成立。

8.1.4 仿真实例

首先进行 Lorenz 混沌系统的测试。模型式(8.1)为一个耦合的混沌系统，当 $u_1=u_2=0$ 时，取 $\boldsymbol{x}(0)=[0\quad -1\quad 0]$，则模型的状态处于混沌状态，如图 8.1 所示。

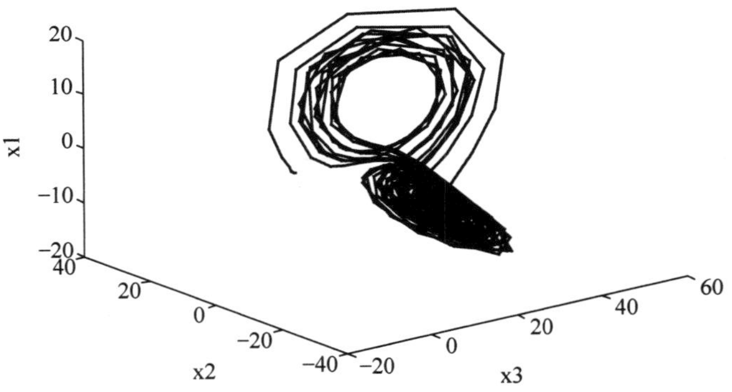

图 8.1　零控制输入下系统的混沌状态($\boldsymbol{u}=0$)

针对式(8.1)的 Lorenz 混沌系统，首先采用 LMI 仿真程序 chap8_2LMI. m，$\boldsymbol{M}^{\mathrm{T}}+\boldsymbol{M}=\boldsymbol{A}^{\mathrm{T}}-\boldsymbol{A}^{\mathrm{T}}\boldsymbol{C}^{\mathrm{T}}\boldsymbol{B}^{\mathrm{T}}+\boldsymbol{A}-\boldsymbol{BCA}$ 的特征值为：

$$\begin{bmatrix}-40\\0\\0\end{bmatrix}$$

可见，按式(8.3)设计滑模函数，无法保证$\boldsymbol{M}^{\mathrm{T}}+\boldsymbol{M}<0$。

为此，需要在滑模函数中加入动态补偿算法，采用仿真程序 chap8_2dyLMI. m，$\boldsymbol{M}=\boldsymbol{A}-\boldsymbol{B}(\boldsymbol{K}+\boldsymbol{C}+\boldsymbol{CA})$，$\boldsymbol{M}^{\mathrm{T}}+\boldsymbol{M}$ 的特征值为：

$$\begin{bmatrix} -20.9925 \\ -20.9925 \\ -20 \end{bmatrix}$$

可见，按式(8.6)和式(8.7)设计滑模函数，由于采用了动态补偿算法 $\dot{z}=Kx-z$，保证了闭环系统满足 Hurwitz 条件。

模型(8.1)中，取 $x(0)=[0\quad -1\quad 0]$，利用 LMI 求解程序 chap8_2dyLMI.m，得到不等式(8.10)的解

$$C=\begin{bmatrix} 0.0497 & 1 & 0 \\ 0 & 0 & 1 \end{bmatrix}$$

$$K=\begin{bmatrix} 10.4476 & 8.9989 & 0 \\ 0 & 0 & 9.4963 \end{bmatrix}$$

则滑模函数可写为

$$s=Cx+z=\begin{bmatrix} 0.0497x_1+x_2 \\ x_3 \end{bmatrix}+z$$

采用控制律式(8.8)，取 $\eta=1.0$，系统的状态响应如图 8.2 和图 8.3 所示，系统的控制输入如图 8.4 所示。

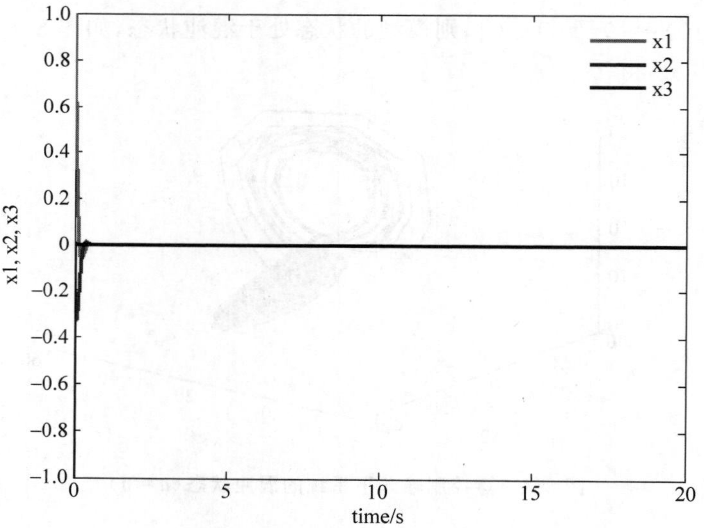

图 8.2　系统的状态响应

仿真程序：

仿真程序之一：模型测试

(1) 输入 S 函数：chap8_1input.m

```
function [sys,x0,str,ts] = s_function(t,x,u,flag)
switch flag,
case 0,
    [sys,x0,str,ts] = mdlInitializeSizes;
case 3,
    sys = mdlOutputs(t,x,u);
```

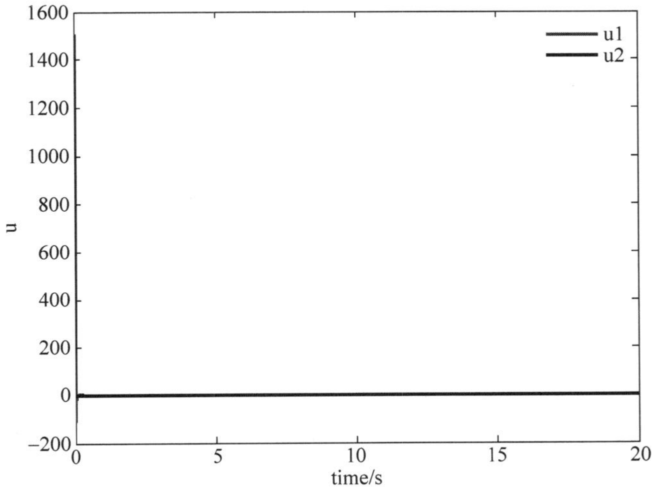

图 8.3 控制输入

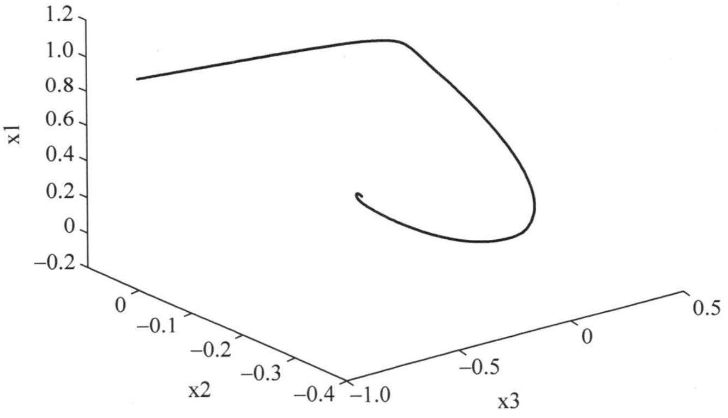

图 8.4 系统的状态响应

```
case {2, 4, 9 }
    sys = [];
otherwise
    error(['Unhandled flag = ',num2str(flag)]);
end
function [sys,x0,str,ts] = mdlInitializeSizes
sizes = simsizes;
sizes.NumContStates   = 0;
sizes.NumDiscStates   = 0;
sizes.NumOutputs      = 2;
sizes.NumInputs       = 0;
sizes.DirFeedthrough  = 1;
sizes.NumSampleTimes  = 0;
sys = simsizes(sizes);
x0 = [];
str = [];
ts = [];
function sys = mdlOutputs(t,x,u)
```

```
u1 = 0;
u2 = 0;
sys(1) = u1;
sys(2) = u2;
```

(2) Simulink 主程序：chap8_1sim.mdl

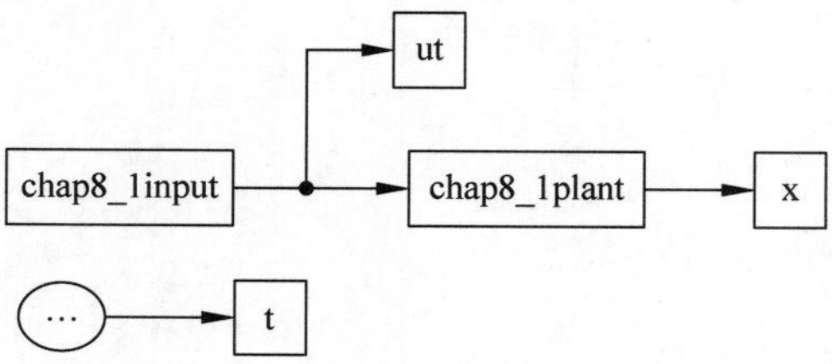

(3) 被控对象：chap8_1plant.m

```
function [sys,x0,str,ts] = s_function(t,x,u,flag)
switch flag,
case 0,
    [sys,x0,str,ts] = mdlInitializeSizes;
case 1,
    sys = mdlDerivatives(t,x,u);
case 3,
    sys = mdlOutputs(t,x,u);
case {2, 4, 9 }
    sys = [];
otherwise
    error(['Unhandled flag = ',num2str(flag)]);
end
function [sys,x0,str,ts] = mdlInitializeSizes
sizes = simsizes;
sizes.NumContStates  = 3;
sizes.NumDiscStates  = 0;
sizes.NumOutputs     = 3;
sizes.NumInputs      = 2;
sizes.DirFeedthrough = 0;
sizes.NumSampleTimes = 0;
sys = simsizes(sizes);
x0 = [1,0, - 1];
str = [];
ts = [];
function sys = mdlDerivatives(t,x,u)
u1 = u(1);
u2 = u(2);

a = 10;b = 8/3;r = 28;

sys(1) = a * (x(2) - x(1));
sys(2) = r * x(1) - x(2) - x(1) * x(3) + u1;
sys(3) = - b * x(3) + x(1) * x(2) + u2;
function sys = mdlOutputs(t,x,u)
```

```
sys(1) = x(1);
sys(2) = x(2);
sys(3) = x(3);
```

(4) 作图程序：chap8_1plot. m

```
close all;
x1 = x(:,1);
x2 = x(:,2);
x3 = x(:,3);

plot3(x3,x2,x1);
xlabel('x3');ylabel('x2');zlabel('x1');
```

仿真程序之二：基于 LMI 动态补偿的滑模控制

(1) LMI 求解 S 函数：chap8_2LMI. m

```
clear all;
close all;

a = 10;b = 8/3;r = 28;

A = [ - a a 0;r - 1 0;0 0 - b];
B = [0 0;1 0;0 1];

M = sdpvar(3,3);

C1 = sdpvar(2,1);

C = [C1,eye(2)];

M = A - B * C * A;
F = set((M + M')< 0);

solvesdp(F);

M = double(M)

display('the eigvalues of M is ');
eig(M)
display('the eigvalues of M + MT is ');
eig(M + M')

C = double(C)
```

(2) 带有动态补偿的 LMI 求解 S 函数：chap8_2dyLMI. m

```
clear all;
close all;

a = 10;b = 8/3;r = 28;
```

```
A=[-a a 0;r -1 0;0 0 -b];
B=[0 0;1 0;0 1];

M=sdpvar(3,3);


C1=sdpvar(2,1);
K=sdpvar(2,3);

C=[C1,eye(2)];

M=A-B*C*A-B*K-B*C;

F=set((M+M')<0);

solvesdp(F);

M=double(M)

display('the eigvalues of M is ');
eig(M)
display('the eigvalues of M+MT is ');
eig(M+M')

C=double(C)
K=double(K)
```

(3) Simulink 主程序：chap8_2sim. mdl

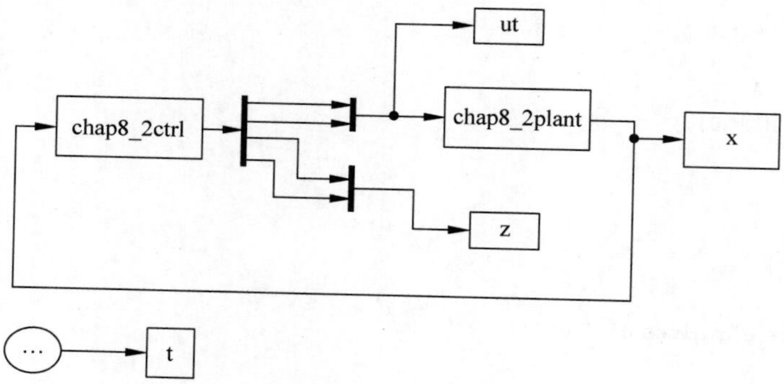

(4) 控制律 S 函数：chap8_2ctrl. m

```
function [sys,x0,str,ts] = s_function(t,x,u,flag)
switch flag,
case 0,
    [sys,x0,str,ts]=mdlInitializeSizes;
case 1,
    sys=mdlDerivatives(t,x,u);
case 3,
    sys=mdlOutputs(t,x,u);
case {2, 4, 9 }
```

```
    sys = [];
otherwise
    error(['Unhandled flag = ',num2str(flag)]);
end
function [sys,x0,str,ts] = mdlInitializeSizes
sizes = simsizes;
sizes.NumContStates   = 2;
sizes.NumDiscStates   = 0;
sizes.NumOutputs      = 4;
sizes.NumInputs       = 3;
sizes.DirFeedthrough = 1;
sizes.NumSampleTimes = 0;
sys = simsizes(sizes);
x0 = [0 0];
str = [];
ts = [];
function sys = mdlDerivatives(t,x,u)
x1 = u(1);
x2 = u(2);
x3 = u(3);
xp = [x1 x2 x3]';

z = [x(1) x(2)]';

C = [0.0497 1.0000 0;
       0 0 1.0000];
K = [10.4476 8.9989 0;
         0 0 9.4963];

dz = K * xp - z;
sys(1) = dz(1);
sys(2) = dz(2);
function sys = mdlOutputs(t,x,u)
z = [x(1) x(2)]';

x1 = u(1);
x2 = u(2);
x3 = u(3);
xp = [x1 x2 x3]';

a = 10;b = 8/3;r = 28;


f = [0  - x1 * x3 x1 * x2]';

A = [ - a a 0;
    r  - 1 0;
    0 0  - b];

C = [0.0497      1.0000           0;
          0           0      1.0000];
```

```
K=[10.4476    8.9989         0;
        0         0     9.4963];

S=C*xp+z;

xite=1.5;
ut=-C*A*xp-C*f-K*xp+z-xite*S;

sys(1)=ut(1);
sys(2)=ut(2);
sys(3)=z(1);
sys(4)=z(2);
```

(5) 被控对象 S 函数：chap8_2plant.m

```
function [sys,x0,str,ts]=s_function(t,x,u,flag)
switch flag,
case 0,
    [sys,x0,str,ts]=mdlInitializeSizes;
case 1,
    sys=mdlDerivatives(t,x,u);
case 3,
    sys=mdlOutputs(t,x,u);
case {2, 4, 9 }
    sys = [];
otherwise
    error(['Unhandled flag = ',num2str(flag)]);
end
function [sys,x0,str,ts]=mdlInitializeSizes
sizes = simsizes;
sizes.NumContStates  = 3;
sizes.NumDiscStates  = 0;
sizes.NumOutputs     = 3;
sizes.NumInputs      = 2;
sizes.DirFeedthrough = 0;
sizes.NumSampleTimes = 0;
sys=simsizes(sizes);
x0=[1,0,-1];
str=[];
ts=[];
function sys=mdlDerivatives(t,x,u)
u1=u(1);
u2=u(2);

a=10;b=8/3;r=28;

sys(1)=a*(x(2)-x(1));
sys(2)=r*x(1)-x(2)-x(1)*x(3)+u1;
sys(3)=-b*x(3)+x(1)*x(2)+u2;
function sys=mdlOutputs(t,x,u)
sys(1)=x(1);
```

```
sys(2) = x(2);
sys(3) = x(3);
```

(6) 作图程序：chap8_2plot. m

```
close all;

figure(1);
plot(t,x(:,1),'r',t,x(:,2),'b',t,x(:,3),'k','linewidth',2);
xlabel('time(s)');ylabel('x1,x2,x3');
legend('x1','x2','x3');

figure(2);
subplot(211);
plot(t,ut(:,1),'r',t,ut(:,2),'k','linewidth',2);
xlabel('time(s)');ylabel('u');
legend('u1','u2');
subplot(212);
plot(t,z(:,1),'r',t,z(:,2),'k','linewidth',2);
xlabel('time(s)');ylabel('z');
legend('z1','z2');

figure(3);
x1 = x(:,1);
x2 = x(:,2);
x3 = x(:,3);
plot3(x1,x2,x3);
xlabel('x1');ylabel('x2');zlabel('x3');
grid on;

display('the last x is');
G = size(x,1);
x(G,:)
```

8.2 基于 LMI 的欠驱动倒立摆系统滑模控制

下面以一阶倒立摆模型为例，介绍一种欠驱动系统滑模控制的 LMI 设计方法。

8.2.1 系统描述

倒立摆动力学方程如下：

$$\begin{aligned}\ddot{\theta} &= \frac{m(m+M)gl}{(M+m)I+Mml^2}\theta - \frac{ml}{(M+m)I+Mml^2}u \\ \ddot{x} &= -\frac{m^2gl^2}{(M+m)I+Mml^2}\theta + \frac{I+ml^2}{(M+m)I+Mml^2}u\end{aligned} \tag{8.11}$$

其中，转动惯量 $I=\frac{1}{3}ml^2$，g 为重力加速度，M 为小车质量，m 为摆的质量，l 为摆杆的一半长度。

控制目标为：摆的角度 $\theta\to 0$，角速度 $\dot\theta\to 0$，小车位置 $\boldsymbol{x}\to 0$ 且小车速度 $\dot{\boldsymbol{x}}\to 0$。取 $\boldsymbol{x}(1)=\theta$，$\boldsymbol{x}(2)=\dot\theta$，$\boldsymbol{x}(3)=x$，$\boldsymbol{x}(4)=\dot x$，则方程(8.11)可写为

$$\dot{\boldsymbol{x}}=\boldsymbol{A}\boldsymbol{x}+\boldsymbol{B}\boldsymbol{u} \tag{8.12}$$

其中，$\boldsymbol{A}=\begin{bmatrix}0&1&0&0\\t_1&0&0&0\\0&0&0&1\\t_2&0&0&0\end{bmatrix}$，$\boldsymbol{B}=\begin{bmatrix}0\\t_3\\0\\t_4\end{bmatrix}$，$t_1=\frac{m(m+M)gl}{(M+m)I+Mml^2}$，$t_2=-\frac{m^2gl^2}{(M+m)I+Mml^2}$，$t_3=-\frac{ml}{(M+m)I+Mml^2}$，$t_4=\frac{I+ml^2}{(M+m)I+Mml^2}$。

考虑到不确定性和干扰 $f(x,t)$，式(8.12)可写为

$$\dot{\boldsymbol{x}}(t)=\boldsymbol{A}\boldsymbol{x}(t)+\boldsymbol{B}[u+f(x,t)] \tag{8.13}$$

其中，$\boldsymbol{x}=[\theta\quad\dot\theta\quad x\quad\dot x]^{\mathrm{T}}$，$\boldsymbol{x}(1)=\theta$，$\boldsymbol{x}(2)=\dot\theta$，$\boldsymbol{x}(3)=x$，$\boldsymbol{x}(4)=\dot x$，$|f(x,t)|\leqslant\delta_{\mathrm f}$，$\varepsilon_0>0$。

8.2.2 基于等效的滑模控制

定义滑模函数为

$$\boldsymbol{s}=\boldsymbol{B}^{\mathrm T}\boldsymbol{P}\boldsymbol{x} \tag{8.14}$$

其中，$\boldsymbol{P}$ 为 4×4 阶正定矩阵，通过 $\boldsymbol{P}$ 的设计实现 $\boldsymbol{s}\to 0$。

设计滑模控制器为

$$u(t)=u_{\mathrm{eq}}+u_{\mathrm n} \tag{8.15}$$

根据等效控制原理，取 $f(x,t)=0$，则由 $\dot{\boldsymbol{x}}(t)=\boldsymbol{A}\boldsymbol{x}(t)+\boldsymbol{B}\boldsymbol{u}$ 和 $\dot s=0$ 可得：$\dot s=\boldsymbol{B}^{\mathrm T}\boldsymbol{P}\dot{\boldsymbol{x}}=\boldsymbol{B}^{\mathrm T}\boldsymbol{P}[\boldsymbol{A}\boldsymbol{x}(t)+\boldsymbol{B}\boldsymbol{u}]=0$，从而可得

$$u_{\mathrm{eq}}=-(\boldsymbol{B}^{\mathrm T}\boldsymbol{P}\boldsymbol{B})^{-1}\boldsymbol{B}^{\mathrm T}\boldsymbol{P}\boldsymbol{A}\boldsymbol{x}(t)$$

为了保证 $s\dot s\leqslant 0$，取鲁棒控制项为

$$u_{\mathrm n}=-(\boldsymbol{B}^{\mathrm T}\boldsymbol{P}\boldsymbol{B})^{-1}[|\boldsymbol{B}^{\mathrm T}\boldsymbol{P}\boldsymbol{B}|\delta_{\mathrm f}+\varepsilon_0]\operatorname{sgn}(s)$$

取 Lyapunov 函数为

$$V=\frac{1}{2}s^2 \tag{8.16}$$

$$\begin{aligned}\dot s&=\boldsymbol{B}^{\mathrm T}\boldsymbol{P}\dot{\boldsymbol{x}}(t)=\boldsymbol{B}^{\mathrm T}\boldsymbol{P}\{\boldsymbol{A}\boldsymbol{x}(t)+\boldsymbol{B}[u+f(x,t)]\}\\&=\boldsymbol{B}^{\mathrm T}\boldsymbol{P}\boldsymbol{A}\boldsymbol{x}(t)+\boldsymbol{B}^{\mathrm T}\boldsymbol{P}\boldsymbol{B}u+\boldsymbol{B}^{\mathrm T}\boldsymbol{P}\boldsymbol{B}f(x,t)\\&=\boldsymbol{B}^{\mathrm T}\boldsymbol{P}\boldsymbol{A}\boldsymbol{x}(t)+\boldsymbol{B}^{\mathrm T}\boldsymbol{P}\boldsymbol{B}[-(\boldsymbol{B}^{\mathrm T}\boldsymbol{P}\boldsymbol{B})^{-1}\boldsymbol{B}^{\mathrm T}\boldsymbol{P}\boldsymbol{A}\boldsymbol{x}(t)-(\boldsymbol{B}^{\mathrm T}\boldsymbol{P}\boldsymbol{B})^{-1}[|\boldsymbol{B}^{\mathrm T}\boldsymbol{P}\boldsymbol{B}|\delta_{\mathrm f}+\varepsilon_0]\operatorname{sgn}(s)]+\\&\quad\boldsymbol{B}^{\mathrm T}\boldsymbol{P}\boldsymbol{B}f(x,t)\\&=-[|\boldsymbol{B}^{\mathrm T}\boldsymbol{P}\boldsymbol{B}|\delta_{\mathrm f}+\varepsilon_0]\operatorname{sgn}(s)+\boldsymbol{B}^{\mathrm T}\boldsymbol{P}\boldsymbol{B}f(x,t)\end{aligned}$$

则

$$\dot{V}=s\dot{s}=-\left[\left|\boldsymbol{B}^{\mathrm{T}}\boldsymbol{P}\boldsymbol{B}\right|\delta_{\mathrm{f}}+\varepsilon_0\right]|\boldsymbol{s}|+\boldsymbol{B}^{\mathrm{T}}\boldsymbol{P}\boldsymbol{B}f(x,t)\leqslant-\varepsilon_0|\boldsymbol{s}|$$

可见，$t\to\infty$时，$\boldsymbol{s}\to 0$。由 $\boldsymbol{s}$ 表达式(8.14)可知，不能保证 $\boldsymbol{x}\to 0$，需要进行以下分析。

8.2.3 基于辅助反馈的滑模控制分析

采用 LMI 来设计 $\boldsymbol{P}$。为了求解控制律中的对称正定阵 $\boldsymbol{P}$，参考文献[2-3]，将控制律式(8.15)写为

$$u(t)=-\boldsymbol{K}\boldsymbol{x}+\nu(t) \tag{8.17}$$

其中，$\nu(t)=\boldsymbol{K}\boldsymbol{x}+u_{\mathrm{eq}}+u_{\mathrm{n}}$。

则式(8.13)变为

$$\dot{\boldsymbol{x}}(t)=\bar{\boldsymbol{A}}\boldsymbol{x}(t)+\boldsymbol{B}\left[v+f(x,t)\right] \tag{8.18}$$

其中，$\bar{\boldsymbol{A}}=\boldsymbol{A}-\boldsymbol{B}\boldsymbol{K}$，通过设计 $\boldsymbol{K}$ 使 $\bar{\boldsymbol{A}}$ 为 Hurwitz 矩阵(赫尔维茨矩阵)，则可保证闭环系统稳定。

取 Lyapunov 函数为

$$V=\boldsymbol{x}^{\mathrm{T}}\boldsymbol{P}\boldsymbol{x} \tag{8.19}$$

则

$$\begin{aligned}\dot{V}&=2\boldsymbol{x}^{\mathrm{T}}\boldsymbol{P}\dot{x}=2\boldsymbol{x}^{\mathrm{T}}\boldsymbol{P}\left\{\bar{\boldsymbol{A}}\boldsymbol{x}(t)+\boldsymbol{B}\left[v+f(x,t)\right]\right\}\\&=2\boldsymbol{x}^{\mathrm{T}}\boldsymbol{P}\bar{\boldsymbol{A}}\boldsymbol{x}(t)+2\boldsymbol{x}^{\mathrm{T}}\boldsymbol{P}\boldsymbol{B}\left[v+f(x,t)\right]\end{aligned}$$

由控制律式(8.15)的分析可知，存在 $t\geqslant t_0$，使得 $\boldsymbol{s}=\boldsymbol{B}^{\mathrm{T}}\boldsymbol{P}\boldsymbol{x}(t)=0$ 成立，即 $\boldsymbol{s}^{\mathrm{T}}=\boldsymbol{x}^{\mathrm{T}}\boldsymbol{P}\boldsymbol{B}=0$ 成立，则上式变为

$$\dot{V}=2\boldsymbol{x}^{\mathrm{T}}\boldsymbol{P}\bar{\boldsymbol{A}}\boldsymbol{x}=\boldsymbol{x}^{\mathrm{T}}(\boldsymbol{P}\bar{\boldsymbol{A}}+\bar{\boldsymbol{A}}^{\mathrm{T}}\boldsymbol{P})\boldsymbol{x}$$

为了保证 $\dot{V}<0$，需要

$$\boldsymbol{P}\bar{\boldsymbol{A}}+\bar{\boldsymbol{A}}^{\mathrm{T}}\boldsymbol{P}<0$$

将$\boldsymbol{P}^{-1}$ 分别乘以 $\boldsymbol{P}\bar{\boldsymbol{A}}+\bar{\boldsymbol{A}}^{\mathrm{T}}\boldsymbol{P}$ 的左右两边，得

$$\bar{\boldsymbol{A}}\boldsymbol{P}^{-1}+\boldsymbol{P}^{-1}\bar{\boldsymbol{A}}^{\mathrm{T}}<0$$

取 $\boldsymbol{X}=\boldsymbol{P}^{-1}$，则

$$\bar{\boldsymbol{A}}\boldsymbol{X}+\boldsymbol{X}\bar{\boldsymbol{A}}^{\mathrm{T}}<0$$

$$(\boldsymbol{A}-\boldsymbol{B}\boldsymbol{K})\boldsymbol{X}+\boldsymbol{X}(\boldsymbol{A}-\boldsymbol{B}\boldsymbol{K})^{\mathrm{T}}<0$$

取 $\boldsymbol{L}=\boldsymbol{K}\boldsymbol{X}$，则

$$\boldsymbol{A}\boldsymbol{X}-\boldsymbol{B}\boldsymbol{L}+\boldsymbol{X}\boldsymbol{A}^{\mathrm{T}}-\boldsymbol{L}^{\mathrm{T}}\boldsymbol{B}^{\mathrm{T}}<0$$

即

$$\boldsymbol{A}\boldsymbol{X}+\boldsymbol{X}\boldsymbol{A}^{\mathrm{T}}<\boldsymbol{B}\boldsymbol{L}+\boldsymbol{L}^{\mathrm{T}}\boldsymbol{B}^{\mathrm{T}} \tag{8.20}$$

在 LMI 设计中，为了保证 $\boldsymbol{P}$ 为对称正定阵，需要满足

$$\boldsymbol{P}=\boldsymbol{P}^{\mathrm{T}}>0 \text{ 或 } \boldsymbol{X}=\boldsymbol{X}^{\mathrm{T}}>0 \tag{8.21}$$

通过求解两个不等式(8.20)和式(8.21)，可求得 $\boldsymbol{X}$、$\boldsymbol{L}$，从而可得 $\boldsymbol{P}$ 和 $\boldsymbol{K}$。

8.2.4 仿真实例

被控对象参数取：$g=9.8$，$M=1.0$，$m=0.10$，$l=0.50$，不确定性和干扰为 $f(t)=0.3\sin t$。采样时间为 $T=0.02$，系统初始状态为 $\theta(0)=-\frac{\pi}{3}$，$\dot{\theta}(0)=0$，$x(0)=5.0$，$\dot{x}(0)=0$，理想控制任务为：$\theta(0)=0$，$\dot{\theta}(0)=0$，$x(0)=0$，$\dot{x}(0)=0$。

采用滑模控制器式(8.15)，并取 $\delta_f=0.30$，$\varepsilon_0=0.15$。采用饱和函数代替切换函数，边界层厚度取 $\Delta=0.05$。

由式(8.20)和式(8.21)可解得 $\boldsymbol{X}$ 和 $\boldsymbol{L}$，从而可得

$$\boldsymbol{P}=\begin{bmatrix}7.4496 & 1.2493 & 1.0782 & 1.1384\\ 1.2493 & 0.3952 & 0.2108 & 0.3252\\ 1.0782 & 0.2108 & 0.3854 & 0.2280\\ 1.1384 & 0.3252 & 0.2280 & 0.4286\end{bmatrix}$$

$$\boldsymbol{K}=[-28.5274\quad -2.7968\quad -2.0888\quad -2.1625]$$

可验证 $\boldsymbol{K}$ 使 $\bar{\boldsymbol{A}}$ 为 Hurwitz 矩阵(赫尔维茨矩阵)。仿真结果如图 8.5 和图 8.6 所示。

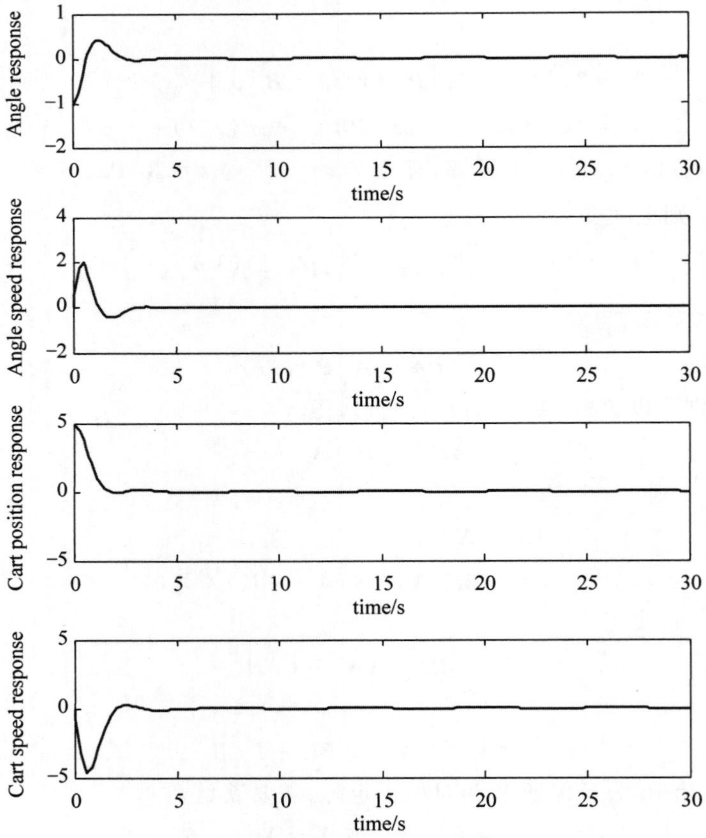

图 8.5 摆和小车的角度与角速度响应

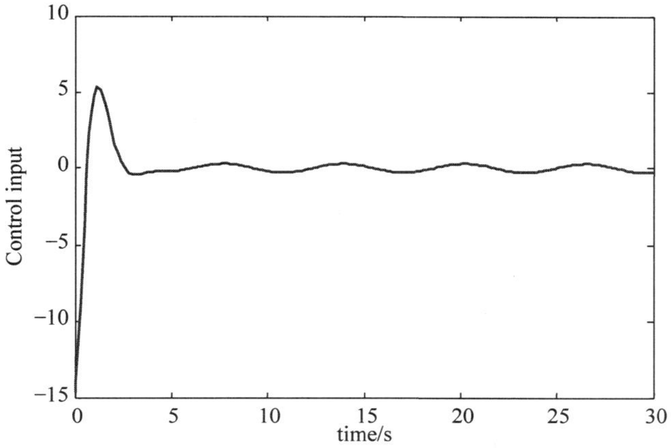

图 8.6 控制输入

仿真程序：

1. LMI 设计程序：chap8_3LMI. m

```
clear all;
close all;

g = 9.8;M = 1.0;m = 0.1;L = 0.5;

I = 1/12 * m * L^2;
l = 1/2 * L;
t1 = m * (M + m) * g * l/[(M + m) * I + M * m * l^2];
t2 = - m^2 * g * l^2/[(m + M) * I + M * m * l^2];
t3 = - m * l/[(M + m) * I + M * m * l^2];
t4 = (I + m * l^2)/[(m + M) * I + M * m * l^2];

A = [0,1,0,0;
   t1,0,0,0;
   0,0,0,1;
   t2,0,0,0];
B = [0;t3;0;t4];

X = sdpvar(4,4);
L = sdpvar(1,4);
M = sdpvar(4,4);

M = A * X - B * L + X * A' - L' * B';
F = set(M < 0) + set(X > 0);

solvesdp(F);

X = double(X);
L = double(L);
```

```
P = inv(X)

K = L * inv(X)

save Pfile A B P;
```

2. 连续系统仿真

(1) Simulink 主程序：chap8_3sim..mdl

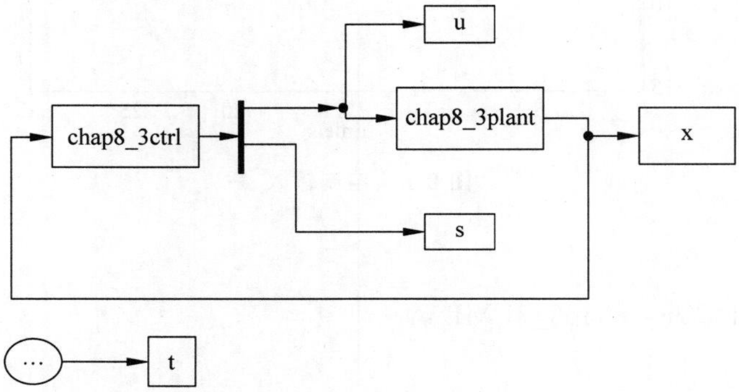

(2) 控制器 S 函数：chap8_3ctrl.m

```
function [sys,x0,str,ts] = spacemodel(t,x,u,flag)
switch flag,
case 0,
    [sys,x0,str,ts] = mdlInitializeSizes;
case 3,
    sys = mdlOutputs(t,x,u);
case {2,4,9}
    sys = [];
otherwise
    error(['Unhandled flag = ',num2str(flag)]);
end
function [sys,x0,str,ts] = mdlInitializeSizes
sizes = simsizes;
sizes.NumContStates   = 0;
sizes.NumDiscStates   = 0;
sizes.NumOutputs      = 2;
sizes.NumInputs       = 4;
sizes.DirFeedthrough = 1;
sizes.NumSampleTimes = 1;
sys = simsizes(sizes);
x0 = [];
str = [];
ts = [0 0];
function sys = mdlOutputs(t,x,u)
g = 9.8;M = 1.0;m = 0.1;L = 0.5;
I = 1/12 * m * L^2;
l = 1/2 * L;
```

```
t1 = m * (M + m) * g * l/[(M + m) * I + M * m * l^2];
t2 = - m^2 * g * l^2/[(m + M) * I + M * m * l^2];
t3 = - m * l/[(M + m) * I + M * m * l^2];
t4 = (I + m * l^2)/[(m + M) * I + M * m * l^2];

A = [0,1,0,0;
   t1,0,0,0;
   0,0,0,1;
   t2,0,0,0];
B = [0;t3;0;t4];

 % P is solved by LMI
P = [7.4496 1.2493 1.0782 1.1384;
   1.2493 0.3952 0.2108 0.3252;
   1.0782 0.2108 0.3854 0.2280;
   1.1384 0.3252 0.2280 0.4286];

deltaf = 0.30;
epc0 = 0.5;

x = [u(1) u(2) u(3) u(4)]';

s = B' * P * x;
ueq = - inv(B' * P * B) * B' * P * A * x;

M = 2;
if M == 1
     un = - inv(B' * P * B) * (norm(B' * P * B) * deltaf + epc0) * sign(s);
elseif M == 2              % Saturated function
          delta = 0.05;
          kk = 1/delta;
        if abs(s)> delta
           sats = sign(s);
        else
         sats = kk * s;
        end
     un = - inv(B' * P * B) * (norm(B' * P * B) * deltaf + epc0) * sats;
end
ut = un + ueq;
sys(1) = ut;
sys(2) = s;
```

(3) 被控对象 S 函数：chap8_3plant. m

```
function [sys,x0,str,ts]  = spacemodel(t,x,u,flag)
switch flag,
case 0,
     [sys,x0,str,ts] = mdlInitializeSizes;
case 1,
     sys = mdlDerivatives(t,x,u);
case 3,
```

```
    sys = mdlOutputs(t,x,u);
case {2,4,9}
    sys = [];
otherwise
    error(['Unhandled flag = ',num2str(flag)]);
end
function [sys,x0,str,ts] = mdlInitializeSizes
sizes = simsizes;
sizes.NumContStates  = 4;
sizes.NumDiscStates  = 0;
sizes.NumOutputs     = 4;
sizes.NumInputs      = 1;
sizes.DirFeedthrough = 0;
sizes.NumSampleTimes = 0;
sys = simsizes(sizes);
x0 = [-pi/3,0,5.0,0];
str = [];
ts = [];
function sys = mdlDerivatives(t,x,u)
g = 9.8;M = 1.0;m = 0.1;L = 0.5;

I = 1/12*m*L^2;
l = 1/2*L;
t1 = m*(M+m)*g*l/[(M+m)*I+M*m*l^2];
t2 = -m^2*g*l^2/[(m+M)*I+M*m*l^2];
t3 = -m*l/[(M+m)*I+M*m*l^2];
t4 = (I+m*l^2)/[(m+M)*I+M*m*l^2];

A = [0,1,0,0;
   t1,0,0,0;
   0,0,0,1;
   t2,0,0,0];
B = [0;t3;0;t4];

f = 1*0.3*sin(t);
ut = u(1);
dx = A*x+B*(ut-f);

sys(1) = x(2);
sys(2) = dx(2);
sys(3) = x(4);
sys(4) = dx(4);
function sys = mdlOutputs(t,x,u)
sys(1) = x(1);
sys(2) = x(2);
sys(3) = x(3);
sys(4) = x(4);
```

(4) 作图程序：chap8_3plot.m

```
close all;
```

```
figure(1);
subplot(411);
plot(t,x(:,1),'r','linewidth',2);
xlabel('time(s)');ylabel('Angle response');
subplot(412);
plot(t,x(:,2),'r','linewidth',2);
xlabel('time(s)');ylabel('Angle speed response');
subplot(413);
plot(t,x(:,3),'r','linewidth',2);
xlabel('time(s)');ylabel('Cart position response');
subplot(414);
plot(t,x(:,4),'r','linewidth',2);
xlabel('time(s)');ylabel('Cart speed response');

figure(2);
plot(t,u(:,1),'r','linewidth',2);
xlabel('time(s)');ylabel('Control input');

figure(3);
plot(t,s(:,1),'r','linewidth',2);
xlabel('time(s)');ylabel('Sliding mode');
```

3. 离散系统仿真

(1) 主程序：chap8_4.m

```
%Single Link Inverted Pendulum Control: LMI
clear all;
close all;
global A B
load Pfile;
u_1 = 0;
xk = [ - pi/6,0,5.0,0];                    %Initial state
ts = 0.02;                                 %Sampling time
for k = 1:1:1000
time(k) = k * ts;
Tspan = [0 ts];

para(1) = u_1;
para(2) = time(k);
[t,x] = ode45('chap8_4plant',Tspan,xk,[],para);
xk = x(length(x),:);

x1(k) = xk(1);
x2(k) = xk(2);
x3(k) = xk(3);
x4(k) = xk(4);
x = [x1(k) x2(k) x3(k) x4(k)]';
```

```
s(k) = B' * P * x;

deltaf = 0.30;
epc0 = 0.5;

ueq(k) = - inv(B' * P * B) * B' * P * A * x;

M = 2;
if M == 1
    un(k) = - inv(B' * P * B) * (norm(B' * P * B) * deltaf + epc0) * sign(s(k));
elseif M == 2                                        % Saturated function
        delta = 0.05;
      kk = 1/delta;
        if abs(s(k))> delta
          sats = sign(s(k));
        else
        sats = kk * s(k);
        end
    un(k) = - inv(B' * P * B) * (norm(B' * P * B) * deltaf + epc0) * sats;
end
u(k) = ueq(k) + un(k);

u_1 = u(k);
end
figure(1);
subplot(411);
plot(time,x1,'k','linewidth',2);              % Pendulum Angle
xlabel('time(s)');ylabel('Angle');
subplot(412);
plot(time,x2,'k','linewidth',2);              % Pendulum Angle Rate
xlabel('time(s)');ylabel('Angle rate');
subplot(413);
plot(time,x3,'k','linewidth',2);              % Car Position
xlabel('time(s)');ylabel('Cart position');
subplot(414);
plot(time,x4,'k','linewidth',2);              % Car Position Rate
xlabel('time(s)');ylabel('Cart rate');
figure(5);
plot(time,u,'k','linewidth',2);               % Force F change
xlabel('time(s)');ylabel('Control input');
```

（2）被控对象子程序：chap8_4plant.m

```
function dx = dym(t,x,flag,para)
global A B
dx = zeros(4,1);

ut = para(1);
time = para(2);

% State equation for one link inverted pendulum
```

```
f = 0.3 * sin(time);
dx = A * x + B * (ut - f);
```

参考文献

[1] Wang Hua, Han Zhengzhi, Xie Qiyue, et al. Sliding mode control for chaotic systems based on LMI[J]. Communications in Nonlinear Science and Numerical Simulation, 2009, 14: 1410-1417.

[2] Gouaisbaut F, Dambrine M, Richard J P. Robust control of delay systems: A sliding mode control, design via LMI[J]. Systems & Control Letters, 2002, 46(4):219-230.

[3] 瞿少成. 不确定系统的滑模控制理论及应用研究[M]. 武汉：华中科技大学出版社，2008.

第9章 基于LMI的非线性系统T-S模糊控制

采用 T-S 模糊系统进行非线性系统建模的研究是近年来控制理论的研究热点之一。实践证明，具有线性后件的 Takagi-Sugeno 模糊模型以模糊规则的形式充分利用系统局部信息和专家控制经验，可任意精度逼近实际被控对象。

9.1 T-S 模糊模型

T-S(Takagi-Sugeno) 模糊模型由 Takagi 和 Sugeno 两位学者在 1985 年提出。该模型的主要思想是将非线性系统用许多相近的线段表示出来，即将复杂的非线性问题转化为在不同小线段上的问题。

9.2 一类非线性系统的 T-S 模糊建模

考虑如下非线性系统[1]

$$\begin{aligned}\dot{x}_1(t) &= -x_1(t) + x_1(t)x_2^3(t)\\ \dot{x}_2(t) &= -x_2(t) + [3 + x_2(t)]x_1^3(t)\end{aligned} \tag{9.1}$$

其中，$x_1(t) \in [-1,1]$，$x_2(t) \in [-1,1]$。

上式可写为

$$\dot{\boldsymbol{x}}(t) = \begin{bmatrix} -1 & x_1(t)x_2^2(t) \\ [3 + x_2(t)]x_1^2(t) & -1 \end{bmatrix} \boldsymbol{x}(t)$$

其中，$\boldsymbol{x}(t) = [x_1(t) \quad x_2(t)]^{\mathrm{T}}$。

定义

$$z_1(t) = x_1(t)x_2^2(t), z_2(t) = [3 + x_2(t)]x_1^2(t) \tag{9.2}$$

则

$$\dot{\boldsymbol{x}}(t) = \begin{bmatrix} -1 & z_1(t) \\ z_2(t) & -1 \end{bmatrix} x(t) \tag{9.3}$$

考虑 $x_1(t) \in [-1,1]$，$x_2(t) \in [-1,1]$，则

$$\max_{x_1(t), x_2(t)} z_1(t) = 1, \quad \min_{x_1(t), x_2(t)} z_1(t) = -1 \tag{9.4}$$

$$\max_{x_1(t), x_2(t)} z_2(t) = 4, \quad \min_{x_1(t), x_2(t)} z_2(t) = 0 \tag{9.5}$$

针对 $z_1(t)$,采用模糊集 $M_1[z_1(t)]$和 $M_2[z_1(t)]$来描述，针对 $z_2(t)$,采用模糊集 $N_1[z_2(t)]$和 $N_2[z_2(t)]$来描述。采用三角形隶属函数分别描述 $z_1(t)$和 $z_2(t)$的模糊集,如图 9.1 和图 9.2 所示。隶属函数设计为

$$M_1[z_1(t)]=\frac{z_1(t)+1}{2},\quad M_2[z_1(t)]=\frac{1-z_1(t)}{2} \tag{9.6}$$

$$N_1[z_2(t)]=\frac{z_2(t)}{4},\quad N_2[z_2(t)]=\frac{4-z_2(t)}{4}$$

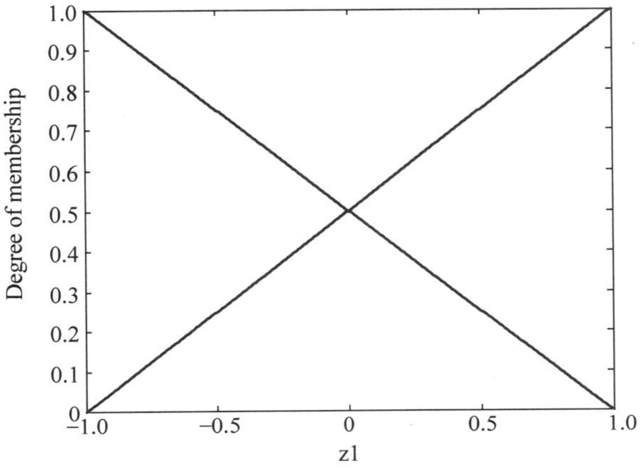

图 9.1 $M_1[z_1(t)]$和 $M_2[z_1(t)]$隶属函数

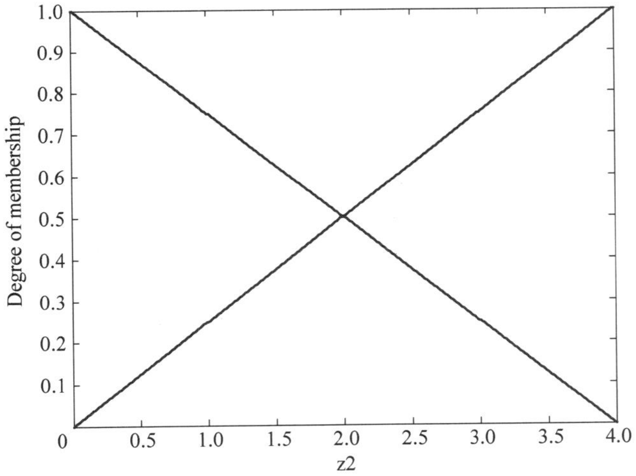

图 9.2 $N_1[z_2(t)]$和 $N_2[z_2(t)]$隶属函数

将模糊集模糊化为两个模糊量,即“小”和“大”。模糊规则为：

规则 1：If $z_1(t)$ is Big and $z_2(t)$ is Big then $\dot{\boldsymbol{x}}(t)=\boldsymbol{A}_1\boldsymbol{x}(t)$

规则 2：If $z_1(t)$ is Big and $z_2(t)$ is Small then $\dot{\boldsymbol{x}}(t)=\boldsymbol{A}_2\boldsymbol{x}(t)$

规则 3：If $z_1(t)$ is Small and $z_2(t)$ is Big then $\dot{\boldsymbol{x}}(t)=\boldsymbol{A}_3\boldsymbol{x}(t)$

规则 4：If $z_1(t)$ is Small and $z_2(t)$ is Small then $\dot{\boldsymbol{x}}(t)=\boldsymbol{A}_4\boldsymbol{x}(t)$

结合式(9.4)～式(9.6),可得

$$\boldsymbol{A}_1=\begin{bmatrix}-1 & 1\\ 4 & -1\end{bmatrix},\quad \boldsymbol{A}_2=\begin{bmatrix}-1 & 1\\ 0 & -1\end{bmatrix},\quad \boldsymbol{A}_3=\begin{bmatrix}-1 & -1\\ 4 & -1\end{bmatrix},\quad \boldsymbol{A}_2=\begin{bmatrix}-1 & -1\\ 0 & -1\end{bmatrix}$$

模糊 T-S 模型输出为

$$\dot{\boldsymbol{x}}(t)=\sum_{i=1}^{4}h_i[z(t)]\boldsymbol{A}_i\boldsymbol{x}(t)$$

其中,

$$h_1[z(t)]=M_1[z_1(t)]\times N_1[z_2(t)]$$
$$h_2[z(t)]=M_1[z_1(t)]\times N_2[z_2(t)]$$
$$h_3[z(t)]=M_2[z_1(t)]\times N_1[z_2(t)]$$
$$h_4[z(t)]=M_2[z_1(t)]\times N_2[z_2(t)]$$

可见,通过 T-S 模糊建模,可将非线性系统式(9.1)在 $x_1(t)\in[-1,1]$,$x_2(t)\in[-1,1]$域内转化为线性系统的形式。

仿真程序:

(1) $M_1[z_1(t)]$和 $M_2[z_1(t)]$隶属函数:chap9_1.m

```
%Define N+1 triangle membership function
clear all;
close all;

z1=-1:0.01:1;

M1=(z1+1)/2;
M2=(1-z1)/2;

figure(1);
plot(z1,M1);

hold on;
plot(z1,M2);
xlabel('z1');
ylabel('Degree of membership');
```

(2) $N_1[z_2(t)]$和 $N_2[z_2(t)]$隶属函数:chap9_2.m

```
%Define N+1 triangle membership function
clear all;
close all;

z2=0:0.01:4;

N1=z2/4;
N2=(4-z2)/4;

figure(1);
plot(z2,N1);
```

```
hold on;
plot(z2,N2);
xlabel('z2');
ylabel('Degree of membership');
```

9.3 T-S 型模糊控制器的设计

针对 n 个状态变量 m 个控制输入的连续非线性系统，其 T-S 型模糊模型可描述为以下 r 条模糊规则：

$$\textbf{规则 } \boldsymbol{i}\text{: If } x_1(t) \text{ is } M_1^i \text{ and } x_2(t) \text{ is } M_2^i \text{ and } \cdots\ x_n(t) \text{ is } M_n^i \tag{9.7}$$
$$\text{Then } \dot{\boldsymbol{x}}(t)=\boldsymbol{A}_i\boldsymbol{x}(t)+\boldsymbol{B}_i\boldsymbol{u}(t),\ i=1,2,\cdots,r$$

其中，x_j 为系统的第 j 个状态变量，M_j^i 为第 i 条规则的第 j 个隶属函数，$\boldsymbol{x}(t)$为状态向量，$\boldsymbol{x}(t)=[x_1(t)\ \ \cdots\ \ x_n(t)]^{\mathrm{T}}\in\mathbf{R}^n$，$\boldsymbol{u}(t)$ 为控制输入向量，$\boldsymbol{u}(t)=[u_1(t)\ \ \cdots\ \ u_m(t)]^{\mathrm{T}}\in\mathbf{R}^m$，$\boldsymbol{A}_i\in\mathbf{R}^{n\times n}$，$\boldsymbol{B}_i\in\mathbf{R}^{n\times m}$。

根据模糊系统的反模糊化定义，由模糊规则(9.7)构成的模糊模型总的输出为：

$$\dot{\boldsymbol{x}}(t)=\frac{\sum_{i=1}^{r}w_i\left[A_ix(t)+B_iu(t)\right]}{\sum_{i=1}^{r}w_i} \tag{9.8}$$

其中，w_i 为规则 i 的隶属函数，$w_i=\prod_{k=1}^{n}M_k^i[x_k(t)]$，以 4 条规则为例，规则前提为 x_1，则 $k=1$，$i=1,2,3,4$，则 $w_1=M_1^1(x_1)$，$w_2=M_1^2(x_1)$，$w_3=M_1^3(x_1)$，$w_4=M_1^4(x_1)$。

针对每条 T-S 模糊规则，采用状态反馈方法，可设计 r 条模糊控制规则：

控制规则 $\boldsymbol{i}$：

$$\text{If } x_1(t) \text{ is } M_1^i \text{ and } x_2(t)\ is\ M_2^i \text{ and } \cdots\ x_n(t) \text{ is } M_n^i \tag{9.9}$$
$$\text{Then } u(t)=\boldsymbol{K}_i\boldsymbol{x}(t),\quad i=1,2,\cdots,r$$

并行分布补偿(Parallel Distributed Compensation，PDC)方法是一种基于模型的模糊控制器设计方法[2,3]，适用于解决基于 T-S 模糊建模的非线性系统控制问题。

根据模糊系统的反模糊化定义，针对连续非线性系统，根据模糊控制规则式(9.9)，采用 PDC 方法设计 T-S 型模糊控制器为：

$$\boldsymbol{u}(t)=\frac{\sum_{i=1}^{r}w_iu_i}{\sum_{i=1}^{r}w_i}=\frac{\sum_{i=1}^{r}w_iK_i\boldsymbol{x}(t)}{\sum_{i=1}^{r}w_i} \tag{9.10}$$

根据式(9.10)，采用 4 条模糊规则，设计基于 T-S 型的模糊控制器为：

$$\boldsymbol{u}(t)=\frac{w_1K_1+w_2K_2+w_3K_3+w_4K_4}{\sum_{j=1}^{4}w_j}\boldsymbol{x}(t)=\sum_{i=1}^{4}h_iK_ix(t)$$

其中，$h_i=\dfrac{w_i}{\sum\limits_{i=1}^{4}w_i}$。

控制律也可写为

$$u=h_1(x_1)\boldsymbol{K}_1\boldsymbol{x}(t)+h_2(x_1)\boldsymbol{K}_2\boldsymbol{x}(t)+h_3(x_1)\boldsymbol{K}_3\boldsymbol{x}(t)+h_4(x_1)\boldsymbol{K}_4\boldsymbol{x}(t) \tag{9.11}$$

9.4 倒立摆系统的 T-S 模糊模型

倒立摆系统的控制问题一直是控制研究中的一个典型问题。控制的目标是通过给小车底座施加一个控制输入 u，使小车停留在预定的位置，并使摆不倒下，即不超过一预先定义好的垂直偏离角度范围。

单级倒立摆模型为：

$$\begin{aligned}\dot{x}_1&=x_2\\ \dot{x}_2&=\frac{g\sin x_1-amlx_2^2\sin(2x_1)/2-au\cos x_1}{4l/3-aml\cos^2 x_1}\end{aligned} \tag{9.12}$$

其中，x_1 为摆的角度，x_2 为摆的角速度，$2l$ 为摆长，u 为加在小车上的控制输入，$a=\dfrac{1}{M+m}$，M 和 m 分别为小车和摆的质量，$\boldsymbol{x}=[x_1\quad x_2]^{\mathrm{T}}$。

控制目标为：通过设计控制律 u，实现 $x_1\to 0$，$x_2\to 0$。

取 $g=9.8\mathrm{m/s^2}$，摆的质量 $m=2.0\mathrm{kg}$，小车质量 $M=8.0\mathrm{kg}$，$2l=1.0\mathrm{m}$。

根据倒立摆模型可知，当 $x_1\to 0$ 时，$\sin x_1\to x_1$，$\cos x_1\to 1$；$x_1\to\pm\dfrac{\pi}{2}$ 时，$\sin x_1\to\pm 1\to\dfrac{2}{\pi}x_1$，由此可得以下两条 T-S 型模糊规则：

规则 1：IF $x_1(t)$ is about 0，THEN $\dot{\boldsymbol{x}}(t)=\boldsymbol{A}_1\boldsymbol{x}(t)+\boldsymbol{B}_1u(t)$；

规则 2：IF $x_1(t)$ is about $\pm\dfrac{\pi}{2}\left(|x_1|<\dfrac{\pi}{2}\right)$，THEN $\dot{\boldsymbol{x}}(t)=\boldsymbol{A}_2\boldsymbol{x}(t)+\boldsymbol{B}_2u(t)$。

其中，$\boldsymbol{A}_1=\begin{bmatrix}0 & 1\\ \dfrac{g}{4l/3-aml} & 0\end{bmatrix}$，$\boldsymbol{B}_1=\begin{bmatrix}0\\ -\dfrac{\alpha}{4l/3-aml}\end{bmatrix}$，$\boldsymbol{A}_2=\begin{bmatrix}0 & 1\\ \dfrac{2g}{\pi(4l/3-aml\beta^2)} & 0\end{bmatrix}$，$\boldsymbol{B}_2=\begin{bmatrix}0\\ -\dfrac{\alpha\beta}{4l/3-aml\beta^2}\end{bmatrix}$，$\beta=\cos 88°$。

根据倒立摆模型可知，$x_1\to\pm\dfrac{\pi}{2}\left(|x_1|>\dfrac{\pi}{2}\right)$时，$\sin x_1\to\pm 1\to\dfrac{2}{\pi}x_1$，由于$\boldsymbol{\beta}=\cos 88°$，则 $\cos x_1=\cos(180°-88°)=-\cos(88°)=-\beta$；当 $x_1\to\pi$ 时，$\sin x_1\to 0$，$\cos x_1\to -1$，则近似有 $\dot{x}_2=\dfrac{au}{4l/3-aml}$。由此可得以下另外两条 T-S 型模糊规则：

规则 3：IF $x_1(t)$ is about $\pm\dfrac{\pi}{2}\left(|x_1|>\dfrac{\pi}{2}\right)$，THEN $\dot{\boldsymbol{x}}(t)=\boldsymbol{A}_3\boldsymbol{x}(t)+\boldsymbol{B}_3u(t)$；

规则 4：IF $x_1(t)$ is about $\pm\pi$, THEN $\dot{\boldsymbol{x}}(t)=\boldsymbol{A}_4\boldsymbol{x}(t)+\boldsymbol{B}_4u(t)$。

其中，$\boldsymbol{A}_3=\begin{bmatrix}0 & 1\\ \dfrac{2g}{\pi(4l/3-aml\beta^2)} & 0\end{bmatrix}$，$\boldsymbol{B}_3=\begin{bmatrix}0\\ \dfrac{\alpha\beta}{4l/3-aml\beta^2}\end{bmatrix}$，$\boldsymbol{A}_4=\begin{bmatrix}0 & 1\\ 0 & 0\end{bmatrix}$，$\boldsymbol{B}_4=\begin{bmatrix}0\\ \dfrac{\alpha}{4l/3-aml}\end{bmatrix}$。

根据倒立摆的运动情况，设计 4 条模糊控制规则：

规则 1：If $x_1(t)$ is about 0 then $u=\boldsymbol{K}_1\boldsymbol{x}(t)$

规则 2：If $x_1(t)$ is about $\pm\dfrac{\pi}{2}\left(|x_1(t)|<\dfrac{\pi}{2}\right)$ then $u=\boldsymbol{K}_2\boldsymbol{x}(t)$

规则 3：If $x_1(t)$ is about $\pm\dfrac{\pi}{2}\left(|x_1|>\dfrac{\pi}{2}\right)$ then $u=\boldsymbol{K}_3\boldsymbol{x}(t)$

规则 4：If $x_1(t)$ is about $\pm\pi$ then $u=\boldsymbol{K}_4\boldsymbol{x}(t)$

如图 9.3 所示，为具有 4 条规则的隶属函数示意图，隶属函数有交集的规则分别是规则 1，规则 2，规则 3 和规则 4。

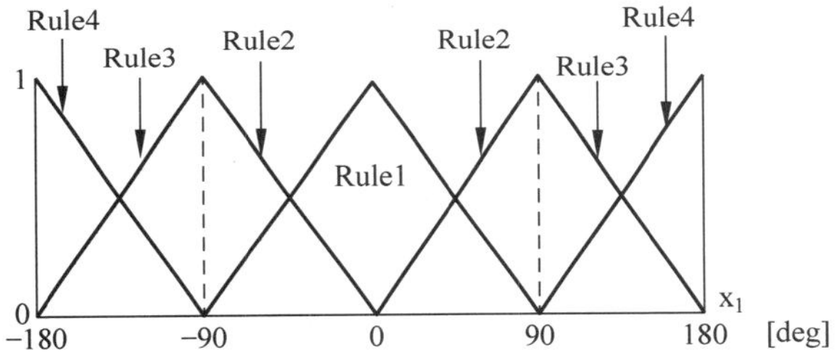

图 9.3 模糊隶属度函数示意图

9.5 基于 LMI 的单级倒立摆 T-S 模糊控制

采用 T-S 模糊系统进行非线性系统建模的研究是近年来控制理论的研究热点之一。实践证明，具有线性后件的 Takagi-Sugeno 模糊模型以模糊规则的形式充分利用系统局部信息和专家控制经验，可任意精度逼近实际被控对象。T-S 模糊系统的稳定性条件可表述成线性矩阵不等式 LMI 的形式，基于 T-S 模糊模型的非线性系统鲁棒稳定和自适应控制的研究是控制理论研究的热点。本节针对 T-S 模糊控制问题，在 MATLAB 下采用 LMI 工具箱 YALMIP 进行 LMI 设计和仿真。

9.5.1 LMI 不等式的设计及分析

定理 9.1[1]：存在正定阵 $\boldsymbol{Q}$，当满足下面条件时，T-S 模糊系统(9.13)渐进稳定

$$\boldsymbol{Q}\boldsymbol{A}_i^{\mathrm{T}}+\boldsymbol{A}_i\boldsymbol{Q}+\boldsymbol{V}_i^{\mathrm{T}}\boldsymbol{B}_i^{\mathrm{T}}+\boldsymbol{B}_i\boldsymbol{V}_i<0,\quad i=1,2,\cdots,r$$

$$\boldsymbol{Q}\boldsymbol{A}_i^{\mathrm{T}}+\boldsymbol{A}_i\boldsymbol{Q}+\boldsymbol{Q}\boldsymbol{A}_j^{\mathrm{T}}+\boldsymbol{A}_j\boldsymbol{Q}+\boldsymbol{V}_j^{\mathrm{T}}\boldsymbol{B}_i^{\mathrm{T}}+\boldsymbol{B}_i\boldsymbol{V}_j+\boldsymbol{V}_i^{\mathrm{T}}\boldsymbol{B}_j^{\mathrm{T}}+\boldsymbol{B}_j\boldsymbol{V}_i<0,\quad i<j\leqslant r \tag{9.13}$$

$$\boldsymbol{Q}=\boldsymbol{P}^{-1}>0$$

其中,$\boldsymbol{V}_i=\boldsymbol{K}_i\boldsymbol{Q}$,即 $\boldsymbol{K}_i=\boldsymbol{V}_i\boldsymbol{Q}^{-1}=\boldsymbol{V}_i\boldsymbol{P}$,$\boldsymbol{V}_j=\boldsymbol{K}_j\boldsymbol{Q}$,即 $\boldsymbol{K}_j=\boldsymbol{V}_j\boldsymbol{Q}^{-1}=\boldsymbol{V}_j\boldsymbol{P}$。

定理 9.1 见参考文献[1]。根据式(9.13),利用 LMI 方法可求出控制律式(9.11)的增益 K_i。下面给出定理 9.1 的具体证明过程。

证明:

取 Lyapunov 函数

$$V(t)=\frac{1}{2}\boldsymbol{x}^{\mathrm{T}}\boldsymbol{P}\boldsymbol{x}$$

其中,矩阵 $\boldsymbol{P}$ 为正定对称矩阵。

则有

$$\dot{V}(t)=\frac{1}{2}\dot{\boldsymbol{x}}^{\mathrm{T}}\boldsymbol{P}\boldsymbol{x}+\frac{1}{2}\boldsymbol{x}^{\mathrm{T}}\boldsymbol{P}\dot{\boldsymbol{x}}=\frac{1}{2}\left\{\frac{\sum_{i=1}^{r}w_i[\boldsymbol{A}_i\boldsymbol{x}+\boldsymbol{B}_i\boldsymbol{u}]}{\sum_{i=1}^{r}w_i}\right\}^{\mathrm{T}}\boldsymbol{P}\boldsymbol{x}+\frac{1}{2}\boldsymbol{x}^{\mathrm{T}}\boldsymbol{P}\left\{\frac{\sum_{i=1}^{r}w_i[\boldsymbol{A}_i\boldsymbol{x}+\boldsymbol{B}_i\boldsymbol{u}]}{\sum_{i=1}^{r}w_i}\right\}$$

将控制律式(9.11)代入上式,可得

$$\begin{aligned}
\dot{V}(t)&=\frac{1}{2}\left\{\frac{\sum_{i=1}^{r}w_i\left[\boldsymbol{A}_i\boldsymbol{x}+\boldsymbol{B}_i\dfrac{\sum_{j=1}^{r}w_j\boldsymbol{K}_j\boldsymbol{x}}{\sum_{j=1}^{r}w_j}\right]}{\sum_{i=1}^{r}w_i}\right\}^{\mathrm{T}}\boldsymbol{P}\boldsymbol{x}+\frac{1}{2}\boldsymbol{x}^{\mathrm{T}}\boldsymbol{P}\left\{\frac{\sum_{i=1}^{r}w_i\left[\boldsymbol{A}_i\boldsymbol{x}+\boldsymbol{B}_i\dfrac{\sum_{j=1}^{r}w_j\boldsymbol{K}_j\boldsymbol{x}}{\sum_{j=1}^{r}w_j}\right]}{\sum_{i=1}^{r}w_i}\right\}\\
&=\frac{1}{2}\left\{\frac{\sum_{i=1}^{r}w_i\left[\sum_{j=1}^{r}w_j\boldsymbol{A}_i\boldsymbol{x}+\boldsymbol{B}_i\sum_{j=1}^{r}w_j\boldsymbol{K}_j\boldsymbol{x}\right]}{\sum_{i=1}^{r}w_i\sum_{j=1}^{r}w_j}\right\}^{\mathrm{T}}\boldsymbol{P}\boldsymbol{x}+\\
&\quad\ \frac{1}{2}\boldsymbol{x}^{\mathrm{T}}\boldsymbol{P}\left\{\frac{\sum_{i=1}^{r}w_i\left[\sum_{j=1}^{r}w_j\boldsymbol{A}_i\boldsymbol{x}+\boldsymbol{B}_i\sum_{j=1}^{r}w_j\boldsymbol{K}_j\boldsymbol{x}\right]}{\sum_{i=1}^{r}w_i\sum_{j=1}^{r}w_j}\right\}\\
&=\frac{1}{2}\left[\frac{\sum_{i=1}^{r}w_i\sum_{j=1}^{r}w_j(\boldsymbol{A}_i\boldsymbol{x}+\boldsymbol{B}_i\boldsymbol{K}_j\boldsymbol{x})}{\sum_{i=1}^{r}\sum_{j=1}^{r}w_iw_j}\right]^{\mathrm{T}}\boldsymbol{P}\boldsymbol{x}+\frac{1}{2}\boldsymbol{x}^{\mathrm{T}}\boldsymbol{P}\left[\frac{\sum_{i=1}^{r}w_i\sum_{j=1}^{r}w_j(\boldsymbol{A}_i\boldsymbol{x}+\boldsymbol{B}_i\boldsymbol{K}_j\boldsymbol{x})}{\sum_{i=1}^{r}\sum_{j=1}^{r}w_iw_j}\right]\\
&=\frac{1}{2}\frac{\sum_{i=1}^{r}\sum_{j=1}^{r}w_iw_j\boldsymbol{x}^{\mathrm{T}}(\boldsymbol{A}_i+\boldsymbol{B}_i\boldsymbol{K}_j)^{\mathrm{T}}}{\sum_{i=1}^{r}\sum_{j=1}^{r}w_iw_j}\boldsymbol{P}\boldsymbol{x}+\frac{1}{2}\boldsymbol{x}^{\mathrm{T}}\boldsymbol{P}\frac{\sum_{i=1}^{r}\sum_{j=1}^{r}w_iw_j(\boldsymbol{A}_i+\boldsymbol{B}_i\boldsymbol{K}_j)\boldsymbol{x}}{\sum_{i=1}^{r}\sum_{j=1}^{r}w_iw_j}
\end{aligned}$$

$$=\frac{1}{2}\boldsymbol{x}^{\mathrm{T}}\left\{\frac{\sum_{i=1}^{r}\sum_{j=1}^{r}w_iw_j[(\boldsymbol{A}_i+\boldsymbol{B}_i\boldsymbol{K}_j)^{\mathrm{T}}\boldsymbol{P}+\boldsymbol{P}(\boldsymbol{A}_i+\boldsymbol{B}_i\boldsymbol{K}_j)]}{\sum_{i=1}^{r}\sum_{j=1}^{r}w_iw_j}\right\}\boldsymbol{x}$$

考虑 $i=j$ 和 $i\neq j$ 两种情况，将式 $\dot{\boldsymbol{V}}(t)$ 展开，得

$$\begin{aligned}&\sum_{i=1}^{r}\sum_{j=1}^{r}w_iw_j[(\boldsymbol{A}_i+\boldsymbol{B}_i\boldsymbol{K}_j)^{\mathrm{T}}\boldsymbol{P}+\boldsymbol{P}(\boldsymbol{A}_i+\boldsymbol{B}_i\boldsymbol{K}_j)]\\&=\sum_{i=j=1}^{r}w_iw_i[(\boldsymbol{A}_i+\boldsymbol{B}_i\boldsymbol{K}_i)^{\mathrm{T}}\boldsymbol{P}+\boldsymbol{P}(\boldsymbol{A}_i+\boldsymbol{B}_i\boldsymbol{K}_i)]+\\&\quad\sum_{i<j}^{r}w_iw_j[(\boldsymbol{A}_i+\boldsymbol{B}_i\boldsymbol{K}_j)^{\mathrm{T}}\boldsymbol{P}+\boldsymbol{P}(\boldsymbol{A}_i+\boldsymbol{B}_i\boldsymbol{K}_j)]+\\&\quad\sum_{i>j}^{r}w_iw_j[(\boldsymbol{A}_i+\boldsymbol{B}_iK_j)^{\mathrm{T}}\boldsymbol{P}+\boldsymbol{P}(\boldsymbol{A}_i+\boldsymbol{B}_i\boldsymbol{K}_j)]\end{aligned}$$

注：以 $r=2$ 为例，可得如下展开

$$\sum_{i=1}^{2}\sum_{j=1}^{2}w_iw_j=\sum_{i=j=1}^{r}w_iw_i+\sum_{i<j}^{r}w_iw_j+\sum_{i>j}^{r}w_iw_j=w_1w_1+w_2w_2+w_1w_2+w_2w_1$$

由于 i 和 j 交换不影响结果，则

$$\begin{aligned}&\sum_{i>j}^{r}w_iw_j[(\boldsymbol{A}_i+\boldsymbol{B}_i\boldsymbol{K}_j)^{\mathrm{T}}\boldsymbol{P}+\boldsymbol{P}(\boldsymbol{A}_i+\boldsymbol{B}_i\boldsymbol{K}_j)]\\&=\sum_{j>i}^{r}w_jw_i[(\boldsymbol{A}_j+\boldsymbol{B}_j\boldsymbol{K}_i)^{\mathrm{T}}\boldsymbol{P}+\boldsymbol{P}(\boldsymbol{A}_j+\boldsymbol{B}_j\boldsymbol{K}_i)]\end{aligned}$$

从而

$$\begin{aligned}&\sum_{i=1}^{r}\sum_{j=1}^{r}w_iw_j[(\boldsymbol{A}_i+\boldsymbol{B}_i\boldsymbol{K}_j)^{\mathrm{T}}\boldsymbol{P}+\boldsymbol{P}(\boldsymbol{A}_i+\boldsymbol{B}_i\boldsymbol{K}_j)]\\&=\sum_{i=j=1}^{r}w_iw_i[(\boldsymbol{A}_i+\boldsymbol{B}_i\boldsymbol{K}_i)^{\mathrm{T}}\boldsymbol{P}+\boldsymbol{P}(\boldsymbol{A}_i+\boldsymbol{B}_i\boldsymbol{K}_i)]+\\&\quad\sum_{i<j}^{r}w_iw_j[(\boldsymbol{A}_i+\boldsymbol{B}_i\boldsymbol{K}_j)^{\mathrm{T}}\boldsymbol{P}+\boldsymbol{P}(\boldsymbol{A}_i+\boldsymbol{B}_i\boldsymbol{K}_j)]+\\&\quad\sum_{j>i}^{r}w_jw_i[(\boldsymbol{A}_j+\boldsymbol{B}_j\boldsymbol{K}_i)^{\mathrm{T}}\boldsymbol{P}+\boldsymbol{P}(\boldsymbol{A}_j+\boldsymbol{B}_j\boldsymbol{K}_i)]\\&=\sum_{i=j=1}^{r}w_iw_i[(\boldsymbol{A}_i+\boldsymbol{B}_i\boldsymbol{K}_i)^{\mathrm{T}}\boldsymbol{P}+\boldsymbol{P}(\boldsymbol{A}_i+\boldsymbol{B}_i\boldsymbol{K}_i)]+\\&\quad\sum_{i<j}^{r}w_iw_j\{[(\boldsymbol{A}_i+\boldsymbol{B}_i\boldsymbol{K}_j)+(\boldsymbol{A}_j+\boldsymbol{B}_j\boldsymbol{K}_i)]^{\mathrm{T}}\boldsymbol{P}+\boldsymbol{P}[(\boldsymbol{A}_i+\boldsymbol{B}_i\boldsymbol{K}_j)+(\boldsymbol{A}_j+\boldsymbol{B}_jK_i)]\}\end{aligned}$$

则

$$\dot{\boldsymbol{V}}(t)=\frac{1}{2}\boldsymbol{x}^{\mathrm{T}}\frac{1}{\sum_{i=1}^{r}\sum_{j=1}^{r}w_iw_j}\sum_{i=j=1}^{r}w_iw_i[(\boldsymbol{A}_i+\boldsymbol{B}_i\boldsymbol{K}_i)^{\mathrm{T}}\boldsymbol{P}+\boldsymbol{P}(\boldsymbol{A}_i+\boldsymbol{B}_i\boldsymbol{K}_i)]\boldsymbol{x}+$$

$$\frac{1}{2}\boldsymbol{x}^{\mathrm{T}}\frac{1}{\sum_{i=1}^{r}\sum_{j=1}^{r}w_iw_j}\sum_{i<j}^{r}w_iw_j\{[(\boldsymbol{A}_i+\boldsymbol{B}_i\boldsymbol{K}_j)+(\boldsymbol{A}_j+\boldsymbol{B}_j\boldsymbol{K}_i)]^{\mathrm{T}}\boldsymbol{P}+$$

$$\boldsymbol{P}[(\boldsymbol{A}_i+\boldsymbol{B}_i\boldsymbol{K}_j)+(\boldsymbol{A}_j+\boldsymbol{B}_j\boldsymbol{K}_i)]\}\boldsymbol{x}$$

令 $\boldsymbol{G}_{ij}=(\boldsymbol{A}_i+\boldsymbol{B}_i\boldsymbol{K}_j)+(\boldsymbol{A}_j+\boldsymbol{B}_j\boldsymbol{K}_i)$，可得

$$\dot{\boldsymbol{V}}(t)=\frac{1}{2}\boldsymbol{x}^{\mathrm{T}}\frac{1}{\sum_{i=1}^{r}\sum_{j=1}^{r}w_iw_j}\sum_{i=j=1}^{r}w_iw_i[(\boldsymbol{A}_i+\boldsymbol{B}_i\boldsymbol{K}_i)^{\mathrm{T}}\boldsymbol{P}+\boldsymbol{P}(\boldsymbol{A}_i+\boldsymbol{B}_i\boldsymbol{K}_i)]\boldsymbol{x}+$$

$$\frac{1}{2}\boldsymbol{x}^{\mathrm{T}}\frac{1}{\sum_{i=1}^{r}\sum_{j=1}^{r}w_iw_j}\sum_{i<j}^{r}w_iw_j[\boldsymbol{G}_{ij}^{\mathrm{T}}\boldsymbol{P}+\boldsymbol{P}G_{ij}]\boldsymbol{x} \tag{9.14}$$

则当满足如下不等式

$$\begin{cases}(\boldsymbol{A}_i+\boldsymbol{B}_i\boldsymbol{K}_i)^{\mathrm{T}}\boldsymbol{P}+\boldsymbol{P}(\boldsymbol{A}_i+\boldsymbol{B}_i\boldsymbol{K}_i)<0 & i=j=1,2,\cdots,r\\ \boldsymbol{G}_{ij}^{\mathrm{T}}\boldsymbol{P}+\boldsymbol{P}\boldsymbol{G}_{ij}<0 & i<j\leqslant r\end{cases} \tag{9.15}$$

有 $\dot{\boldsymbol{V}}(t)\leqslant 0$。

由式(9.14)可见，当 $\dot{\boldsymbol{V}}\equiv 0$ 时，$\boldsymbol{x}=0$，根据 LaSalle 不变性原理，$t\to\infty$时，$\boldsymbol{x}\to 0$。

9.5.2 不等式的转换

首先考虑$(\boldsymbol{A}_i+\boldsymbol{B}_i\boldsymbol{K}_i)^{\mathrm{T}}\boldsymbol{P}+\boldsymbol{P}(\boldsymbol{A}_i+\boldsymbol{B}_i\boldsymbol{K}_i)<0$，$i=j=1,2,\cdots,r$。取 $\boldsymbol{Q}=\boldsymbol{P}^{-1}$，则 $\boldsymbol{Q}$ 也是正定对称矩阵，令 $\boldsymbol{V}_i=\boldsymbol{K}_i\boldsymbol{Q}$，则

$$\boldsymbol{A}_i^{\mathrm{T}}\boldsymbol{P}+\boldsymbol{K}_i^{\mathrm{T}}\boldsymbol{B}_i^{\mathrm{T}}\boldsymbol{P}+\boldsymbol{P}\boldsymbol{A}_i+\boldsymbol{P}\boldsymbol{B}_i\boldsymbol{K}_i<0$$

上式中的每个式子两边分别乘以 $\boldsymbol{P}^{-1}$，得

$$\boldsymbol{P}^{-1}\boldsymbol{A}_i^{\mathrm{T}}+\boldsymbol{P}^{-1}\boldsymbol{K}_i^{\mathrm{T}}\boldsymbol{B}_i^{\mathrm{T}}+\boldsymbol{A}_i\boldsymbol{P}^{-1}+\boldsymbol{B}_i\boldsymbol{K}_i\boldsymbol{P}^{-1}<0$$

即

$$\boldsymbol{Q}\boldsymbol{A}_i^{\mathrm{T}}+\boldsymbol{V}_i^{\mathrm{T}}\boldsymbol{B}_i^{\mathrm{T}}+\boldsymbol{A}_i\boldsymbol{Q}+\boldsymbol{B}_i\boldsymbol{V}_i<0$$

即

$$\boldsymbol{Q}\boldsymbol{A}_i^{\mathrm{T}}+\boldsymbol{A}_i\boldsymbol{Q}+\boldsymbol{V}_i^{\mathrm{T}}\boldsymbol{B}_i^{\mathrm{T}}+\boldsymbol{B}_i\boldsymbol{V}_i<0 \tag{9.16}$$

然后考虑 $\boldsymbol{G}_{ij}^{\mathrm{T}}\boldsymbol{P}+\boldsymbol{P}\boldsymbol{G}_{ij}<0$，$\boldsymbol{G}_{ij}=(\boldsymbol{A}_i+\boldsymbol{B}_i\boldsymbol{K}_j)+(\boldsymbol{A}_j+\boldsymbol{B}_j\boldsymbol{K}_i)$，$i<j\leqslant r$。取 $\boldsymbol{Q}=\boldsymbol{P}^{-1}$，则 $\boldsymbol{Q}$ 也是正定对称矩阵。令 $\boldsymbol{V}_i=\boldsymbol{K}_i\boldsymbol{Q}$，$\boldsymbol{V}_j=\boldsymbol{K}_j\boldsymbol{Q}$，则

$$[(\boldsymbol{A}_i+\boldsymbol{B}_i\boldsymbol{K}_j)+(\boldsymbol{A}_j+\boldsymbol{B}_j\boldsymbol{K}_i)]^{\mathrm{T}}\boldsymbol{P}+\boldsymbol{P}[(\boldsymbol{A}_i+\boldsymbol{B}_i\boldsymbol{K}_j)+(\boldsymbol{A}_j+\boldsymbol{B}_j\boldsymbol{K}_i)]<0$$

上式中的每个式子两边分别乘以 $\boldsymbol{P}^{-1}$，并考虑 $\boldsymbol{Q}=\boldsymbol{Q}^{\mathrm{T}}$，得

$$\boldsymbol{Q}^{\mathrm{T}}[(\boldsymbol{A}_i+\boldsymbol{B}_i\boldsymbol{K}_j)+(\boldsymbol{A}_j+\boldsymbol{B}_j\boldsymbol{K}_i)]^{\mathrm{T}}+[(\boldsymbol{A}_i+\boldsymbol{B}_i\boldsymbol{K}_j)+(\boldsymbol{A}_j+\boldsymbol{B}_j\boldsymbol{K}_i)]\boldsymbol{Q}<0$$

即

$$(\boldsymbol{A}_i\boldsymbol{Q}+\boldsymbol{B}_i\boldsymbol{K}_j\boldsymbol{Q}+\boldsymbol{A}_j\boldsymbol{Q}+\boldsymbol{B}_j\boldsymbol{K}_i\boldsymbol{Q})^{\mathrm{T}}+\boldsymbol{A}_i\boldsymbol{Q}+\boldsymbol{B}_i\boldsymbol{K}_j\boldsymbol{Q}+\boldsymbol{A}_j\boldsymbol{Q}+\boldsymbol{B}_j\boldsymbol{K}_i\boldsymbol{Q}<0$$

从而得

$$(\boldsymbol{A}_i\boldsymbol{Q}+\boldsymbol{B}_i\boldsymbol{V}_j+\boldsymbol{A}_j\boldsymbol{Q}+\boldsymbol{B}_j\boldsymbol{V}_i)^{\mathrm{T}}+\boldsymbol{A}_i\boldsymbol{Q}+\boldsymbol{B}_i\boldsymbol{V}_j+\boldsymbol{A}_j\boldsymbol{Q}+\boldsymbol{B}_j\boldsymbol{V}_i<0$$

即

$$\boldsymbol{Q}\boldsymbol{A}_i^{\mathrm{T}}+\boldsymbol{A}_i\boldsymbol{Q}+\boldsymbol{Q}\boldsymbol{A}_j^{\mathrm{T}}+\boldsymbol{A}_j\boldsymbol{Q}+\boldsymbol{V}_j^{\mathrm{T}}\boldsymbol{B}_i^{\mathrm{T}}+\boldsymbol{B}_i\boldsymbol{V}_j+\boldsymbol{V}_i^{\mathrm{T}}\boldsymbol{B}_j^{\mathrm{T}}+\boldsymbol{B}_j\boldsymbol{V}_i<0 \tag{9.17}$$

9.5.3 LMI 设计实例

实例 1：如模糊系统有 2 条模糊规则，$r=2$，有 $i=1,2$，根据式(9.16)，则 LMI 不等式如下

$$\begin{aligned}&\boldsymbol{Q}\boldsymbol{A}_1^{\mathrm{T}}+\boldsymbol{A}_1\boldsymbol{Q}+\boldsymbol{V}_1^{\mathrm{T}}\boldsymbol{B}_1^{\mathrm{T}}+\boldsymbol{B}_1\boldsymbol{V}_1<0\\&\boldsymbol{Q}\boldsymbol{A}_2^{\mathrm{T}}+\boldsymbol{A}_2\boldsymbol{Q}+\boldsymbol{V}_2^{\mathrm{T}}\boldsymbol{B}_2^{\mathrm{T}}+\boldsymbol{B}_2\boldsymbol{V}_2<0\end{aligned} \tag{9.18}$$

针对 $i<j\leqslant r$，有 $i=1,j=2$，只有 2 条规则隶属函数相互作用，根据式(9.17)，则可设计一条 LMI 不等式如下

$$\boldsymbol{Q}\boldsymbol{A}_1^{\mathrm{T}}+\boldsymbol{A}_1\boldsymbol{Q}+\boldsymbol{Q}\boldsymbol{A}_2^{\mathrm{T}}+\boldsymbol{A}_2\boldsymbol{Q}+\boldsymbol{V}_2^{\mathrm{T}}\boldsymbol{B}_1^{\mathrm{T}}+\boldsymbol{B}_1\boldsymbol{V}_2+\boldsymbol{V}_1^{\mathrm{T}}\boldsymbol{B}_2^{\mathrm{T}}+\boldsymbol{B}_2\boldsymbol{V}_1<0 \tag{9.19}$$

根据式(9.18)和式(9.19)，倒立摆的 LMI 可表示为

$$\begin{aligned}&\boldsymbol{Q}\boldsymbol{A}_1^{\mathrm{T}}+\boldsymbol{A}_1\boldsymbol{Q}+\boldsymbol{V}_1^{\mathrm{T}}\boldsymbol{B}_1^{\mathrm{T}}+\boldsymbol{B}_1\boldsymbol{V}_1<0,\\&\boldsymbol{Q}\boldsymbol{A}_2^{\mathrm{T}}+\boldsymbol{A}_2\boldsymbol{Q}+\boldsymbol{V}_2^{\mathrm{T}}\boldsymbol{B}_2^{\mathrm{T}}+\boldsymbol{B}_2\boldsymbol{V}_2<0,\\&\boldsymbol{Q}\boldsymbol{A}_1^{\mathrm{T}}+\boldsymbol{A}_1\boldsymbol{Q}+\boldsymbol{Q}\boldsymbol{A}_2^{\mathrm{T}}+\boldsymbol{A}_2\boldsymbol{Q}+\boldsymbol{V}_2^{\mathrm{T}}\boldsymbol{B}_1^{\mathrm{T}}+\boldsymbol{B}_1\boldsymbol{V}_2+\boldsymbol{V}_1^{\mathrm{T}}\boldsymbol{B}_2^{\mathrm{T}}+\boldsymbol{B}_2\boldsymbol{V}_1<0\\&\boldsymbol{Q}=\boldsymbol{P}^{-1}>0\end{aligned}$$

其中，$\boldsymbol{K}_1=\boldsymbol{V}_1\boldsymbol{P}$，$\boldsymbol{K}_2=\boldsymbol{V}_2\boldsymbol{P}$，$i=1,2$。

在 MATLAB 下采用 YALMIP 工具箱进行仿真。上述 LMI 写成 MATLAB 程序如下：

```
L1 = Q * A1' + A1 * Q + V1' * B1' + B1 * V1;
L2 = Q * A2' + A2 * Q + V2' * B2' + B2 * V2;
L3 = Q * A1' + A1 * Q + Q * A2' + A2 * Q + V2' * B1' + B1 * V2 + V1' * B2' + B2 * V1;
F = set(L1 < 0) + set(L2 < 0) + set(L3 < 0) + set(Q > 0);
```

实例 2：如模糊系统有 4 条模糊规则，$r=4$。

考虑单条规则，有 $i=1,2,3,4$，根据式(9.16)，则可构造 4 条 LMI 不等式为

$$\begin{aligned}&\boldsymbol{Q}\boldsymbol{A}_1^{\mathrm{T}}+\boldsymbol{A}_1\boldsymbol{Q}+\boldsymbol{V}_1^{\mathrm{T}}\boldsymbol{B}_1^{\mathrm{T}}+\boldsymbol{B}_1\boldsymbol{V}_1<0\\&\boldsymbol{Q}\boldsymbol{A}_2^{\mathrm{T}}+\boldsymbol{A}_2\boldsymbol{Q}+\boldsymbol{V}_2^{\mathrm{T}}\boldsymbol{B}_2^{\mathrm{T}}+\boldsymbol{B}_2\boldsymbol{V}_2<0\\&\boldsymbol{Q}\boldsymbol{A}_3^{\mathrm{T}}+\boldsymbol{A}_3\boldsymbol{Q}+\boldsymbol{V}_3^{\mathrm{T}}\boldsymbol{B}_3^{\mathrm{T}}+\boldsymbol{B}_3\boldsymbol{V}_3<0\\&\boldsymbol{Q}\boldsymbol{A}_4^{\mathrm{T}}+\boldsymbol{A}_4\boldsymbol{Q}+\boldsymbol{V}_4^{\mathrm{T}}\boldsymbol{B}_4^{\mathrm{T}}+\boldsymbol{B}_4\boldsymbol{V}_4<0\\&\boldsymbol{Q}=\boldsymbol{P}^{-1}>0\end{aligned} \tag{9.20}$$

针对 $i<j\leqslant r$，根据式(9.18)，可能存在的不等式如下：$i=1,j=2,i=1,j=3,i=1,j=4$；$i=2,j=3,i=2,j=4$；$i=3,j=4$。设计 LMI 不等式时，应考虑隶属函数 i 和隶属函数 j 是否有隶属函数相互作用。

如图 9.3 所示，为具有 4 条规则的隶属函数示意图，隶属函数有交集的规则分别是规则 1 和 2，规则 3 和 4，带有交点的规则才能构成一个不等式。故针对 $i<j\leqslant r$，根据

式(9.17)，只能构造两个 LMI，所对应的 LMI 不等式为

$$\begin{aligned} &QA_1^{\mathrm{T}}+A_1Q+QA_2^{\mathrm{T}}+A_2Q+V_2^{\mathrm{T}}B_1^{\mathrm{T}}+B_1V_2+V_1^{\mathrm{T}}B_2^{\mathrm{T}}+B_2V_1<0 \\ &QA_3^{\mathrm{T}}+A_3Q+QA_4^{\mathrm{T}}+A_4Q+V_4^{\mathrm{T}}B_3^{\mathrm{T}}+B_3V_4+V_3^{\mathrm{T}}B_4^{\mathrm{T}}+B_4V_3<0 \end{aligned} \tag{9.21}$$

其中，$\boldsymbol{K}_1=\boldsymbol{V}_1\boldsymbol{P}$，$\boldsymbol{K}_2=\boldsymbol{V}_2\boldsymbol{P}$，$\boldsymbol{K}_3=\boldsymbol{V}_3\boldsymbol{P}$，$\boldsymbol{K}_4=\boldsymbol{V}_4\boldsymbol{P}$，$i=1,2,3,4$。

写成 MATLAB 程序如下：

```
L1 = Q * A1' + A1 * Q + V1' * B1' + B1 * V1;
L2 = Q * A2' + A2 * Q + V2' * B2' + B2 * V2;
L3 = Q * A3' + A3 * Q + V3' * B3' + B3 * V3;
L4 = Q * A4' + A4 * Q + V4' * B4' + B4 * V4;
L5 = Q * A1' + A1 * Q + Q * A2' + A2 * Q + V2' * B1' + B1 * V2 + V1' * B2' + B2 * V1;
L6 = Q * A3' + A3 * Q + Q * A4' + A4 * Q + V4' * B3' + B3 * V4 + V3' * B4' + B4 * V3;
F = set(L1 < 0) + set(L2 < 0) + set(L3 < 0) + set(L4 < 0) + set(L5 < 0) + set(L6 < 0) + set(Q > 0);
```

采用 PDC 方法，根据式(9.11)，基于 T-S 型的模糊控制器为

$$\boldsymbol{u}=h_1(x_1)\boldsymbol{K}_1\boldsymbol{x}(t)+h_2(x_1)\boldsymbol{K}_2\boldsymbol{x}(t)+h_3(x_1)\boldsymbol{K}_3\boldsymbol{x}(t)+h_4(x_1)\boldsymbol{K}_4\boldsymbol{x}(t)$$

9.5.4 基于 LMI 的倒立摆 T-S 模糊控制

隶属函数应按图 9.3 进行设计。仿真中采用三角形隶属函数实现摆角度 $x_1(t)$ 的模糊化，隶属函数设计程序为 chap9_3.m。

被控对象为式(9.12)，摆角初始状态为[π　0]。采用 LMI 求解工具箱-YALMIP 工具箱，针对倒立摆的 4 条 T-S 模糊模型规则，求解线性矩阵不等式(9.20)和(9.21)，控制器增益的 LMI 求解程序为 chap9_4LMI.m，求得 $\boldsymbol{Q}$，$\boldsymbol{V}_1$，$\boldsymbol{V}_2$，$\boldsymbol{V}_3$，$\boldsymbol{V}_4$，从而得到状态反馈增益：$\boldsymbol{K}_1=[3301.3\quad 969.9]$，$\boldsymbol{K}_2=[6366.3\quad 1879.7]$，$\boldsymbol{K}_3=[-6189.6\quad -1883.7]$，$\boldsymbol{K}_4=[-3105.2\quad -969.9]$。然后运行 Simulink 主程序 chap9_4sim.mdl，仿真结果如图 9.4 至图 9.6 所示。

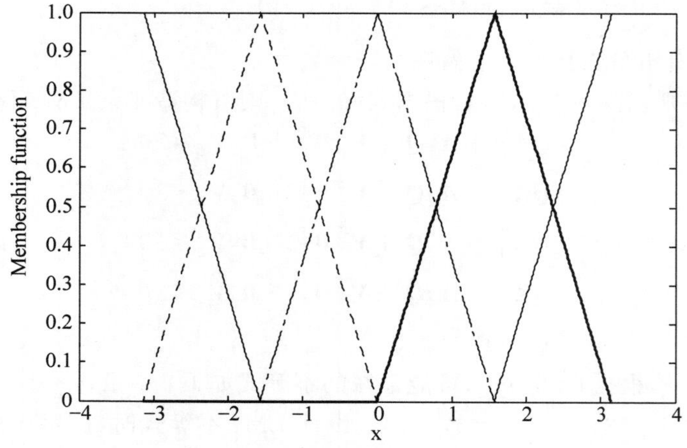

图 9.4　模糊隶属度函数

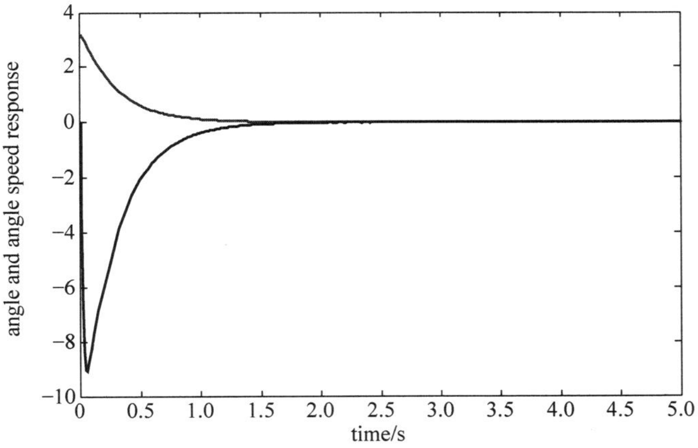

图 9.5 角度和角速度响应

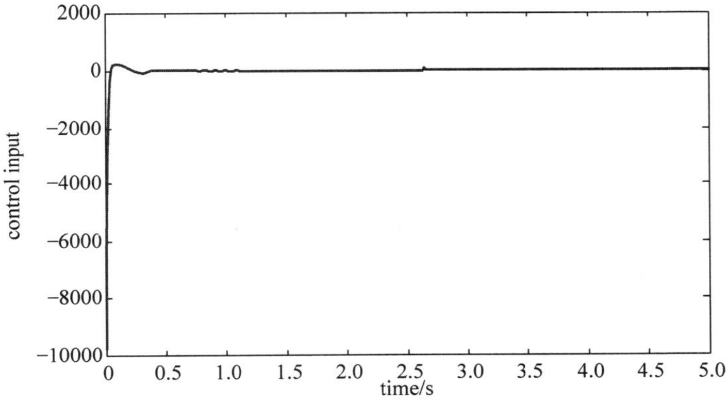

图 9.6 控制输入

仿真程序：

隶属函数设计程序：chap9_3.m

```
clear all;
close all;
L1 = - pi;L2 = pi;
L = L2 - L1;

h = pi/2;
N = L/h;
T = 0.01;

x = L1:T:L2;
for i = 1:N + 1
    e(i) = L1 + L/N * (i - 1);
end
figure(2);
 % h1
```

```
h1 = trimf(x,[e(2),e(3),e(4)]);                    % Rule 1:x1 is to zero
plot(x,h1,'r','linewidth',2);
 % h2, Rule 2: x1 is about +- pi/2,but smaller
 % if x <= 0
    h2 = trimf(x,[e(2),e(2),e(3)]);
hold on
plot(x,h2,'b','linewidth',2);
 % else
    h2 = trimf(x,[e(3),e(4),e(4)]);
hold on
plot(x,h2,'b','linewidth',2);
 % end

 % h3, Rule 3: x1 is about +- pi/2,but bigger
 % if x < 0
     h3 = trimf(x,[e(1),e(2),e(2)]);
hold on;
plot(x,h3,'g','linewidth',2);
 % else
     h3 = trimf(x,[e(4),e(4),e(5)]);
hold on;
plot(x,h3,'g','linewidth',2);
 % end

 % h4, Rule 4: x1 is about +- pi
 % if x < 0
     h4 = trimf(x,[e(1),e(1),e(2)]);
     hold on;
     plot(x,h4,'k','linewidth',2);
 % else
     h4 = trimf(x,[e(4),e(5),e(5)]);
     hold on;
plot(x,h4,'k','linewidth',2);
 % end
```

控制系统仿真程序：

(1) 基于 LMI 的控制器增益求解程序：chap9_4LMI. m

```
clear all;
close all;

g = 9.8;m = 2.0;M = 8.0;l = 0.5;
a = l/(m + M);beta = cos(88 * pi/180);

a1 = 4 * l/3 - a * m * l;
A1 = [0 1;g/a1 0];
B1 = [0 ; - a/a1];

a2 = 4 * l/3 - a * m * l * beta^2;

A2 = [0 1;2 * g/(pi * a2) 0];
```

```
B2 = [0; - a * beta/a2];

A3 = [0 1;2 * g/(pi * a2) 0];
B3 = [0;a * beta/a2];

A4 = [0 1;0 0];
B4 = [0;a/a1];

Q = sdpvar(2,2);
V1 = sdpvar(1,2);
V2 = sdpvar(1,2);
V3 = sdpvar(1,2);
V4 = sdpvar(1,2);

L1 = Q * A1' + A1 * Q + V1' * B1' + B1 * V1;
L2 = Q * A2' + A2 * Q + V2' * B2' + B2 * V2;
L3 = Q * A3' + A3 * Q + V3' * B3' + B3 * V3;
L4 = Q * A4' + A4 * Q + V4' * B4' + B4 * V4;

L5 = Q * A1' + A1 * Q + Q * A2' + A2 * Q + V2' * B1' + B1 * V2 + V1' * B2' + B2 * V1; % from R1 and R2
L6 = Q * A3' + A3 * Q + Q * A4' + A4 * Q + V4' * B3' + B3 * V4 + V3' * B4' + B4 * V3; % from R3 and R4

F = set(L1 < 0) + set(L2 < 0) + set(L3 < 0) + set(L4 < 0) + set(L5 < 0) + set(L6 < 0) + set(Q > 0);
  solvesdp(F);                       % To get Q, V1, V2, V3, V4


  Q = double(Q);
  V1 = double(V1);
  V2 = double(V2);
  V3 = double(V3);
  V4 = double(V4);


  P = inv(Q);
   K1 = V1 * P
   K2 = V2 * P
   K3 = V3 * P
   K4 = V4 * P

save K_file K1 K2 K3 K4;
```

（2）Simulink 主程序：chap9_4sim. mdl

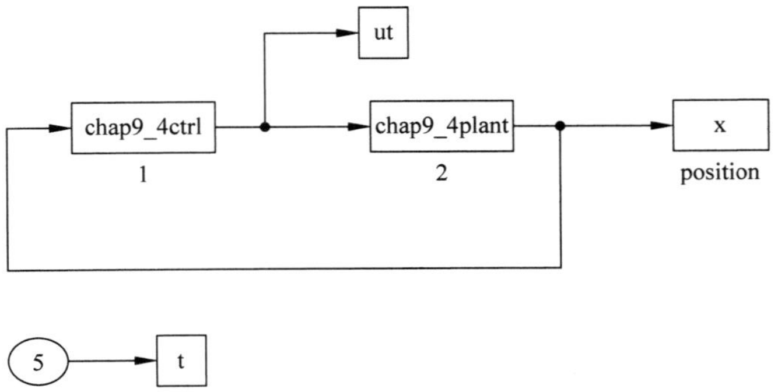

(3) 模糊控制 S 函数：chap9_4ctrl. m

```
function [sys,x0,str,ts] = spacemodel(t,x,u,flag)
switch flag,
case 0,
    [sys,x0,str,ts] = mdlInitializeSizes;
case 3,
    sys = mdlOutputs(t,x,u);
case {2,4,9}
    sys = [];
otherwise
    error(['Unhandled flag = ',num2str(flag)]);
end
function [sys,x0,str,ts] = mdlInitializeSizes
sizes = simsizes;
sizes.NumContStates = 0;
sizes.NumDiscStates = 0;
sizes.NumOutputs = 1;
sizes.NumInputs = 2;
sizes.DirFeedthrough = 1;
sizes.NumSampleTimes = 1;
sys = simsizes(sizes);
x0 = [];
str = [];
ts = [0 0];
function sys = mdlOutputs(t,x,u)
x = [u(1);u(2)];

load K_file;
ut1 = K1 * x;
ut2 = K2 * x;
ut3 = K3 * x;
ut4 = K4 * x;

L1 = - pi;L2 = pi;
L = L2 - L1;

h = pi/2;
N = L/h;

for i = 1:N + 1
    e(i) = L1 + L/N * (i - 1);
end

% h1
h1 = trimf(x(1),[e(2),e(3),e(4)]);     % Rule 1:x1 is to zero

% h2, Rule 2: x1 is about +- pi/2,but smaller
if x(1)< = 0
   h2 = trimf(x(1),[e(2),e(2),e(3)]);
else
```

```
    h2 = trimf(x(1),[e(3),e(4),e(4)]);
end

% h3, Rule 3: x1 is about  +- pi/2,but bigger
if x(1)< 0
    h3 = trimf(x(1),[e(1),e(2),e(2)]);
else
    h3 = trimf(x(1),[e(4),e(4),e(5)]);
end

% h4, Rule 4: x1 is about  +- pi
if x(1)< 0
    h4 = trimf(x(1),[e(1),e(1),e(2)]);
else
    h4 = trimf(x(1),[e(4),e(5),e(5)]);
end
h1 + h2 + h3 + h4;
ut = (h1 * ut1 + h2 * ut2 + h3 * ut3 + h4 * ut4)/(h1 + h2 + h3 + h4);
sys(1) = ut;
```

(4) 作图程序：chap9_4plot. m

```
close all;

figure(1);
plot(t,x(:,1),'r',t,x(:,2),'b');
xlabel('time(s)');ylabel('angle and angle speed response');

figure(2);
plot(t,ut(:,1),'r');
xlabel('time(s)');ylabel('control input');
```

参考文献

[1] Tanaka K, Wang H O, Wang H. Fuzzy control systems design and analysis, A linear matrix inequality approach[M]. New York: Wiley, 2001.

[2] Sugeno M, Kang G T. Fuzzy modeling and control of multilayer incinerator[J]. Fuzzy Sets Systems, 1986, 18: 329-346.

[3] Wang H O, Tanaka K, Griffin M. Parallel distributed compensation of nonlinear systems by takagi-sugeno fuzzy model[C]. Yokohama: International Joint Conference of the Fourth IEEE International Conference on Fuzzy Systems, 1995.

第10章 基于LMI的小车倒立摆的H_∞控制

由于小车倒立摆系统是一个欠驱动系统，控制目标为采用电机同时控制小车的位置和摆的角度，无法采用PID实现稳定控制，采用状态反馈是一种有效的控制方法。

鲁棒控制是指控制系统在一定（结构，大小）的参数摄动下，维持某些性能的特性，H_∞控制是一种重要的鲁棒控制方法。H_∞优化控制问题可归纳为：求出一个使系统内部稳定的控制器$\boldsymbol{K}(s)$，使闭环传递函数$T(s)$的无穷范数极小。采用H_∞控制可实现小车倒立摆系统的鲁棒控制。

10.1 系统描述

为了使倒立摆线性化，必须满足倒立摆的各级摆杆的转角是小角度，此时$\sin\theta\approx\theta$，$\cos\theta\approx1$。线性化后的单级倒立摆方程为

$$\ddot{\theta}=\frac{m(m+M)gl}{(M+m)I+Mml^2}\theta-\frac{ml}{(M+m)I+Mml^2}u \tag{10.1}$$

$$\ddot{x}=-\frac{m^2gl^2}{(M+m)I+Mml^2}\theta+\frac{I+ml^2}{(M+m)I+Mml^2}u \tag{10.2}$$

式中，$I=\frac{1}{12}mL^2$，$l=\frac{1}{2}L$，模型中物理参数为：$g=9.8$，为重力加速度，M为小车质量，m为杆的质量，L为杆的半长。

控制指标共有4个，即单级倒立摆的摆角θ、摆速$\dot{\theta}$、小车位置x和小车速度$\dot{x}$。将倒立摆运动方程转化为状态方程的形式。令$x(1)=\theta$，$x(2)=\dot{\theta}$，$x(3)=x$，$x(4)=\dot{x}$，则方程(10.1)和方程(10.2)可表示为状态方程：

$$\dot{\boldsymbol{x}}=\boldsymbol{A}\boldsymbol{x}+\boldsymbol{B}u \tag{10.3}$$

式中，$\boldsymbol{A}=\begin{bmatrix}0&1&0&0\\t_1&0&0&0\\0&0&0&1\\t_2&0&0&0\end{bmatrix}$，$\boldsymbol{B}=\begin{bmatrix}0\\t_3\\0\\t_4\end{bmatrix}$，$t_1=\frac{m(m+M)gl}{(M+m)I+Mml^2}$，$t_2=-\frac{m^2gl^2}{(M+m)I+Mml^2}$，$t_3=-\frac{ml}{(M+m)I+Mml^2}$，$t_4=\frac{I+ml^2}{(M+m)I+Mml^2}$。

控制的目标是通过给小车底座施加一个控制输入力 u，使小车停留在预定的位置，并使杆不倒下，即不超过一预先定义好的垂直偏离角度范围。

控制指标共有 4 个，即单级倒立摆的摆角 θ、摆速 $\dot{\theta}$、小车位置 x 和小车速度 $\dot{x}$。将倒立摆方程转化为状态方程的形式，令 $\boldsymbol{x}(1)=\theta$，$\boldsymbol{x}(2)=x$，$\boldsymbol{x}(3)=\dot{\theta}$，$\boldsymbol{x}(4)=\dot{x}$，考虑控制输入干扰 w，则方程(10.3)可表示为状态方程

$$\dot{\boldsymbol{x}}=\boldsymbol{A}\boldsymbol{x}+\boldsymbol{B}_1 w+\boldsymbol{B}_2 u \tag{10.4}$$

式中，$\boldsymbol{A}=\begin{bmatrix}0&0&1&0\\0&0&0&1\\t_1&0&0&0\\t_2&0&0&0\end{bmatrix}$，$\boldsymbol{B}_1=\begin{bmatrix}0\\0\\1\\1\end{bmatrix}$，$\boldsymbol{B}_2=\begin{bmatrix}0\\0\\t_3\\t_4\end{bmatrix}$，$t_1=\dfrac{m(m+M)gl}{(M+m)I+Mml^2}$，$t_2=-\dfrac{m^2gl^2}{(M+m)I+Mml^2}$，$t_3=-\dfrac{ml}{(M+m)I+Mml^2}$，$t_4=\dfrac{I+ml^2}{(M+m)I+Mml^2}$。

10.2 H_∞控制器要求

针对系统

$$\begin{aligned}\dot{\boldsymbol{x}}&=\boldsymbol{A}\boldsymbol{x}+\boldsymbol{B}_1 w+\boldsymbol{B}_2 \boldsymbol{u}\\ \boldsymbol{z}&=\boldsymbol{C}_1\boldsymbol{x}+\boldsymbol{D}_{11}w+\boldsymbol{D}_{12}u\\ \boldsymbol{y}&=\boldsymbol{x}\end{aligned} \tag{10.5}$$

其中，w 为控制输入扰动，z 为控制系统性能评价信号，取 $D_{11}=0$。

本控制系统的设计要求为：

(1) $\boldsymbol{x}=0$ 是闭环系统的局部渐进稳定平衡点，即对于任意初始状态 $\boldsymbol{x}(0)\subset R^4$，$\boldsymbol{x}(t)\to 0$；

(2) 对于任意扰动 $w\in L_2[0,+\infty)$，闭环系统具有扰动抑制性能，即

$$\int_0^\infty [q_1x^2(t)+q_2\theta^2(t)+q_3\dot{x}^2(t)+q_4\dot{\theta}^2(t)+\rho u^2(t)]\mathrm{d}t<\int_0^\infty w^2(t)\mathrm{d}t \tag{10.6}$$

其中，$q_i\geqslant 0(i=1,2,3,4)$和 $\rho>0$ 为加权系数，令

$$\boldsymbol{C}_1=\begin{bmatrix}\sqrt{q_1}&0&0&0\\0&\sqrt{q_2}&0&0\\0&0&\sqrt{q_3}&0\\0&0&0&\sqrt{q_4}\\0&0&0&0\end{bmatrix},\boldsymbol{D}_{12}=\begin{bmatrix}0\\0\\0\\0\\\sqrt{\rho}\end{bmatrix}$$

则式(10.6)等价于

$$\|\boldsymbol{z}\|_2<\|w\|_2 \tag{10.7}$$

定义 $T_{zw}(s)$为 w 至 z 的闭环传递函数，表达式为

$$\|T_{zw}(s)\|_\infty=\sup_{w\neq 0}\frac{\|\boldsymbol{z}\|_2}{\|w\|_2} \tag{10.8}$$

则闭环系统的扰动抑制性能等价于 $\|T_{zw}(s)\|_\infty<1$。

10.3 基于 LMI 的 H_∞ 控制

定理 10.1[1] 对于带有控制输入干扰 w 的模型式(10.5),给定 $\gamma>0$,存在 $\boldsymbol{P}_1=\boldsymbol{P}_1^{\mathrm{T}}>0$ 和 $\boldsymbol{P}_2$,如果满足不等式:

$$\begin{bmatrix} \boldsymbol{A}\boldsymbol{P}_1+\boldsymbol{P}_1\boldsymbol{A}^{\mathrm{T}}+\boldsymbol{B}_2\boldsymbol{P}_2+\boldsymbol{P}_2^{\mathrm{T}}\boldsymbol{B}_2^{\mathrm{T}}+\gamma^{-2}\boldsymbol{B}_1\boldsymbol{B}_1^{\mathrm{T}} & (\boldsymbol{C}_1\boldsymbol{P}_1+\boldsymbol{D}_{12}\boldsymbol{P}_2)^{\mathrm{T}} \\ \boldsymbol{C}_1\boldsymbol{P}_1+\boldsymbol{D}_{12}\boldsymbol{P}_2 & -\boldsymbol{I} \end{bmatrix}<0 \tag{10.9}$$

则状态反馈鲁棒控制器为:

$$u=\boldsymbol{K}\boldsymbol{x}=\boldsymbol{P}_2\boldsymbol{P}_1^{-1}\boldsymbol{x} \tag{10.10}$$

其中,$\boldsymbol{K}=[k_1 \quad k_2 \quad k_3 \quad k_4]$。

采用定理 10.1 求解倒立摆系统(10.10)的状态反馈控制增益 $\boldsymbol{K}$ 时,需要两个 LMI,其中一个 LMI 为式(10.9),另一个 LMI 为 $\boldsymbol{P}_1>0$,即

$$-\boldsymbol{P}_1<0 \tag{10.11}$$

10.4 仿真实例

针对倒立摆式(10.1)和式(10.2),仿真中取参数为:$g=9.8$,$M=1.0$,$m=0.10$,$L=0.5$。初始条件取 $\theta(0)=30°$,$\dot{\theta}(0)=0.2°/\mathrm{s}$,$x(0)=0$,$\dot{x}(0)=0$,其中摆动角度及角速度值应转变为弧度值。取控制输入扰动 $w=0.01\sin t$。

在(10.6)式中,取 $q_1=1.0$,$q_2=1.0$,$q_3=1.0$,$q_4=1.0$,$\rho=1$。采用以下两种方法进行仿真。取 $\gamma=100$,运行基于 LMI 的控制器增益求解程序 chap10_1LMI.m,求解 LMI 不等式(10.9)和式(10.11),得 $\boldsymbol{K}=[36.3149 \quad 1.8765 \quad 6.3851 \quad 3.6704]$。倒立摆响应结果及控制器输出如图 10.1 至图 10.3 所示。

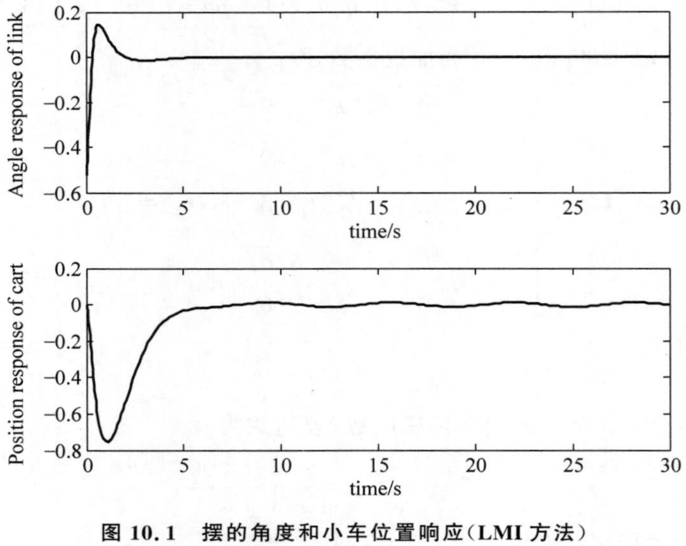

图 10.1 摆的角度和小车位置响应(LMI 方法)

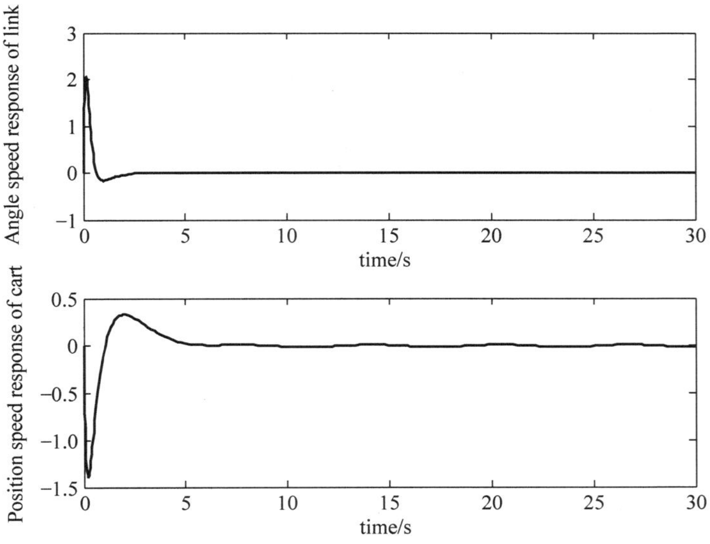

图 10.2 摆的角速度和小车速度响应(LMI 方法)

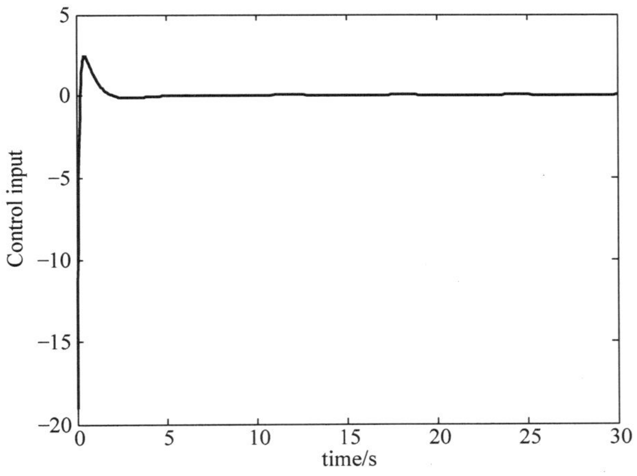

图 10.3 控制输入(LMI 方法)

仿真程序

1. LMI 的控制器增益求解程序：chap10_1LMI.m

```
% H Infinity Controller Design based on LMI for Single Link Inverted Pendulum
clear all;
close all;

%Single Link Inverted Pendulum Parameters
g = 9.8;M = 1.0;m = 0.1;L = 0.5;
I = 1/12 * m * L^2;
l = 1/2 * L;
t1 = m * (M + m) * g * l/[(M + m) * I + M * m * l^2];
t2 = - m^2 * g * l^2/[(m + M) * I + M * m * l^2];
```

```
t3 = -m*l/[(M+m)*I+M*m*l^2];
t4 = (I+m*l^2)/[(m+M)*I+M*m*l^2];

A = [0,0,1,0;
    0,0,0,1;
    t1,0,0,0;
    t2,0,0,0];
B2 = [0;0;t3;t4];
B1 = [0;0;1;1];
%%%%%%%%%%%%%%%%%%%%%%%%%%%%%%%%%%%%%%%%%%%%%%%%%%%%%%%%%%%%
q1 = 1;q2 = 1;q3 = 1;q4 = 1;
q = [q1,q2,q3,q4];
gama = 100;

C1 = [diag(q);zeros(1,4)];
rho = 1;
D12 = [0;0;0;0;rho];
D11 = zeros(5,1);
%%%%%%%%%%%%%%%%%%%%%%%%%%%%%%%%%%%%%%%%%%%%%%%%%%%%%%%%%%%%
P1 = sdpvar(4,4);
P2 = sdpvar(1,4);

FAI = [A*P1+P1*A'+B2*P2+P2'*B2'+1/gama^2*B1*B1' (C1*P1+D12*P2)';
C1*P1+D12*P2 -eye(5)];

%LMI description
L1 = set(P1>0);
L2 = set(FAI<0);
LL = L1+L2;

solvesdp(LL);

P1 = double(P1);
P2 = double(P2);

K = P2*inv(P1)
```

2. 控制系统仿真

(1) Simulink 主程序：chap10_2sim. mdl

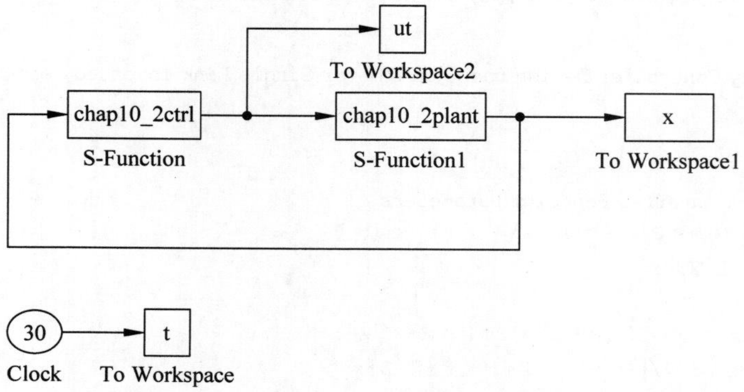

(2) 被控对象子程序：chap10_2plant. m

```
function [sys,x0,str,ts] = spacemodel(t,x,u,flag)
switch flag,
case 0,
    [sys,x0,str,ts] = mdlInitializeSizes;
case 1,
    sys = mdlDerivatives(t,x,u);
case 3,
    sys = mdlOutputs(t,x,u);
case {2,4,9}
    sys = [];
otherwise
    error(['Unhandled flag = ',num2str(flag)]);
end
function [sys,x0,str,ts] = mdlInitializeSizes
sizes = simsizes;
sizes.NumContStates = 4;
sizes.NumDiscStates = 0;
sizes.NumOutputs = 4;
sizes.NumInputs = 1;
sizes.DirFeedthrough = 0;
sizes.NumSampleTimes = 1; % At least one sample time is needed
sys = simsizes(sizes);
x0 = [-30/57.3,0,0.20/57.3,0];      % Initial state
str = [];
ts = [0 0];
function sys = mdlDerivatives(t,x,u)    % Time-varying model
% Single Link Inverted Pendulum Parameters
g = 9.8;M = 1.0;m = 0.1;L = 0.5;
I = 1/12 * m * L^2;
l = 1/2 * L;
t1 = m * (M + m) * g * l/[(M + m) * I + M * m * l^2];
t2 = - m^2 * g * l^2/[(m + M) * I + M * m * l^2];
t3 = - m * l/[(M + m) * I + M * m * l^2];
t4 = (I + m * l^2)/[(m + M) * I + M * m * l^2];

A = [0,0,1,0;
   0,0,0,1;
   t1,0,0,0;
   t2,0,0,0];
B2 = [0;0;t3;t4];
B1 = [0;0;1;1];

w = 0.01 * sin(t);
% State equation for one link inverted pendulum
D = A * x + B1 * w + B2 * u;
sys(1) = x(3);
sys(2) = x(4);
sys(3) = D(3);
sys(4) = D(4);
```

```
function sys = mdlOutputs(t,x,u)
sys(1) = x(1);                          % Angle
sys(2) = x(2);                          % Cart position
sys(3) = x(3);                          % Angle speed
sys(4) = x(4);                          % Cart speed
```

(3) 控制器子程序：chap10_2ctrl. m

```
function [sys,x0,str,ts] = spacemodel(t,x,u,flag)
switch flag,
case 0,
    [sys,x0,str,ts] = mdlInitializeSizes;
case 3,
sys = mdlOutputs(t,x,u);
case {2,4,9}
sys = [];
otherwise
error(['Unhandled flag = ',num2str(flag)]);
end
function [sys,x0,str,ts] = mdlInitializeSizes
sizes = simsizes;
sizes.NumContStates = 0;
sizes.NumDiscStates = 0;
sizes.NumOutputs = 1;
sizes.NumInputs = 4;
sizes.DirFeedthrough = 1;
sizes.NumSampleTimes = 0;
sys = simsizes(sizes);
x0 = [];
str = [];
ts = [];
function sys = mdlOutputs(t,x,u)
M = 1;
if M == 1                               % Riccati equation
    K = [29.0040 1.0395 5.3031 2.2403];
elseif M == 2                           % LMI
    K = [36.3149 1.8765 6.3851 3.6704];
end

X = [u(1) u(2) u(3) u(4)]';             % x = [th,x.dth,dx]
ut = K * X;
sys(1) = ut;
```

(4) 作图子程序：chap10_2plot. m

```
close all;
figure(1);
subplot(211);
plot(t,x(:,1),'k','linewidth',2);
xlabel('time(s)');ylabel('Angle response of link');
subplot(212);
plot(t,x(:,2),'k','linewidth',2);
```

```
xlabel('time(s)');ylabel('Position response of cart');

figure(2);
subplot(211);
plot(t,x(:,3),'k','linewidth',2);
xlabel('time(s)');ylabel('Angle speed response of link');
subplot(212);
plot(t,x(:,4),'k','linewidth',2);
xlabel('time(s)');ylabel('Position speed response of cart');

figure(3);
plot(t,ut,'k','linewidth',2);
xlabel('time(s)');ylabel('Control input');
```

参考文献

[1] 俞立.鲁棒控制——线性矩阵不等式处理方法[M].北京：清华大学出版社,2002.

第11章 基于LMI的神经网络自适应控制

11.1 系统描述

考虑如下对象

$$\dot{x}_1 = x_2$$
$$\dot{x}_2 = u + f(\boldsymbol{x})$$

写成状态方程为

$$\dot{\boldsymbol{x}} = \boldsymbol{A}\boldsymbol{x} + \boldsymbol{B}[u + f(\boldsymbol{x})] \tag{11.1}$$

其中，$\boldsymbol{A} = \begin{bmatrix} 0 & 1 \\ 0 & 0 \end{bmatrix}$，$\boldsymbol{x} = [x_1 \quad x_2]^{\mathrm{T}}$，$u$ 为控制输入，$f(\boldsymbol{x})$为未知函数，$\boldsymbol{B} = [0 \quad 1]^{\mathrm{T}}$。

控制目标为通过设计控制器，实现 $t\to\infty$时，$\boldsymbol{x}\to 0$。

11.2 RBF 神经网络设计

采用 RBF 网络可实现未知函数 $f(\boldsymbol{x})$的逼近，RBF 网络算法为

$$h_j = g(\| \boldsymbol{x} - \boldsymbol{c}_{ij} \|^2 / b_j^2)$$
$$f(\boldsymbol{x}) = \boldsymbol{W}^{*\mathrm{T}} \boldsymbol{h}(\boldsymbol{x}) + \varepsilon$$

其中，$\boldsymbol{x}$ 为网络的输入，i 为网络的输入个数，j 为网络隐含层第 j 个节点，$\boldsymbol{h} = [h_1, h_2, \cdots, h_n]^{\mathrm{T}}$，为高斯函数的输出，$\boldsymbol{W}^*$ 为网络的理想权值，ε 为网络的逼近误差，$|\varepsilon| \leqslant \varepsilon_{\mathrm{N}}$。

采用 RBF 逼近未知函数 $f(\boldsymbol{x})$，网络的输入取 $\boldsymbol{x} = [x_1 \quad x_2]^{\mathrm{T}}$，则 RBF 网络的输出为

$$\hat{f}(\boldsymbol{x}) = \hat{\boldsymbol{W}}^{\mathrm{T}} \boldsymbol{h}(\boldsymbol{x}) \tag{11.2}$$

则

$$\tilde{f}(\boldsymbol{x}) = f(\boldsymbol{x}) - \hat{f}(\boldsymbol{x}) = \boldsymbol{W}^{*\mathrm{T}} \boldsymbol{h}(\boldsymbol{x}) + \varepsilon - \hat{\boldsymbol{W}}^{\mathrm{T}} \boldsymbol{h}(\boldsymbol{x}) = \tilde{\boldsymbol{W}}^{\mathrm{T}} \boldsymbol{h}(\boldsymbol{x}) + \varepsilon$$

其中，$\tilde{\boldsymbol{W}} = \boldsymbol{W}^* - \hat{\boldsymbol{W}}$。

11.3 控制器的设计与分析

控制器设计为

$$u = \boldsymbol{Kx} - \hat{f}(\boldsymbol{x}) \tag{11.3}$$

其中，$\boldsymbol{K} = [k_1 \quad k_2]$。

控制目标为通过设计 LMI 求解 $\boldsymbol{K}$，实现 $t \to \infty$ 时，$\boldsymbol{x} \to 0$。

设计 Lyapunov 函数如下

$$V = \boldsymbol{x}^{\mathrm{T}} \boldsymbol{P x} + \frac{1}{\gamma} \widetilde{\boldsymbol{W}}^{\mathrm{T}} \widetilde{\boldsymbol{W}}$$

其中，$\boldsymbol{P} > 0$，$\boldsymbol{P} = \boldsymbol{P}^{\mathrm{T}}$，$\gamma > 0$。

通过 $\boldsymbol{P}$ 的设计可有效地调节 $\boldsymbol{x}$ 的收敛效果，并有利于 LMI 的求解。则

$$\begin{aligned}
\dot{V} &= 2\boldsymbol{x}^{\mathrm{T}} \boldsymbol{P} \dot{\boldsymbol{x}} - \frac{2}{\gamma} \widetilde{\boldsymbol{W}}^{\mathrm{T}} \dot{\hat{\boldsymbol{W}}} = 2\boldsymbol{x}^{\mathrm{T}} \boldsymbol{P} \{\boldsymbol{A x} + \boldsymbol{B}[u + f(\boldsymbol{x})]\} - \frac{2}{\gamma} \widetilde{\boldsymbol{W}}^{\mathrm{T}} \dot{\hat{\boldsymbol{W}}} \\
&= 2\boldsymbol{x}^{\mathrm{T}} \boldsymbol{P} \{\boldsymbol{A x} + \boldsymbol{B}[\boldsymbol{K x} - \hat{f}(\boldsymbol{x}) + f(\boldsymbol{x})]\} - \frac{2}{\gamma} \widetilde{\boldsymbol{W}}^{\mathrm{T}} \dot{\hat{\boldsymbol{W}}} \\
&= 2\boldsymbol{x}^{\mathrm{T}} \boldsymbol{P} \{\boldsymbol{A x} + \boldsymbol{B}[\boldsymbol{K x} + \widetilde{\boldsymbol{W}}^{\mathrm{T}} \boldsymbol{h}(\boldsymbol{x}) + \varepsilon]\} - \frac{2}{\gamma} \widetilde{\boldsymbol{W}}^{\mathrm{T}} \dot{\hat{\boldsymbol{W}}} \\
&= 2\boldsymbol{x}^{\mathrm{T}} \boldsymbol{P}(\boldsymbol{A} + \boldsymbol{B K}) \boldsymbol{x} + 2\widetilde{\boldsymbol{W}}^{\mathrm{T}} \left(\boldsymbol{x}^{\mathrm{T}} \boldsymbol{P B h}(\boldsymbol{x}) - \frac{1}{\gamma} \dot{\hat{\boldsymbol{W}}} \right) + 2\boldsymbol{x}^{\mathrm{T}} \boldsymbol{P B} \varepsilon
\end{aligned}$$

设计神经网络自适应律为

$$\dot{\hat{\boldsymbol{W}}} = \gamma \boldsymbol{x}^{\mathrm{T}} \boldsymbol{P B h}(\boldsymbol{x}) \tag{11.4}$$

则

$$\begin{aligned}
\dot{\boldsymbol{V}} &= 2\boldsymbol{x}^{\mathrm{T}} \boldsymbol{P}(\boldsymbol{A} + \boldsymbol{B K}) \boldsymbol{x} + 2\boldsymbol{x}^{\mathrm{T}} \boldsymbol{P B} \varepsilon \leqslant 2\boldsymbol{x}^{\mathrm{T}} \boldsymbol{P}(\boldsymbol{A} + \boldsymbol{B K}) \boldsymbol{x} + \delta \boldsymbol{x}^{\mathrm{T}} \boldsymbol{P B}(\boldsymbol{x}^{\mathrm{T}} \boldsymbol{P B})^{\mathrm{T}} + \frac{1}{\delta} \varepsilon_{\mathrm{N}}^{2} \\
&= \boldsymbol{x}^{\mathrm{T}} \{\boldsymbol{P}(\boldsymbol{A} + \boldsymbol{B K}) + [\boldsymbol{P}(\boldsymbol{A} + \boldsymbol{B K})]^{\mathrm{T}} + \delta \boldsymbol{P B B}^{\mathrm{T}} \boldsymbol{P}\} \boldsymbol{x} + \frac{1}{\delta} \varepsilon_{\mathrm{N}}^{2}
\end{aligned}$$

其中，$\delta > 0$。

令

$$\boldsymbol{\Phi} = \boldsymbol{P}(\boldsymbol{A} + \boldsymbol{B K}) + [\boldsymbol{P}(\boldsymbol{A} + \boldsymbol{B K})]^{\mathrm{T}} + \delta \boldsymbol{P B B}^{\mathrm{T}} \boldsymbol{P}$$

为使$\boldsymbol{\Phi} + \alpha \boldsymbol{P} < 0$，$\alpha > 0$，则取

$$[\boldsymbol{P}(\boldsymbol{A} + \boldsymbol{B K}) + *] + \delta \boldsymbol{P B B}^{\mathrm{T}} \boldsymbol{P} + \alpha \boldsymbol{P} < 0$$

其中，$*$ 为左边项的转置。

左右同乘以 $\operatorname{diag} \boldsymbol{P}^{-1}$，可得

$$[(\boldsymbol{A} + \boldsymbol{B K}) \boldsymbol{P}^{-1} + *] + \delta \boldsymbol{B B}^{\mathrm{T}} + \alpha \boldsymbol{P}^{-1} < 0$$

令 $\boldsymbol{Q} = \boldsymbol{P}^{-1}$，$\boldsymbol{R} = \boldsymbol{K Q}$，则可得第一个 LMI 为

$$\boldsymbol{\Psi} = [\boldsymbol{A Q} + \boldsymbol{B R} + *] + \delta \boldsymbol{B B}^{\mathrm{T}} + \alpha \boldsymbol{Q} < 0 \tag{11.5}$$

根据 $\boldsymbol{Q} = \boldsymbol{P}^{-1}$，$\boldsymbol{P} > 0$，可得第二个 LMI 为

$$\boldsymbol{Q} > 0 \tag{11.6}$$

根据以上两个 LMI 可求 $\boldsymbol{R}$ 和 $\boldsymbol{Q}$，由 $\boldsymbol{R} = \boldsymbol{K Q}$ 可得

$$\boldsymbol{K} = \boldsymbol{R Q}^{-1} \tag{11.7}$$

收敛性分析如下：根据上述分析可知

$$\dot{V} \leqslant \boldsymbol{x}^{\mathrm{T}}\boldsymbol{\Phi x} + \frac{1}{\delta}\varepsilon_{\mathrm{N}}^{2} = -\alpha \boldsymbol{x}^{\mathrm{T}}\boldsymbol{P x} + \frac{1}{\delta}\varepsilon_{\mathrm{N}}^{2} = -\alpha \boldsymbol{V} + \frac{1}{\delta}\varepsilon_{\mathrm{N}}^{2}$$

收敛分析：根据 $\dot{\boldsymbol{V}} \leqslant -\alpha V + \frac{1}{\delta}\varepsilon_{\mathrm{N}}^{2}$，则根据不等式方程 $\dot{V} \leqslant -\alpha V + f$ 求解引理[1]，该不等式方程的解为

$$V(t) \leqslant \mathrm{e}^{-\alpha t}V(0) + \frac{1}{\delta}\varepsilon_{\mathrm{N}}^{2}\int_{0}^{t}\mathrm{e}^{-\alpha(t-\tau)}d\tau = \mathrm{e}^{-\alpha t}V(0) + \frac{1}{\alpha\delta}\varepsilon_{\mathrm{N}}^{2}(1-\mathrm{e}^{-\alpha t})$$

其中，$\int_{0}^{t}\mathrm{e}^{-\alpha(t-\tau)}d\tau = \frac{1}{\alpha}\mathrm{e}^{-\alpha t}\int_{0}^{t}\mathrm{e}^{\alpha\tau}d\alpha\tau = \frac{1}{\alpha}\mathrm{e}^{-\alpha t}(\mathrm{e}^{\alpha t}-1) = \frac{1}{\alpha}(1-\mathrm{e}^{-\alpha t})$。

即

$$\lim_{t\to\infty}V(t) \leqslant \frac{1}{\alpha\delta}\varepsilon_{\mathrm{N}}^{2}$$

则 $V(t)$ 渐进收敛，收敛精度取决于 α 和 δ，$t\to\infty$ 时，$\boldsymbol{x}\to 0$。

11.4 仿真实例

被控对象取式(11.1)，$f(\boldsymbol{x})=10x_1x_2$，初始状态值为 $\boldsymbol{x}(0)=[1 \quad 0]$。

采用 LMI 程序 chap11_1LMI.m，取 $\alpha=3$，$\delta=10$，求解 LMI 式(11.5)和式(11.6)，MATLAB 运行后显示有可行解，解为 $\boldsymbol{K}=[-23.4116 \quad -11.4062]$，$\boldsymbol{P}=\begin{bmatrix}0.1226 & 0.0351\\ 0.0351 & 0.0174\end{bmatrix}$，控制律采用式(11.3)，将求得的 $\boldsymbol{K}$ 和 $\boldsymbol{P}$ 代入控制器程序 chap11_1ctrl.m。

根据网络输入 x_1 和 x_2 的实际范围来设计高斯基函数的参数，参数 $\boldsymbol{c}_i$ 和 $\boldsymbol{b}_i$ 取值分别为[−1 −0.5 0 0.5 1]和 3.0，网络权值中各个元素的初始值取 0.10。仿真结果如图 11.1 至图 11.3 所示。

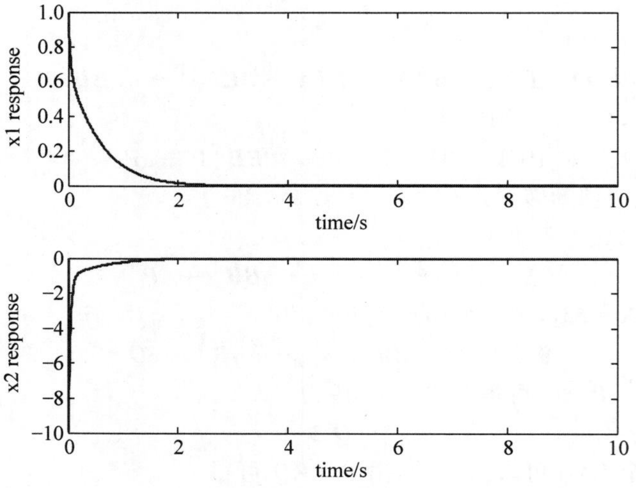

图 11.1 状态响应

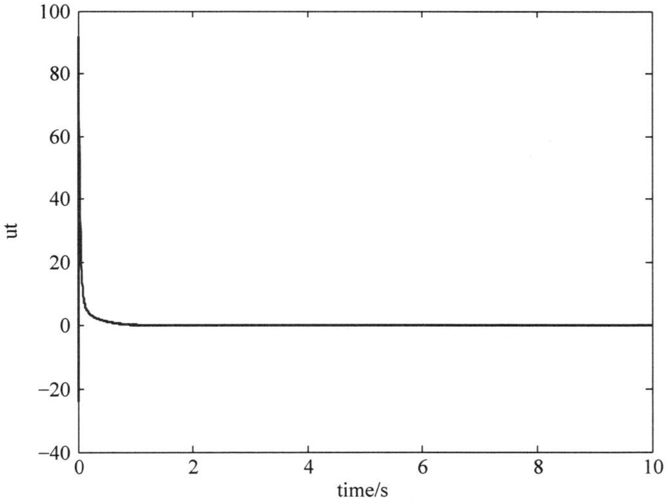

图 11.2　控制输入信号

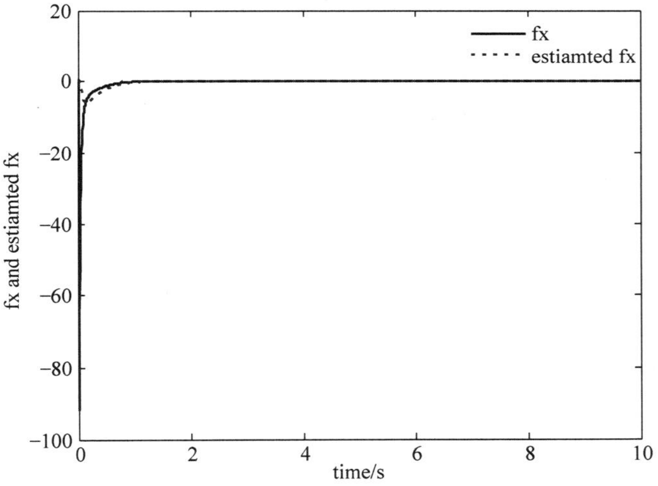

图 11.3　$f(x)$及其逼近

仿真程序：

(1) LMI 不等式求 $\boldsymbol{K}$ 程序：chap11_1LMI.m

```
clear all;
close all;

J = 1/133;b = 25/133;
A = [0 0;0 -b/J];
B = [0 1/J]';

P = sdpvar(2,2,'symmetric');
Q = sdpvar(2,2,'symmetric');
R = sdpvar(1,2);
```

```
alfa = 3;
delta = 10;

Fai = A * Q + B * R + (A * Q + B * R)' + delta * B * B' + alfa * Q;

 % First LMI
L1 = set(Fai < 0);
L2 = set(Q > 0);
L = L1 + L2;
solvesdp(L);

Q = double(Q);
R = double(R);

P = inv(Q)
K = R * inv(Q)
```

（2）Simulink 主程序：chap11_1sim. mdl

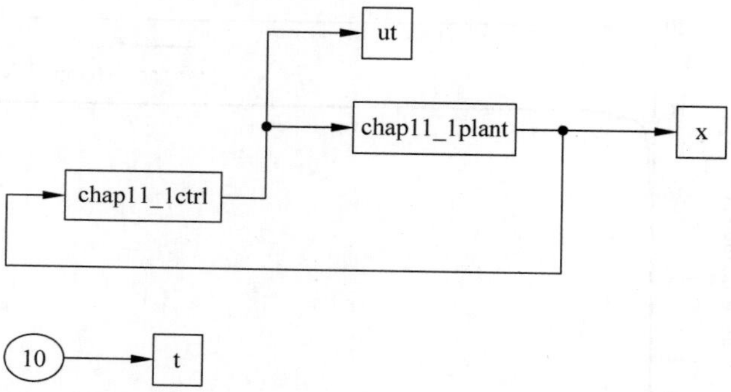

（3）被控对象 S 函数：chap11_1plant. m

```
function [sys,x0,str,ts] = spacemodel(t,x,u,flag)
switch flag,
case 0,
    [sys,x0,str,ts] = mdlInitializeSizes;
case 1,
    sys = mdlDerivatives(t,x,u);
case 3,
    sys = mdlOutputs(t,x,u);
case {2,4,9}
    sys = [];
otherwise
    error(['Unhandled flag = ',num2str(flag)]);
end
function [sys,x0,str,ts] = mdlInitializeSizes
sizes = simsizes;
sizes.NumContStates   = 2;
sizes.NumDiscStates   = 0;
sizes.NumOutputs      = 3;
```

```
sizes.NumInputs      = 2;
sizes.DirFeedthrough = 0;
sizes.NumSampleTimes = 0;
sys = simsizes(sizes);
x0 = [1 0];
str = [];
ts = [];
function sys = mdlDerivatives(t,x,u)
A = [0 1;
   0 - 25];
B = [0 133]';

ut = u(1);
fx = 10 * x(1) * x(2);
dx = A * x + B * (ut + fx);

sys(1) = dx(1);
sys(2) = dx(2);
function sys = mdlOutputs(t,x,u)
fx = 10 * x(1) * x(2);
sys(1) = x(1);
sys(2) = x(2);
sys(3) = fx;
```

(4) 控制器 S 函数：chap11_1ctrl.m

```
function [sys,x0,str,ts] = s_function(t,x,u,flag)
switch flag,
case 0,
    [sys,x0,str,ts] = mdlInitializeSizes;
case 1,
    sys = mdlDerivatives(t,x,u);
case 3,
    sys = mdlOutputs(t,x,u);
case {2, 4, 9 }
    sys = [];
otherwise
    error(['Unhandled flag = ',num2str(flag)]);
end
function [sys,x0,str,ts] = mdlInitializeSizes
global bj cij
cij = 0.5 * [ - 2 - 1 0 1 2;
            - 2 - 1 0 1 2];
bj = 3.0;

sizes = simsizes;
sizes.NumContStates  = 5;
sizes.NumDiscStates  = 0;
sizes.NumOutputs     = 2;
sizes.NumInputs      = 3;
sizes.DirFeedthrough = 1;
```

```
sizes.NumSampleTimes  = 0;
sys = simsizes(sizes);
x0  = [0.1 0.1 0.1 0.1 0.1];
str = [];
ts = [];
function sys = mdlDerivatives(t,x,u)
global bj cij
A = [0 1;
   0  - 25];
B = [0 133]';

x1 = u(1);
x2 = u(2);

W = [x(1) x(2) x(3) x(4) x(5)];
xi = [x1;x2];

h = zeros(5,1);
for j = 1:1:5
    h(j) = exp( - norm(xi - cij(:,j))^2/(2 * bj^2));
end
fn = W * h;

P = [0.1226      0.0351;
    0.0351      0.0174];

gama = 10;
for j = 1:1:5
    sys(j) = gama * xi' * P * B * h(j);
end
function sys = mdlOutputs(t,x,u)
global bj cij
x1 = u(1);
x2 = u(2);

W = [x(1) x(2) x(3) x(4) x(5)];
xi = [x1;x2];

h = zeros(5,1);
for j = 1:1:5
    h(j) = exp( - norm(xi - cij(:,j))^2/(2 * bj^2));
end
fn = W * h;
K = [ - 23.4116  - 11.4062];

ut = K * xi - fn;
sys(1) = ut;
sys(2) = fn;
```

(5) 作图程序：chap11_1plot.m

```
close all;

figure(1);
subplot(211);
plot(t,x(:,1),'r','linewidth',2);
xlabel('time(s)');ylabel('x1 response');
subplot(212);
plot(t,x(:,2),'r','linewidth',2);
xlabel('time(s)');ylabel('x2 response');

figure(2);
plot(t,ut(:,1),'r','linewidth',2);
xlabel('time(s)');ylabel('ut');

figure(3);
plot(t,x(:,3),'k',t,ut(:,2),'r:','linewidth',2);
xlabel('time(s)');ylabel('fx and estiamted fx');
legend('fx','estiamted fx');
```

参考文献

[1] Petros A I , Sun J. Robust adaptive control[M]. Englewood Cliffs, NJ:Prentice Hall, 1996,75-76.

第12章 基于LMI的Lipschitz非线性系统控制

12.1 基于 LMI 的 Lipschitz 非线性系统稳定镇定

12.1.1 系统描述

考虑如下带有 Lipschitz 条件的非线性系统

$$\dot{\boldsymbol{x}} = \boldsymbol{f}(\boldsymbol{x}) + \boldsymbol{A}\boldsymbol{x} + \boldsymbol{B}\boldsymbol{u} \tag{12.1}$$

其中，$\boldsymbol{x} \in \mathbf{R}^n$，$\boldsymbol{u} \in \mathbf{R}^n$，$\boldsymbol{A} \in \mathbf{R}^{n \times n}$，$\boldsymbol{B} \in \mathbf{R}^{n \times n}$。非线性函数 $\boldsymbol{f}(\boldsymbol{x})$ 满足 Lipschitz 条件，即

$$\| \boldsymbol{f}(\boldsymbol{x}) - \boldsymbol{f}(\bar{\boldsymbol{x}}) \| \leqslant \| \boldsymbol{L}(\boldsymbol{x} - \bar{\boldsymbol{x}}) \|$$

其中，$\boldsymbol{L}$ 为 Lipschitz 常数矩阵。

控制目标为 $t \to \infty$ 时，$\boldsymbol{x} \to 0$。

12.1.2 镇定控制器设计

控制律设计为

$$\boldsymbol{u} = \boldsymbol{F}\boldsymbol{x} - \boldsymbol{B}^{-1}\boldsymbol{f}(0) \tag{12.2}$$

其中，$\boldsymbol{F}$ 为状态反馈增益，可通过设计 LMI 求得。

定理 12.1[1] 如果满足如下不等式

$$\begin{bmatrix} \boldsymbol{A}^{\mathrm{T}}\boldsymbol{P} + \boldsymbol{M}^{\mathrm{T}} + \boldsymbol{P}\boldsymbol{A} + \boldsymbol{M} + \boldsymbol{L}^{\mathrm{T}}\boldsymbol{L} & \boldsymbol{P} \\ \boldsymbol{P} & -\boldsymbol{I} \end{bmatrix} < 0 \tag{12.3}$$

其中，$\boldsymbol{F} = (\boldsymbol{P}\boldsymbol{B})^{-1}\boldsymbol{M}$。

则由被控对象式(12.1)和控制律式(12.2)构成的闭环系统渐近稳定。

证明：取 Lyapunov 函数为

$$V = \boldsymbol{x}^{\mathrm{T}}\boldsymbol{P}\boldsymbol{x}$$

其中，$\boldsymbol{P} = \boldsymbol{P}^{\mathrm{T}} > 0$。

由于

$$\dot{\boldsymbol{x}} = \boldsymbol{f}(\boldsymbol{x}) - \boldsymbol{f}(0) + (\boldsymbol{A} + \boldsymbol{B}\boldsymbol{F})\boldsymbol{x}$$

从而

$$\dot{V}=(\boldsymbol{x}^{\mathrm{T}}\boldsymbol{P})'\boldsymbol{x}+\boldsymbol{x}^{\mathrm{T}}\boldsymbol{P}\dot{\boldsymbol{x}}=\dot{\boldsymbol{x}}^{\mathrm{T}}\boldsymbol{P}\boldsymbol{x}+\boldsymbol{x}^{\mathrm{T}}\boldsymbol{P}\dot{\boldsymbol{x}}$$
$$=[\boldsymbol{f}(\boldsymbol{x})-\boldsymbol{f}(0)+(\boldsymbol{A}+\boldsymbol{BF})\boldsymbol{x}]^{\mathrm{T}}\boldsymbol{P}\boldsymbol{x}+\boldsymbol{x}^{\mathrm{T}}\boldsymbol{P}[\boldsymbol{f}(\boldsymbol{x})-\boldsymbol{f}(0)+(\boldsymbol{A}+\boldsymbol{BF})\boldsymbol{x}]$$
$$=[\boldsymbol{f}(\boldsymbol{x})-\boldsymbol{f}(0)]^{\mathrm{T}}\boldsymbol{P}\boldsymbol{x}+\boldsymbol{x}^{\mathrm{T}}(\boldsymbol{A}+\boldsymbol{BF})^{\mathrm{T}}\boldsymbol{P}\boldsymbol{x}+\boldsymbol{x}^{\mathrm{T}}\boldsymbol{P}[\boldsymbol{f}(\boldsymbol{x})-\boldsymbol{f}(0)]+\boldsymbol{x}^{\mathrm{T}}\boldsymbol{P}(\boldsymbol{A}+\boldsymbol{BF})\boldsymbol{x}$$

由于 $\boldsymbol{f}(\boldsymbol{x})$满足 Lipschitz 条件,则

$$[\boldsymbol{f}(\boldsymbol{x})-\boldsymbol{f}(0)]^{\mathrm{T}}[\boldsymbol{f}(\boldsymbol{x})-\boldsymbol{f}(0)]\leqslant[\boldsymbol{L}(\boldsymbol{x}-0)]^{\mathrm{T}}\boldsymbol{L}(\boldsymbol{x}-0)=\boldsymbol{x}^{\mathrm{T}}\boldsymbol{L}^{\mathrm{T}}\boldsymbol{L}\boldsymbol{x}$$

即 $\boldsymbol{x}^{\mathrm{T}}\boldsymbol{L}^{\mathrm{T}}\boldsymbol{L}\boldsymbol{x}-[\boldsymbol{f}(\boldsymbol{x})-\boldsymbol{f}(0)]^{\mathrm{T}}[\boldsymbol{f}(\boldsymbol{x})-\boldsymbol{f}(0)]\geqslant 0$,则

$$\dot{V}\leqslant[\boldsymbol{f}(\boldsymbol{x})-\boldsymbol{f}(0)]^{\mathrm{T}}\boldsymbol{P}\boldsymbol{x}+\boldsymbol{x}^{\mathrm{T}}(\boldsymbol{A}+\boldsymbol{BF})^{\mathrm{T}}\boldsymbol{P}\boldsymbol{x}+\boldsymbol{x}^{\mathrm{T}}\boldsymbol{P}[\boldsymbol{f}(\boldsymbol{x})-\boldsymbol{f}(0)]+\boldsymbol{x}^{\mathrm{T}}\boldsymbol{P}(\boldsymbol{A}+\boldsymbol{BF})\boldsymbol{x}+$$
$$\boldsymbol{x}^{\mathrm{T}}\boldsymbol{L}^{\mathrm{T}}\boldsymbol{L}\boldsymbol{x}-[\boldsymbol{f}(\boldsymbol{x})-\boldsymbol{f}(0)]^{\mathrm{T}}[\boldsymbol{f}(\boldsymbol{x})-\boldsymbol{f}(0)] \tag{12.4}$$

令 $\boldsymbol{Y}=\begin{bmatrix}\boldsymbol{x}\\ \boldsymbol{f}(\boldsymbol{x})-\boldsymbol{f}(0)\end{bmatrix}^{\mathrm{T}}$,则 $\boldsymbol{Y}^{\mathrm{T}}=[\boldsymbol{x}^{\mathrm{T}}\quad(\boldsymbol{f}(\boldsymbol{x})-\boldsymbol{f}(0))^{\mathrm{T}}]$。由于

$$\boldsymbol{x}^{\mathrm{T}}(\boldsymbol{A}+\boldsymbol{BF})^{\mathrm{T}}\boldsymbol{P}\boldsymbol{x}+\boldsymbol{x}^{\mathrm{T}}\boldsymbol{P}(\boldsymbol{A}+\boldsymbol{BF})\boldsymbol{x}+\boldsymbol{x}^{\mathrm{T}}\boldsymbol{L}^{\mathrm{T}}\boldsymbol{L}\boldsymbol{x}=\boldsymbol{x}^{\mathrm{T}}[(\boldsymbol{A}+\boldsymbol{BF})^{\mathrm{T}}\boldsymbol{P}\boldsymbol{x}+$$
$$\boldsymbol{P}(\boldsymbol{A}+\boldsymbol{BF})+\boldsymbol{L}^{\mathrm{T}}\boldsymbol{L}]\boldsymbol{x}$$

则式(12.4)可表示为

$$\dot{V}\leqslant\boldsymbol{Y}^{\mathrm{T}}\boldsymbol{\Omega}\boldsymbol{Y}$$

其中,$\boldsymbol{\Omega}=\begin{bmatrix}(\boldsymbol{A}^{\mathrm{T}}+\boldsymbol{F}^{\mathrm{T}}\boldsymbol{B}^{\mathrm{T}})\boldsymbol{P}+\boldsymbol{P}(\boldsymbol{A}+\boldsymbol{FB})+\boldsymbol{L}^{\mathrm{T}}\boldsymbol{L} & \boldsymbol{P}\\ \boldsymbol{P} & -\boldsymbol{I}\end{bmatrix}$。

为了保证 $\dot{V}\leqslant 0$,只需 $\boldsymbol{Y}^{\mathrm{T}}\boldsymbol{\Omega}\boldsymbol{Y}<0$,即$\boldsymbol{\Omega}<0$,亦即

$$\begin{bmatrix}(\boldsymbol{A}^{\mathrm{T}}+\boldsymbol{F}^{\mathrm{T}}\boldsymbol{B}^{\mathrm{T}})\boldsymbol{P}+\boldsymbol{P}(\boldsymbol{A}+\boldsymbol{FB})+\boldsymbol{L}^{\mathrm{T}}\boldsymbol{L} & \boldsymbol{P}\\ \boldsymbol{P} & -\boldsymbol{I}\end{bmatrix}<0 \tag{12.5}$$

在 LMI 式(12.5)中,由于 $\boldsymbol{F}$ 和 $\boldsymbol{P}$ 均未知,为了求解 LMI,需要将该式线性化,设定 $\boldsymbol{M}=\boldsymbol{PBF}$,此时 LMI 表示为

$$\begin{bmatrix}\boldsymbol{A}^{\mathrm{T}}\boldsymbol{P}+\boldsymbol{M}^{\mathrm{T}}+\boldsymbol{PA}+\boldsymbol{M}+\boldsymbol{L}^{\mathrm{T}}\boldsymbol{L} & \boldsymbol{P}\\ \boldsymbol{P} & -\boldsymbol{I}\end{bmatrix}<0 \tag{12.6}$$

通过 LMI 可得 $\boldsymbol{M}$ 和 $\boldsymbol{P}$,从而可得 $\boldsymbol{F}=(\boldsymbol{PB})^{-1}\boldsymbol{M}$。

另一个 LMI 为

$$\boldsymbol{P}=\boldsymbol{P}^{\mathrm{T}}>0 \tag{12.7}$$

12.1.3 仿真实例

考虑混沌系统被控对象式(12.1),取 $\boldsymbol{A}=\begin{bmatrix}-2.548 & 9.1 & 0\\ 1 & -1 & 1\\ 0 & -14.2 & 0\end{bmatrix}$,$\boldsymbol{B}=\begin{bmatrix}1 & 0 & 0\\ 0 & 1 & 0\\ 0 & 0 & 1\end{bmatrix}$,

$\boldsymbol{f}(\boldsymbol{x})=\dfrac{1}{2}\begin{bmatrix}1x_1+a_1|-|x_1-a_2|\\ 0\\ 0\end{bmatrix}$。

根据 $\boldsymbol{f}(\boldsymbol{x})$表达式,可得 Lipschitz 常数矩阵为 $\boldsymbol{L}=\begin{bmatrix}2 & 0 & 0\\ 0 & 0 & 0\\ 0 & 0 & 0\end{bmatrix}$。解 LMI 式(12.6)和

式(12.7),可得 $F=\begin{bmatrix}-1.5075 & -5.05 & 0\\ -5.05 & -0.5 & 6.6\\ 0 & 6.6 & -1.5\end{bmatrix}$,采用控制律式(12.2),仿真结果如图 12.1 和图 12.2 所示。

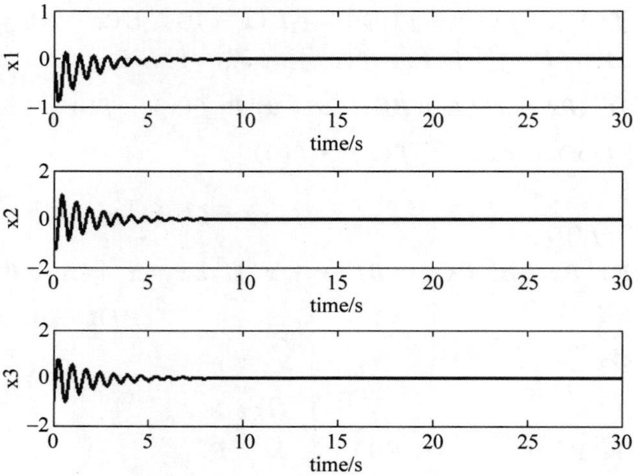

图 12.1　系统的状态响应结果

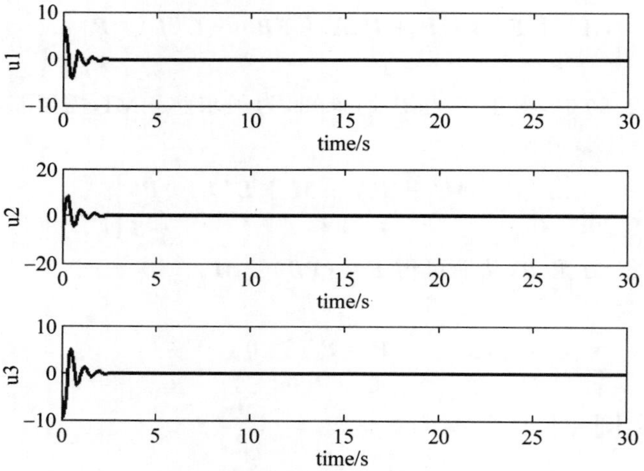

图 12.2　控制输入

附录：Lipschitz 常数矩阵的求法

当 $\xi\in[a,b]$,$f(\xi)$为定义在该区间上的光滑函数,根据中值定理,有 $f(a)-f(b)=f'(\xi)(a-b)$,则

$$|f(a)-f(b)|=|f'(\xi)(a-b)|\leqslant \max(|f'(\xi)|)|a-b|$$

其中,$L=\max(|f'(\xi)|)$。

由于$\dfrac{\partial f(1)}{\partial x_1}=\dfrac{1}{2}\dfrac{\partial(|x_1+a_1|-|x_1-a_2|)}{\partial x_1}$,且

$$|x_1+a_1|-|x_1-a_2|$$

$$
=\begin{cases}x_1+a_1-(x_1-a_2)=a_2-a_1 & x_1+a_1>0\text{ 且 }x_1-a_2>0\\ x_1+a_1+(x_1-a_2)=2x_1-a_2+a_1 & x_1+a_1>0\text{ 且 }x_1-a_2<0\\ -(x_1+a_1)-(x_1-a_2)=-2x_1-a_1+a_2 & x_1+a_1<0\text{ 且 }x_1-a_2>0\\ -(x_1+a_1)+(x_1-a_2)=-a_1-a_2 & x_1+a_1<0\text{ 且 }x_1-a_2<0\end{cases}
$$

根据

$$
\frac{\partial \boldsymbol{f}(\boldsymbol{x})}{\partial x}=\begin{bmatrix}\frac{\partial \boldsymbol{f}(1)}{\partial x_1} & \frac{\partial \boldsymbol{f}(1)}{\partial x_2} & \frac{\partial \boldsymbol{f}(1)}{\partial x_3}\\ \frac{\partial \boldsymbol{f}(2)}{\partial x_2} & \frac{\partial \boldsymbol{f}(2)}{\partial x_2} & \frac{\partial \boldsymbol{f}(2)}{\partial x_2}\\ \frac{\partial \boldsymbol{f}(3)}{\partial x_3} & \frac{\partial \boldsymbol{f}(3)}{\partial x_3} & \frac{\partial \boldsymbol{f}(3)}{\partial x_3}\end{bmatrix}
$$

则有$\frac{\partial \boldsymbol{f}(1)}{\partial x_1}$为 0 或 1 或 −1 或 0，从而有

$$
\max\left(\frac{\partial \boldsymbol{f}(\boldsymbol{x})}{\partial \boldsymbol{x}}\right)=\begin{bmatrix}1&0&0\\0&0&0\\0&0&0\end{bmatrix}
$$

则根据 $\|\boldsymbol{f}(\boldsymbol{x})-\boldsymbol{f}(\bar{\boldsymbol{x}})\|\leqslant\|\boldsymbol{L}(\boldsymbol{x}-\bar{\boldsymbol{x}})\|$，可令 $\boldsymbol{L}\geqslant\max(f'(\boldsymbol{x}))$，从而得到

$$
\boldsymbol{L}=\begin{bmatrix}2&0&0\\0&0&0\\0&0&0\end{bmatrix}
$$

仿真程序：

(1) LMI 设计程序：chap12_1lmi. m

```
clear all;
close all;

 % First example on the paper by M.Rehan
A = [ - 2.548 9.1 0;
     1 - 1 1;
     0 - 14.2 0];
B = [1 0 0;
     0 1 0;
     0 0 1];

L = [2 0 0;
   0 0 0;
   0 0 0];

P = sdpvar(3,3);
F = sdpvar(3,3);
M = sdpvar(3,3);

FAI = [A' * P + M' + P * A + M + L' * L   P;P  - eye(3)] ;                    % M = PBF

 % LMI description
L1 = set(P > 0);
```

```
L2 = set(FAI < 0);
LL = L1 + L2;

solvesdp(LL);

P = double(P);
M = double(M)

F = inv(P * B) * M
```

(2) Simulink 主程序：chap12_1sim.mdl

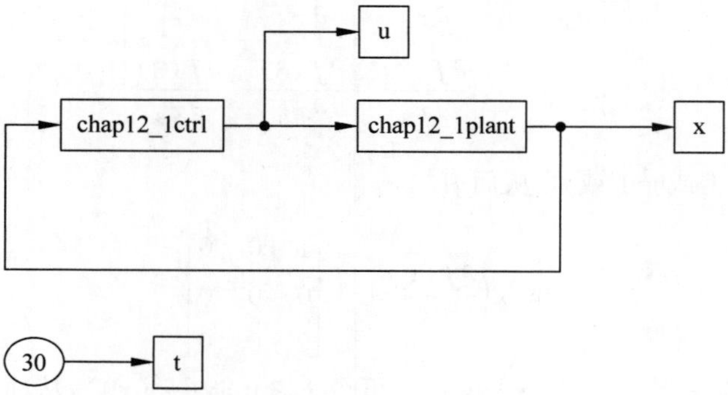

(3) 控制器程序：chap12_1ctrl.m

```
function [sys,x0,str,ts] = spacemodel(t,x,u,flag)
switch flag,
case 0,
    [sys,x0,str,ts] = mdlInitializeSizes;
case 3,
    sys = mdlOutputs(t,x,u);
case {2,4,9}
    sys = [];
otherwise
    error(['Unhandled flag = ',num2str(flag)]);
end
function [sys,x0,str,ts] = mdlInitializeSizes
sizes = simsizes;
sizes.NumContStates = 0;
sizes.NumDiscStates = 0;
sizes.NumOutputs = 3;
sizes.NumInputs = 3;
sizes.DirFeedthrough = 1;
sizes.NumSampleTimes = 1;
sys = simsizes(sizes);
x0 = [];
str = [];
ts = [0 0];
function sys = mdlOutputs(t,x,u)
x1 = u(1);
x2 = u(2);
x3 = u(3);
```

```
f0 = [ - 0.05 0 0]';

B = [1 0 0;
    0 1 0;
    0 0 1];
F = [ - 1.5075   - 5.0500    0.0000;
     - 5.0500   - 0.5000    6.6000;
       0.0000    6.6000   - 1.5000];

ut = F * [x1;x2;x3] - inv(B) * f0;

sys(1:3) = ut;
```

(4) 被控对象程序：chap12_1plant. m

```
function [sys,x0,str,ts] = spacemodel(t,x,u,flag)
switch flag,
case 0,
    [sys,x0,str,ts] = mdlInitializeSizes;
case 1,
    sys = mdlDerivatives(t,x,u);
case 3,
    sys = mdlOutputs(t,x,u);
case {2,4,9}
    sys = [];
otherwise
    error(['Unhandled flag = ',num2str(flag)]);
end
function [sys,x0,str,ts] = mdlInitializeSizes
sizes = simsizes;
sizes.NumContStates  = 3;
sizes.NumDiscStates  = 0;
sizes.NumOutputs     = 3;
sizes.NumInputs      = 3;
sizes.DirFeedthrough = 0;
sizes.NumSampleTimes = 0;
sys = simsizes(sizes);
x0 = [1, - 1, - 1];
str = [];
ts = [];
function sys = mdlDerivatives(t,x,u)
a1 = 1;a2 = 1.1;
fx = 0.5 * [abs(x(1) + a1) - abs(x(1) - a2);0;0];
A = [ - 2.548 9.1 0;
    1 - 1 1;
    0 - 14.2 0];
B = [1 0 0;
    0 1 0;
    0 0 1];
ut = [u(1) u(2) u(3)]';
```

```
dx = fx + A * x + B * ut;

sys(1) = dx(1);
sys(2) = dx(2);
sys(3) = dx(3);
function sys = mdlOutputs(t,x,u)
sys(1) = x(1);
sys(2) = x(2);
sys(3) = x(3);
```

(5) 作图程序：chap12_1plot.m

```
close all;

figure(1);
subplot(311);
plot(t,x(:,1),'r','linewidth',2);
xlabel('time(s)');ylabel('x1');
subplot(312);
plot(t,x(:,2),'r','linewidth',2);
xlabel('time(s)');ylabel('x2');
subplot(313);
plot(t,x(:,3),'r','linewidth',2);
xlabel('time(s)');ylabel('x3');

figure(2);
subplot(311);
plot(t,u(:,1),'r','linewidth',2);
xlabel('time(s)');ylabel('u1');
subplot(312);
plot(t,u(:,2),'r','linewidth',2);
xlabel('time(s)');ylabel('u2');
subplot(313);
plot(t,u(:,3),'r','linewidth',2);
xlabel('time(s)');ylabel('u3');
```

12.2 基于 LMI 的 Lipschitz 非线性系统跟踪控制

12.2.1 系统描述

考虑如下满足 Lipschitz 条件的非线性系统

$$\dot{\boldsymbol{x}} = \boldsymbol{f}(\boldsymbol{x}) + \boldsymbol{A}\boldsymbol{x} + \boldsymbol{B}\boldsymbol{u} + \boldsymbol{d} \tag{12.8}$$

其中，$\boldsymbol{x} \in \mathbf{R}^n$，$\boldsymbol{u} \in \mathbf{R}^n$，$\boldsymbol{A} \in \mathbf{R}^{n\times n}$，$\boldsymbol{B} \in \mathbf{R}^{n\times n}$，$\boldsymbol{d} \in \mathbf{R}^{n\times 1}$ 为干扰。非线性函数 $\boldsymbol{f}(\boldsymbol{x})$满足 Lipschitz 条件，即

$$\| \boldsymbol{f}(\boldsymbol{x}) - \boldsymbol{f}(\bar{\boldsymbol{x}}) \| \leqslant \| \boldsymbol{L}(\boldsymbol{x} - \bar{\boldsymbol{x}}) \| \tag{12.9}$$

其中，$\boldsymbol{L}$ 为 Lipschitz 常数矩阵，控制目标为 $t\to\infty$时，$\boldsymbol{x}\to\boldsymbol{x}_{\mathrm{r}}$，其中 $\boldsymbol{x}_{\mathrm{r}}$ 为理想的指令。

12.2.2 跟踪控制器设计

定义跟踪误差为 $\boldsymbol{z}=\boldsymbol{x}-\boldsymbol{x}_{\mathrm{r}}$，则

$$\dot{\boldsymbol{z}}=\dot{\boldsymbol{x}}-\dot{\boldsymbol{x}}_{\mathrm{r}}=\boldsymbol{Ax}+\boldsymbol{Bu}+\boldsymbol{f}(\boldsymbol{x})+\boldsymbol{d}-\dot{\boldsymbol{x}}_{\mathrm{r}}$$

将跟踪误差 $\boldsymbol{z}$ 设计为滑模函数，控制律设计为

$$\boldsymbol{u}=\boldsymbol{Fx}+\boldsymbol{u}_{\mathrm{r}}+\boldsymbol{u}_{\mathrm{s}} \tag{12.10}$$

其中，$\boldsymbol{F}$ 为状态反馈增益，可通过设计 LMI 求得，取前馈控制项 $\boldsymbol{u}_{\mathrm{r}}=-\boldsymbol{Fx}_{\mathrm{r}}-\boldsymbol{B}^{-1}\boldsymbol{Ax}_{\mathrm{r}}-\boldsymbol{B}^{-1}\boldsymbol{f}(\boldsymbol{x}_{\mathrm{r}})+\boldsymbol{B}^{-1}\dot{\boldsymbol{x}}_{\mathrm{r}}$。滑模鲁棒项 $\boldsymbol{u}_{\mathrm{s}}=-\boldsymbol{B}^{-1}[\boldsymbol{\eta}\mathrm{sgn}(z)]$，$\boldsymbol{\eta}\in R^{n\times 1}$，$\eta_i>\bar{d}_i$，$\boldsymbol{\eta}\mathrm{sgn}(z)=[\eta_1\mathrm{sgn}z_1\quad\cdots\quad\eta_n\mathrm{sgn}z_n]^{\mathrm{T}}$。

则

$$\begin{aligned}\boldsymbol{u}&=\boldsymbol{Fx}-\boldsymbol{Fx}_{\mathrm{r}}-\boldsymbol{B}^{-1}\boldsymbol{Ax}_{\mathrm{r}}-\boldsymbol{B}^{-1}\boldsymbol{f}(\boldsymbol{x}_{\mathrm{r}})+\boldsymbol{B}^{-1}\dot{\boldsymbol{x}}_{\mathrm{r}}-\boldsymbol{B}^{-1}[\boldsymbol{\eta}\mathrm{sgn}(z)]\\&=\boldsymbol{Fz}-\boldsymbol{B}^{-1}\boldsymbol{Ax}_{\mathrm{r}}-\boldsymbol{B}^{-1}\boldsymbol{f}(\boldsymbol{x}_{\mathrm{r}})+\boldsymbol{B}^{-1}\dot{\boldsymbol{x}}_{\mathrm{r}}-\boldsymbol{B}^{-1}[\boldsymbol{\eta}\mathrm{sgn}(z)]\end{aligned}$$

从而

$$\begin{aligned}\dot{\boldsymbol{z}}&=\boldsymbol{Ax}+\boldsymbol{B}\{\boldsymbol{Fz}-\boldsymbol{B}^{-1}\boldsymbol{Ax}_{\mathrm{r}}-\boldsymbol{B}^{-1}\boldsymbol{f}(\boldsymbol{x}_{\mathrm{r}})+\boldsymbol{B}^{-1}\dot{\boldsymbol{x}}_{\mathrm{r}}-\boldsymbol{B}^{-1}[\boldsymbol{\eta}\mathrm{sgn}(z)]\}+\boldsymbol{f}(\boldsymbol{x})+\boldsymbol{d}-\dot{\boldsymbol{x}}_{\mathrm{r}}\\&=\boldsymbol{Ax}+\boldsymbol{BFz}-\boldsymbol{Ax}_{\mathrm{r}}-\boldsymbol{f}(\boldsymbol{x}_{\mathrm{r}})+\dot{\boldsymbol{x}}_{\mathrm{r}}+\boldsymbol{f}(\boldsymbol{x})-\boldsymbol{\eta}\mathrm{sgn}(z)+\boldsymbol{d}-\dot{\boldsymbol{x}}_{\mathrm{r}}\\&=\boldsymbol{Az}+\boldsymbol{BFz}+\boldsymbol{f}(\boldsymbol{x})-\boldsymbol{f}(\boldsymbol{x}_{\mathrm{r}})-\boldsymbol{\eta}\mathrm{sgn}(z)+\boldsymbol{d}\end{aligned}$$

定理 12.2 如果满足如下不等式

$$\begin{bmatrix}\mathrm{A}^{\mathrm{T}}\boldsymbol{P}+\boldsymbol{M}^{\mathrm{T}}+\boldsymbol{PA}+\boldsymbol{M}+\boldsymbol{L}^{\mathrm{T}}\boldsymbol{L} & \boldsymbol{P}\\ \boldsymbol{P} & -\boldsymbol{I}\end{bmatrix}<0 \tag{12.11}$$

其中，$\boldsymbol{F}=(\boldsymbol{PB})^{-1}\boldsymbol{M}$。

则由被控对象式(12.8)和控制律式(12.10)构成的闭环系统渐近稳定。

证明：取 Lyapunov 函数为

$$V=\boldsymbol{z}^{\mathrm{T}}\boldsymbol{Pz}$$

其中，$\boldsymbol{P}=\boldsymbol{P}^{\mathrm{T}}>0$。

由于

$$\dot{\boldsymbol{z}}=\boldsymbol{Az}+\boldsymbol{BFz}+\boldsymbol{f}(\boldsymbol{x})-\boldsymbol{f}(\boldsymbol{x}_{\mathrm{r}})-\boldsymbol{\eta}\mathrm{sgn}(\boldsymbol{z})+\boldsymbol{d}$$

从而

$$\begin{aligned}\dot{\boldsymbol{V}}&=(\boldsymbol{z}^{\mathrm{T}}\boldsymbol{P})'\boldsymbol{z}+\boldsymbol{z}^{\mathrm{T}}\boldsymbol{P}\dot{\boldsymbol{z}}=\dot{\boldsymbol{z}}^{\mathrm{T}}\boldsymbol{Pz}+\boldsymbol{z}^{\mathrm{T}}\boldsymbol{P}\dot{\boldsymbol{z}}\\&=[\boldsymbol{Az}+\boldsymbol{BFz}+\boldsymbol{f}(\boldsymbol{x})-\boldsymbol{f}(\boldsymbol{x}_{\mathrm{r}})-\boldsymbol{\eta}\mathrm{sgn}(\boldsymbol{z})+\boldsymbol{d}]^{\mathrm{T}}\boldsymbol{Pz}+\\&\quad\boldsymbol{z}^{\mathrm{T}}\boldsymbol{P}[\boldsymbol{Az}+\boldsymbol{BFz}+\boldsymbol{f}(\boldsymbol{x})-\boldsymbol{f}(\boldsymbol{x}_{\mathrm{r}})-\boldsymbol{\eta}\mathrm{sgn}(\boldsymbol{z})+\boldsymbol{d}]\\&=\boldsymbol{z}^{\mathrm{T}}(\boldsymbol{A}+\boldsymbol{BF})^{\mathrm{T}}\boldsymbol{Pz}+[\boldsymbol{f}(\boldsymbol{x})-\boldsymbol{f}(\boldsymbol{xr})]^{\mathrm{T}}\boldsymbol{Pz}+[-\boldsymbol{\eta}\mathrm{sgn}(\boldsymbol{z})+\boldsymbol{d}]^{\mathrm{T}}\boldsymbol{Pz}+\\&\quad\boldsymbol{z}^{\mathrm{T}}\boldsymbol{P}[\boldsymbol{A}+\boldsymbol{BF})\boldsymbol{z}+\boldsymbol{z}^{\mathrm{T}}\boldsymbol{P}(\boldsymbol{f}(\boldsymbol{x})-\boldsymbol{f}(\boldsymbol{x}_{\mathrm{r}})]+\boldsymbol{z}^{\mathrm{T}}\boldsymbol{P}[-\boldsymbol{\eta}\mathrm{sgn}(\boldsymbol{z})+\boldsymbol{d}]\end{aligned}$$

由于

$$[-\boldsymbol{\eta}\mathrm{sgn}(\boldsymbol{z})+\boldsymbol{d}]^{\mathrm{T}}\boldsymbol{Pz}=\sum_{i=1}^{n}(-\eta_i+d_i)p_i\mid z_i\mid<0,$$

$$\boldsymbol{z}^{\mathrm{T}}\boldsymbol{P}[-\boldsymbol{\eta}\mathrm{sgn}(\boldsymbol{z})+\boldsymbol{d}]=\sum_{i=1}^{n}(-\eta_i+d_i)p_i\,|\,z_i\,|<0$$

又根据式(12.9)，有

$$\begin{aligned}[\boldsymbol{f}(\boldsymbol{x})-\boldsymbol{f}(\boldsymbol{x}_{\mathrm{r}})]^{\mathrm{T}}[\boldsymbol{f}(\boldsymbol{x})-\boldsymbol{f}(\boldsymbol{x}_{\mathrm{r}})] &\leqslant [\boldsymbol{L}(\boldsymbol{x}-\boldsymbol{x}_{\mathrm{r}})]^{\mathrm{T}}\boldsymbol{L}(\boldsymbol{x}-\boldsymbol{x}_{\mathrm{r}})\\ &=(\boldsymbol{x}-\boldsymbol{x}_{\mathrm{r}})^{\mathrm{T}}\boldsymbol{L}^{\mathrm{T}}\boldsymbol{L}(\boldsymbol{x}-\boldsymbol{x}_{\mathrm{r}})=\boldsymbol{z}^{\mathrm{T}}\boldsymbol{L}^{\mathrm{T}}\boldsymbol{L}\boldsymbol{z}\end{aligned}$$

即

$$\boldsymbol{z}^{\mathrm{T}}\boldsymbol{L}^{\mathrm{T}}\boldsymbol{L}\boldsymbol{z}-[\boldsymbol{f}(\boldsymbol{x})-\boldsymbol{f}(\boldsymbol{x}_{\mathrm{r}})]^{\mathrm{T}}[\boldsymbol{f}(\boldsymbol{x})-\boldsymbol{f}(\boldsymbol{x}_{\mathrm{r}})]\geqslant 0$$

则

$$\begin{aligned}\dot{V}\leqslant\ &\boldsymbol{z}^{\mathrm{T}}(\boldsymbol{A}+\boldsymbol{B}\boldsymbol{F})^{\mathrm{T}}\boldsymbol{P}\boldsymbol{z}+[\boldsymbol{f}(\boldsymbol{x})-\boldsymbol{f}(\boldsymbol{x}_{\mathrm{r}})]^{\mathrm{T}}\boldsymbol{P}\boldsymbol{z}+\boldsymbol{z}^{\mathrm{T}}\boldsymbol{P}(\boldsymbol{A}+\boldsymbol{B}\boldsymbol{F})\boldsymbol{z}+\\ &\boldsymbol{z}^{\mathrm{T}}\boldsymbol{P}[\boldsymbol{f}(\boldsymbol{x})-\boldsymbol{f}(\boldsymbol{x}_{\mathrm{r}})]+\boldsymbol{z}^{\mathrm{T}}\boldsymbol{L}^{\mathrm{T}}\boldsymbol{L}\boldsymbol{z}-[\boldsymbol{f}(\boldsymbol{x})-\boldsymbol{f}(\boldsymbol{x}_{\mathrm{r}})]^{\mathrm{T}}[\boldsymbol{f}(\boldsymbol{x})-\boldsymbol{f}(\boldsymbol{x}_{\mathrm{r}})]\end{aligned} \tag{12.12}$$

令 $\boldsymbol{Y}=\begin{bmatrix}\boldsymbol{z}\\ \boldsymbol{f}(\boldsymbol{x})-\boldsymbol{f}(\boldsymbol{x}_{\mathrm{r}})\end{bmatrix}^{\mathrm{T}}$，则 $\boldsymbol{Y}^{\mathrm{T}}=[\boldsymbol{z}^{\mathrm{T}}\quad [\boldsymbol{f}(\boldsymbol{x})-\boldsymbol{f}(\boldsymbol{x}_{\mathrm{r}})]^{\mathrm{T}}]$。由于

$$\boldsymbol{z}^{\mathrm{T}}(\boldsymbol{A}+\boldsymbol{B}\boldsymbol{F})^{\mathrm{T}}\boldsymbol{P}\boldsymbol{z}+\boldsymbol{z}^{\mathrm{T}}\boldsymbol{P}(\boldsymbol{A}+\boldsymbol{B}\boldsymbol{F})\boldsymbol{z}+\boldsymbol{z}^{\mathrm{T}}\boldsymbol{L}^{\mathrm{T}}\boldsymbol{L}\boldsymbol{z}=\boldsymbol{z}^{\mathrm{T}}[(\boldsymbol{A}+\boldsymbol{B}\boldsymbol{F})^{\mathrm{T}}\boldsymbol{P}\boldsymbol{z}+\boldsymbol{P}(\boldsymbol{A}+\boldsymbol{B}\boldsymbol{F})+\boldsymbol{L}^{\mathrm{T}}\boldsymbol{L}]\boldsymbol{z}$$

则式(12.12)可表示为

$$\dot{V}\leqslant\boldsymbol{Y}^{\mathrm{T}}\boldsymbol{\Omega}\boldsymbol{Y}$$

其中，$\Omega=\begin{bmatrix}(\boldsymbol{A}^{\mathrm{T}}+\boldsymbol{F}^{\mathrm{T}}\boldsymbol{B}^{\mathrm{T}})\boldsymbol{P}+\boldsymbol{P}(\boldsymbol{A}+\boldsymbol{F}\boldsymbol{B})+\boldsymbol{L}^{\mathrm{T}}\boldsymbol{L} & \boldsymbol{P}\\ \boldsymbol{P} & -\boldsymbol{I}\end{bmatrix}$。

为了保证 $\dot{V}\leqslant 0$，只需 $\boldsymbol{Y}^{\mathrm{T}}\boldsymbol{\Omega}\boldsymbol{Y}<0$，即 $\boldsymbol{\Omega}<0$，亦即

$$\begin{bmatrix}(\boldsymbol{A}^{\mathrm{T}}+\boldsymbol{F}^{\mathrm{T}}\boldsymbol{B}^{\mathrm{T}})\boldsymbol{P}+\boldsymbol{P}(\boldsymbol{A}+\boldsymbol{F}\boldsymbol{B})+\boldsymbol{L}^{\mathrm{T}}\boldsymbol{L} & \boldsymbol{P}\\ \boldsymbol{P} & -\boldsymbol{I}\end{bmatrix}<0 \tag{12.13}$$

在 LMI 式(12.13)中，由于 $\boldsymbol{F}$ 和 $\boldsymbol{P}$ 均未知，为了求解 LMI，需要将该式线性化，设定 $\boldsymbol{M}=\boldsymbol{P}\boldsymbol{B}\boldsymbol{F}$，此时 LMI 表示为

$$\begin{bmatrix}\boldsymbol{A}^{\mathrm{T}}\boldsymbol{P}+\boldsymbol{M}^{\mathrm{T}}+\boldsymbol{P}\boldsymbol{A}+\boldsymbol{M}+\boldsymbol{L}^{\mathrm{T}}\boldsymbol{L} & \boldsymbol{P}\\ \boldsymbol{P} & -\boldsymbol{I}\end{bmatrix}<0 \tag{12.14}$$

通过 LMI 可得 $\boldsymbol{M}$ 和 $\boldsymbol{P}$，从而可得 $\boldsymbol{F}=(\boldsymbol{P}\boldsymbol{B})^{-1}\boldsymbol{M}$。

另一个 LMI 为

$$\boldsymbol{P}=\boldsymbol{P}^{\mathrm{T}}>0 \tag{12.15}$$

可见，LMI 设计与 12.1 节的 LMI 式(12.6)和式(12.7)相同。

12.2.3 仿真实例

考虑混沌系统被控对象式(12.8)，取 $\boldsymbol{A}=\begin{bmatrix}-2.548 & 9.1 & 0\\ 1 & -1 & 1\\ 0 & -14.2 & 0\end{bmatrix}$，$\boldsymbol{B}=\begin{bmatrix}1 & 0 & 0\\ 0 & 1 & 0\\ 0 & 0 & 1\end{bmatrix}$，

$\boldsymbol{f}(\boldsymbol{x})=\dfrac{1}{2}\begin{bmatrix}|x_1+a_1|-|x_1-a_2|\\ 0\\ 0\end{bmatrix}$，根据 $\boldsymbol{f}(\boldsymbol{x})$ 表达式，可得 Lipschitz 常数矩阵 $\boldsymbol{L}$ 为

$\boldsymbol{L}=\begin{bmatrix}2 & 0 & 0\\0 & 0 & 0\\0 & 0 & 0\end{bmatrix}$。

三个状态的理想指令分别为 $[\sin t \quad \cos t \quad \sin t]$，所对应的干扰分别为 $[50\sin t \quad 50\sin t \quad 50\sin t]^{\mathrm{T}}$。解 LMI 式(12.14)及式(12.15)，可得

$$\boldsymbol{F}=\begin{bmatrix}-1.5075 & -5.05 & 0\\-5.05 & -0.5 & 6.6\\0 & 6.6 & -1.5\end{bmatrix}$$

采用控制律式(12.9)，取 $\boldsymbol{\eta}=[50 \quad 50 \quad 50]^{\mathrm{T}}$，采用饱和函数代替切换函数，取边界层厚度为 $\Delta=0.05$，仿真结果如图 12.3 和图 12.4 所示。

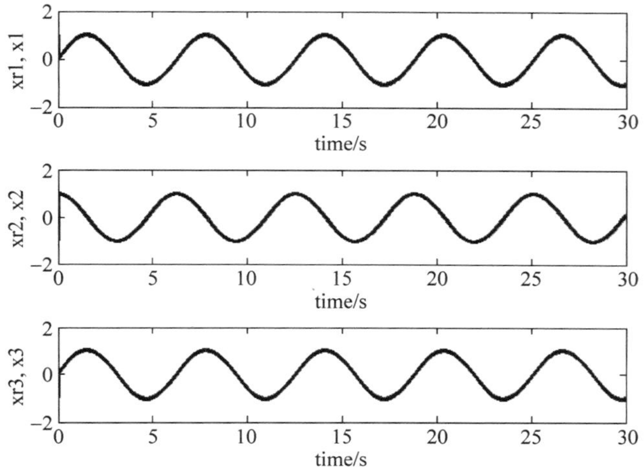

图 12.3　系统的状态跟踪结果

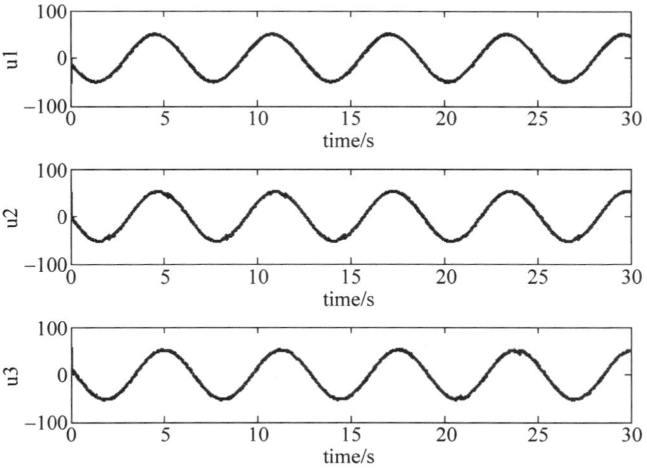

图 12.4　控制输入信号

仿真程序：

(1) LMI 设计程序：chap12_2LMI.m

```
clear all;
close all;

%First example on the paper by M.Rehan
A=[-2.548 9.1    0;
    1       -1    1;
    0       -14.2 0];
B=[1 0 0;
   0 1 0;
   0 0 1];

L=[2 0 0;
   0 0 0;
   0 0 0];

P=sdpvar(3,3);
F=sdpvar(3,3);
M=sdpvar(3,3);

FAI=[A'*P+M'+P*A+M+L'*L P;P -eye(3)] ;                  %M=PBF

%LMI description
L1=set(P>0);
L2=set(FAI<0);
LL=L1+L2;

solvesdp(LL);

P=double(P);
M=double(M)

F=inv(P*B)*M
```

(2) Simulink 主程序：chap12_2sim.mdl

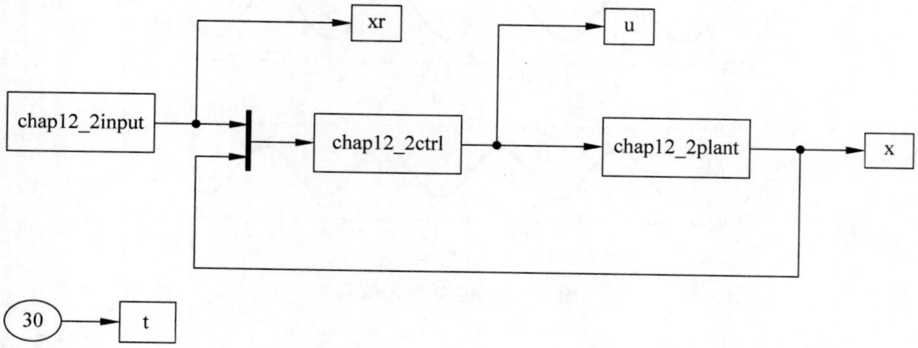

(3) 控制器程序：chap12_2ctrl.m

```
function [sys,x0,str,ts] = spacemodel(t,x,u,flag)
switch flag,
case 0,
    [sys,x0,str,ts] = mdlInitializeSizes;
case 3,
    sys = mdlOutputs(t,x,u);
case {2,4,9}
    sys = [];
otherwise
    error(['Unhandled flag = ',num2str(flag)]);
end
function [sys,x0,str,ts] = mdlInitializeSizes
sizes = simsizes;
sizes.NumContStates  = 0;
sizes.NumDiscStates  = 0;
sizes.NumOutputs     = 3;
sizes.NumInputs      = 6;
sizes.DirFeedthrough = 1;
sizes.NumSampleTimes = 1;
sys = simsizes(sizes);
x0 = [];
str = [];
ts = [0 0];
function sys = mdlOutputs(t,x,u)

x1 = u(4);
x2 = u(5);
x3 = u(6);

x = [x1 x2 x3]';
xr = [u(1) u(2) u(3)]';

S = 2;
if S == 1
    dxr = [0 0 0]';
elseif S == 2
    dxr = [cos(t) -sin(t) cos(t)]';
end

z = x - xr;

A = [-2.548 9.1    0;
    1       -1     1;
    0       -14.2 0];
B = [1 0 0;
    0 1 0;
```

```
    0 0 1];

F = [ -1.5075   -5.0500    0.0000;
      -5.0500   -0.5000    6.6000;
       0.0000    6.6000   -1.5000];

a1 = 1;a2 = 1.1;
fxr = 0.5 * [abs(xr(1) + a1) - abs(xr(1) - a2);0;0];

delta = 0.05;
    kk = 1/delta;
for i = 1:1:3
    if z(i)> delta
        sats(i) = 1;
    elseif abs(z(i))< = delta
        sats(i) = kk * z(i);
    elseif z(i)< - delta
        sats(i) = -1;
    end
end
xite = [50;50;50];

ur = - F * xr - inv(B) * A * xr + inv(B) * dxr;

%us = - inv(B) * [xite(1) * sign(z(1)) xite(2) * sign(z(2)) xite(3) * sats]';
us = - inv(B) * [xite(1) * sats(1) xite(2) * sats(2) xite(3) * sats(3)]';
%us = 0;

ur = - F * xr - inv(B) * A * xr - inv(B) * fxr + inv(B) * dxr;
ut = F * x + ur + us;

sys(1:3) = ut;
```

(4) 被控对象程序：chap12_2plant.m

```
function [sys,x0,str,ts] = spacemodel(t,x,u,flag)
switch flag,
case 0,
    [sys,x0,str,ts] = mdlInitializeSizes;
case 1,
    sys = mdlDerivatives(t,x,u);
case 3,
    sys = mdlOutputs(t,x,u);
case {2,4,9}
    sys = [];
otherwise
    error(['Unhandled flag = ',num2str(flag)]);
end
function [sys,x0,str,ts] = mdlInitializeSizes
sizes = simsizes;
```

```
sizes.NumContStates = 3;
sizes.NumDiscStates = 0;
sizes.NumOutputs     = 3;
sizes.NumInputs      = 3;
sizes.DirFeedthrough= 0;
sizes.NumSampleTimes= 0;
sys = simsizes(sizes);
x0 =[1,-1,-1];
str = [];
ts = [];
function sys = mdlDerivatives(t,x,u)
a1 = 1;a2 = 1.1;
fx = 0.5 * [abs(x(1) + a1) - abs(x(1) - a2);0;0];
A = [-2.548 9.1    0;
    1        -1    1;
    0        -14.2 0];
B = [1 0 0;
    0 1 0;
    0 0 1];
ut = [u(1) u(2) u(3)]';
dt = [50 * sin(t) 50 * sin(t) 50 * sin(t)]';

dx = fx + A * x + B * ut + dt;

sys(1) = dx(1);
sys(2) = dx(2);
sys(3) = dx(3);
function sys = mdlOutputs(t,x,u)
sys(1) = x(1);
sys(2) = x(2);
sys(3) = x(3);
```

(5) 作图程序：chap12_2plot.m

```
close all;

figure(1);
subplot(311);
plot(t,xr(:,1),'r',t,x(:,1),'b','linewidth',2);
xlabel('time(s)');ylabel('xr1,x1');
subplot(312);
plot(t,xr(:,2),'r',t,x(:,2),'b','linewidth',2);
xlabel('time(s)');ylabel('xr2,x2');
subplot(313);
plot(t,xr(:,3),'r',t,x(:,3),'b','linewidth',2);
xlabel('time(s)');ylabel('xr3,x3');

figure(2);
subplot(311);
plot(t,u(:,1),'r','linewidth',2);
xlabel('time(s)');ylabel('u1');
```

```
subplot(312);
plot(t,u(:,2),'r','linewidth',2);
xlabel('time(s)');ylabel('u2');
subplot(313);
plot(t,u(:,3),'r','linewidth',2);
xlabel('time(s)');ylabel('u3');
```

参考文献

[1] Rehan M, Hong K S, Ge S S. Stabilization and tracking control for a class of nonlinear systems [J]. Nonlinear Analysis Real: World Applications, 2011, 12(3):1786-1796.

第13章 基于扰动观测器的控制算法LMI设计

13.1 基于观测器的无输入受限控制算法 LMI 设计

13.1.1 系统描述

考虑如下模型

$$J\ddot{\theta}=u(t)+d(t)$$

其中，J 为转动惯量，$u(t)$为控制输入，$d(t)$为扰动。

取 $x_1=\theta, x_2=\dot{\theta}$，将上式转化为状态方程

$$\dot{x}=\boldsymbol{A}\boldsymbol{x}+\boldsymbol{B}(u+d) \tag{13.1}$$

其中，$\boldsymbol{x}=[x_1 \quad x_2]^{\mathrm{T}}$，$\boldsymbol{A}=\begin{bmatrix}0 & 1\\ 0 & 0\end{bmatrix}$，$\boldsymbol{B}=\begin{bmatrix}0\\ \dfrac{1}{J}\end{bmatrix}$，$u$ 为控制输入，d 为扰动，$|d|\leqslant D_1$，$|\dot{d}|\leqslant D_2$。

控制器设计为

$$u=\boldsymbol{K}\boldsymbol{x}-\hat{d}(t) \tag{13.2}$$

其中，$\boldsymbol{K}=[k_1 \quad k_2]$，$\hat{d}(t)$为扰动 d 的估计，$\tilde{d}(t)=d(t)-\hat{d}(t)$。

控制目标为通过设计 LMI 求解 $\boldsymbol{K}$，实现 $\tilde{d}(t)\to 0$，$\boldsymbol{x}\to 0$。

定义

$$\begin{bmatrix}\boldsymbol{X}+[\boldsymbol{Y}+\boldsymbol{Z}+*] & \boldsymbol{M}\\ * & \boldsymbol{N}\end{bmatrix}=\begin{bmatrix}\boldsymbol{X}+[\boldsymbol{Y}+\boldsymbol{Z}+\boldsymbol{Y}^{\mathrm{T}}+\boldsymbol{Z}^{\mathrm{T}}] & \boldsymbol{M}\\ \boldsymbol{M}^{\mathrm{T}} & \boldsymbol{N}\end{bmatrix}$$

13.1.2 控制器的设计与分析

取辅助变量

$$z(t)=\hat{d}(t)-\boldsymbol{K}_1\boldsymbol{x}(t)$$

观测器设计为

$$\dot{z}(t)=-\boldsymbol{K}_1\{\boldsymbol{A}\boldsymbol{x}+\boldsymbol{B}[u+\hat{d}(t)]\}$$

$$\hat{d}(t)=z(t)+\boldsymbol{K}_1\boldsymbol{x}(t) \tag{13.3}$$

则

$$\dot{\hat{d}}=\dot{z}+\boldsymbol{K}_1\dot{\boldsymbol{x}}=-\boldsymbol{K}_1[\boldsymbol{Ax}+\boldsymbol{B}(u+\hat{d})]+\boldsymbol{K}_1\dot{\boldsymbol{x}}$$

$$=-\boldsymbol{K}_1[\boldsymbol{Ax}+\boldsymbol{B}(u+d-d+\hat{d})]+\boldsymbol{K}_1\dot{\boldsymbol{x}}=\boldsymbol{K}_1\boldsymbol{B}\tilde{d}$$

$$\dot{\tilde{d}}=\dot{d}-\dot{\hat{d}}=\dot{d}-\boldsymbol{K}_1\boldsymbol{B}\tilde{d} \tag{13.4}$$

将控制律式(13.2)代入模型中,可得

$$\dot{\boldsymbol{x}}=\boldsymbol{Ax}+\boldsymbol{B}(\boldsymbol{Kx}-\hat{d}+d)=(\boldsymbol{A}+\boldsymbol{BK})\boldsymbol{x}+\boldsymbol{B}\tilde{d} \tag{13.5}$$

定义 $\xi(t)=[\boldsymbol{x}^{\mathrm{T}}(t)\quad \tilde{d}(t)]^{\mathrm{T}}$,则由式(13.4)和式(13.5),可得

$$\dot{\xi}(t)=\boldsymbol{A}_{\xi}\xi(t)+\boldsymbol{B}_{\xi}\dot{d}(t) \tag{13.6}$$

其中 $\boldsymbol{A}_{\xi}=\begin{bmatrix}\boldsymbol{A}+\boldsymbol{BK} & \boldsymbol{B}\\ 0 & -\boldsymbol{K}_1\boldsymbol{B}\end{bmatrix}$,$\boldsymbol{B}_{\xi}=\begin{bmatrix}0\\1\end{bmatrix}$。

定义闭环系统 Lyapunov 函数为

$$V(t)=\xi^{\mathrm{T}}\boldsymbol{P}_1\xi=V_1+V_2$$

其中,$\boldsymbol{P}=\begin{bmatrix}\boldsymbol{P}_1 & 0\\ 0 & I\end{bmatrix}$,$\boldsymbol{P}_1>0\in\mathbf{R}^{2\times 2}$,$V_1=\boldsymbol{x}^{\mathrm{T}}\boldsymbol{P}_1\boldsymbol{x}$,$V_2=\tilde{d}^2(t)$。

则

$$\dot{V}_1=2\boldsymbol{x}^{\mathrm{T}}\boldsymbol{P}_1\dot{\boldsymbol{x}}=2\boldsymbol{x}^{\mathrm{T}}\boldsymbol{P}_1(\boldsymbol{Ax}+\boldsymbol{B}u+\boldsymbol{B}d)=2\boldsymbol{x}^{\mathrm{T}}\boldsymbol{P}_1(\boldsymbol{Ax}+\boldsymbol{BKx}-\boldsymbol{B}\hat{d}+\boldsymbol{B}d)$$

$$=2\boldsymbol{x}^{\mathrm{T}}(\boldsymbol{P}_1\boldsymbol{A}+\boldsymbol{P}_1\boldsymbol{BK})\boldsymbol{x}+2\boldsymbol{x}^{\mathrm{T}}\boldsymbol{P}_1\boldsymbol{B}\tilde{d}$$

$$\dot{V}_2=2\tilde{d}\dot{\tilde{d}}=2\tilde{d}(\dot{d}-\dot{\hat{d}})=2\tilde{d}(-\boldsymbol{K}_1\boldsymbol{B}\tilde{d}+\dot{d})=-2\boldsymbol{K}_1\boldsymbol{B}\tilde{d}^2+2\tilde{d}\dot{d}$$

$$\leqslant(-2\boldsymbol{K}_1\boldsymbol{B}+\sigma_1)\tilde{d}^2+\frac{1}{\sigma_1}\dot{d}^2\leqslant(-2\boldsymbol{K}_1\boldsymbol{B}+\sigma_1)\tilde{d}^2+\frac{1}{\sigma_1}D_2^2$$

其中,$\sigma_1>0$。

则

$$\dot{V}(t)=\dot{V}_1+\dot{V}_2$$

$$\leqslant 2\boldsymbol{x}^{\mathrm{T}}(\boldsymbol{P}_1\boldsymbol{A}+\boldsymbol{P}_1\boldsymbol{BK})\boldsymbol{x}+2\boldsymbol{x}^{\mathrm{T}}\boldsymbol{P}_1\boldsymbol{B}\tilde{d}+(-2\boldsymbol{K}_1\boldsymbol{B}+\sigma_1)\tilde{d}^2+\frac{1}{\sigma_1}D_2^2$$

$$=\xi^{\mathrm{T}}\boldsymbol{\Phi}\xi+\frac{1}{\sigma_1}D_2^2 \tag{13.7}$$

其中,$\boldsymbol{\Phi}=\begin{bmatrix}\boldsymbol{P}_1(\boldsymbol{A}+\boldsymbol{BK})+* & \boldsymbol{P}_1\boldsymbol{B}\\ * & -(\boldsymbol{K}_1\boldsymbol{B}+*)+\sigma_1\end{bmatrix}$。

定理 13.1 对于 $\alpha>0$,$\sigma_1>0$,如果存在 $\boldsymbol{Q}_1>0$,$\boldsymbol{P}_1>0$,$\boldsymbol{R}_1$ 满足

$$\Theta=\begin{bmatrix}\boldsymbol{AQ}_1+\boldsymbol{BR}_1+*+\alpha\boldsymbol{Q}_1 & \boldsymbol{B}\\ * & -(\boldsymbol{K}_1\boldsymbol{B}+*)+\sigma_1+\alpha\end{bmatrix}\leqslant 0 \tag{13.8}$$

则闭环系统式(13.6)一致有界,通过式(13.8)可求得 $\boldsymbol{K}_1$,且

$$\boldsymbol{K}=\boldsymbol{R}_1\boldsymbol{Q}_1^{-1}$$

证明：假设式(13.8)成立，定义

$$Q_1 = P_1^{-1}, \quad R_1 = KQ_1 \tag{13.9}$$

根据式(13.9)，可得

$$\bar{\Theta} = \mathrm{diag}\{P_1, I\}\Theta\mathrm{diag}\{P_1, I\} \leqslant 0$$

将上式打开，并将(13.9)代入，可得

$$\boldsymbol{\Phi} + \alpha \boldsymbol{P} \leqslant 0$$

从而有 $\boldsymbol{\Phi} \leqslant -\alpha \boldsymbol{P}$，将其代入式 $\dot{V}(t) \leqslant \xi^{\mathrm{T}} \boldsymbol{\Phi} \xi + \frac{1}{\sigma_1} D_2^2$ 中，有

$$\dot{V}(t) \leqslant -\alpha V(t) + \frac{1}{\sigma_1} D_2^2$$

可得

$$V(t) \leqslant V(0)\mathrm{e}^{-\alpha t} + \varepsilon$$

其中，$\varepsilon = \frac{1}{\alpha \sigma_1} D_2^2$。

可见，α 是影响对闭环系统收敛精度的关键因素。

如果存在如下不等式

$$V(0) + \varepsilon \leqslant \bar{\omega} \tag{13.10}$$

则闭环系统式(13.6)收敛结果为

$$\Lambda \triangleq \{\xi(t) \in \mathbf{R}^3 \mid V(t) \leqslant \bar{\omega}\}$$

需要说明的是，由于 $\boldsymbol{B}$ 的第一项为零，则 $\boldsymbol{K}_1\boldsymbol{B}$ 的第一项为零，导致 $\boldsymbol{K}_1$ 的第一项不确定，为了实现 LMI 求解，需要给定 $\boldsymbol{K}_1$ 第一项的值，不妨取 $\boldsymbol{K}_1(1)=0$。

另外，由 $\boldsymbol{P}_1 > 0 \in \mathbf{R}^{2\times 2}$ 和 $\boldsymbol{Q}_1 = \boldsymbol{P}_1^{-1}$ 可得第二个 LMI，即

$$Q_1 > 0 \tag{13.11}$$

13.1.3 仿真实例

针对模型式(13.1)，$J = \frac{1}{133}$，初始状态值为 $\boldsymbol{x}(0) = \begin{bmatrix} \frac{\pi}{3} & 0 \end{bmatrix}$。

扰动取 $d(t) = \cos t$，观测器初始状态取 $d(0)=0$，$D_1=1$，$D_2=1$。取 $\alpha=30$，$\sigma_1=10$，采用 LMI 程序 chap13_1LMI.m，求解 LMI 式(13.8)和式(13.11)，MATLAB 运行后显示有可行解，解为 $\boldsymbol{K} = [-7.7168 \quad -0.3736]$，$\boldsymbol{K}_1 = [0 \quad 0.9923]$。

控制律采用式(13.2)，观测器采用式(13.3)，将求得的 $\boldsymbol{K}$ 和 $\boldsymbol{K}_1$ 代入控制器和观测器中，仿真结果如图 13.1～图 13.3 所示。

仿真程序：

(1) LMI 不等式求 $\boldsymbol{K}$ 程序：chap13_1LMI.m

```
clear all;
close all;

A = [0 1;0 0];
B = [0;133];
```

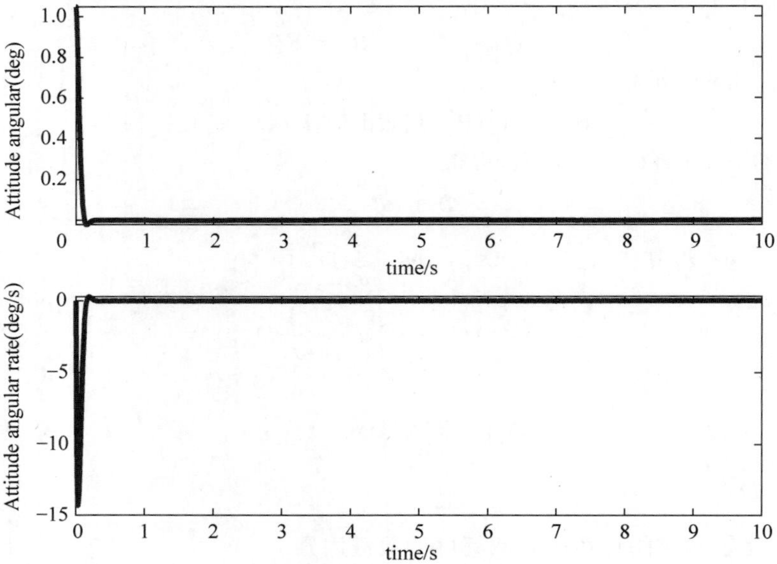

图 13.1　状态响应

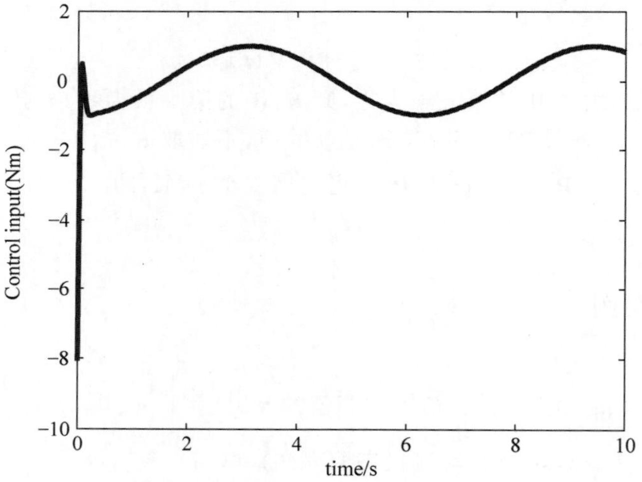

图 13.2　控制输入及其变化率信号

```
K = sdpvar(1,2);
K1 = sdpvar(1,2);
K1(1) = 0;
R1 = sdpvar(1,2);
P1 = sdpvar(2,2,'symmetric');
Q1 = sdpvar(2,2,'symmetric');

alfa = 30;
x0 = [pi/3 0]';
rou1 = 10;
```

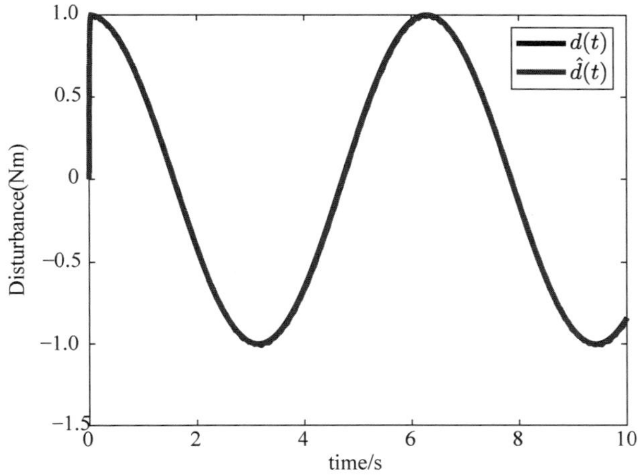

图 13.3　扰动及其观测结果

```
D2 = 1.0;
epc = 1/(alfa * rou1) * D2^2;
z0 = [0 0];

M1 = [A * Q1 + B * R1 + (A * Q1 + B * R1)' + alfa * Q1 B;B' - (K1 * B + (K1 * B)') + rou1 + alfa];
L1 = set(M1 <= 0);          % (13.8)
L2 = set(Q1 > 0);           % (13.11)
L = L1 + L2;
solvesdp(L);

R1 = double(R1);
Q1 = double(Q1);
K1 = double(K1)
K = R1 * inv(Q1)
```

（2）Simulink 主程序：chap13_1sim.mdl

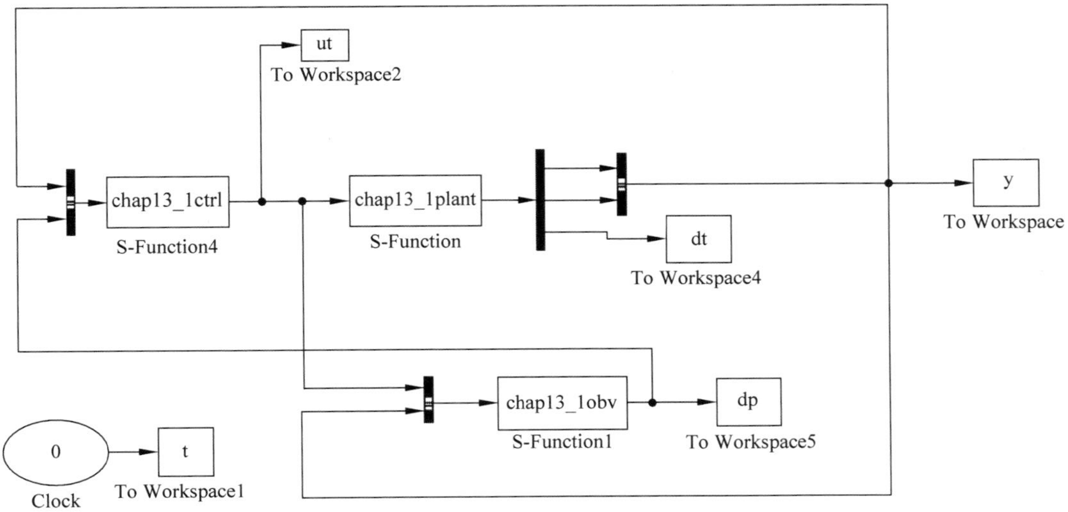

(3) 被控对象 S 函数：chap13_1plant.m

```
function [sys,x0,str,ts] = s_function(t,x,u,flag)
switch flag,
case 0,
    [sys,x0,str,ts] = mdlInitializeSizes;
case 1,
    sys = mdlDerivatives(t,x,u);
case 3,
    sys = mdlOutputs(t,x,u);
case {2, 4, 9 }
    sys = [];
otherwise
    error(['Unhandled flag = ',num2str(flag)]);
end
function [sys,x0,str,ts] = mdlInitializeSizes
sizes = simsizes;
sizes.NumContStates = 2;
sizes.NumDiscStates = 0;
sizes.NumOutputs = 3;
sizes.NumInputs = 1;
sizes.DirFeedthrough = 0;
sizes.NumSampleTimes = 1;
sys = simsizes(sizes);
x0 = [pi/3 0];
str = [];
ts = [0 0];
function sys = mdlDerivatives(t,x,u)
ut = u(1);
dt = cos(t);
ddth = 133 * (ut + dt);
sys(1) = x(2);
sys(2) = ddth;
function sys = mdlOutputs(t,x,u)
th = x(1);dth = x(2);

dt = cos(t);
sys(1) = th;
sys(2) = dth;
sys(3) = dt;
```

(4) 控制器 S 函数：chap13_1ctrl.m

```
function [sys,x0,str,ts] = s_function(t,x,u,flag)
switch flag,
case 0,
    [sys,x0,str,ts] = mdlInitializeSizes;
case 1,
    sys = mdlDerivatives(t,x,u);
```

```
case 3,
    sys = mdlOutputs(t,x,u);
case {1,2, 4, 9 }
    sys = [];
otherwise
    error(['Unhandled flag = ',num2str(flag)]);
end
function [sys,x0,str,ts] = mdlInitializeSizes
sizes = simsizes;
sizes.NumContStates = 0;
sizes.NumDiscStates = 0;
sizes.NumOutputs = 1;
sizes.NumInputs = 3;
sizes.DirFeedthrough = 1;
sizes.NumSampleTimes = 1;
sys = simsizes(sizes);
x0 = [];
str = [];
ts = [0 0];
function sys = mdlOutputs(t,x,u)
th = u(1);
dth = u(2);
dp = u(3);
X = [th dth]';

% From LMI
K = [-7.7168 -0.3736];

ut = K * X - dp;

sys(1) = ut;
```

(5) 观测器 S 函数：chap13_1obv.m

```
function [sys,x0,str,ts] = NDO(t,x,u,flag)
switch flag,
case 0,
    [sys,x0,str,ts] = mdlInitializeSizes;
case 1,
    sys = mdlDerivatives(t,x,u);
case 3,
    sys = mdlOutputs(t,x,u);
case {2, 4, 9 }
    sys = [];
otherwise
    error(['Unhandled flag = ',num2str(flag)]);
end
function [sys,x0,str,ts] = mdlInitializeSizes
sizes = simsizes;
sizes.NumContStates = 1;
```

```
sizes.NumDiscStates = 0;
sizes.NumOutputs = 1;
sizes.NumInputs = 3;
sizes.DirFeedthrough = 1;
sizes.NumSampleTimes = 0;
sys = simsizes(sizes);
x0 = [0];
str = [];
ts = [];
function sys = mdlDerivatives(t,x,u)
ut = u(1);
th = u(2);
dth = u(3);
z = x(1);
X = [th dth]';

A = [0 1;0 0];
B = [0;133];

K1  = [0 0.9923];            % From LMI

dp = z + K1 * X;
dz = - K1 * (A * X + B * (ut + dp));
sys(1) = dz;
function sys = mdlOutputs(t,x,u)
th = u(2);
dth = u(3);
z = x(1);
X = [th dth]';
K1  = [0 0.9923];            % From LMI

dp = z + K1 * X;
sys(1) = dp;
```

(6) 作图程序：chap13_1plot.m

```
close all
figure(1);
subplot(211);
plot(t,y(:,1),'b','linewidth',2);
xlabel('Time(s)');ylabel('Attitude angular(deg)');
subplot(212);
plot(t,y(:,2),'b','linewidth',2);
xlabel('Time(s)');ylabel('Attitude angular rate(deg/s)');

figure(2);
plot(t,ut,'b','linewidth',2);
xlabel('Time(s)');ylabel('Control input(Nm)');

figure(3);
plot(t,dt,'k',t,dp,'r','linewidth',2);
```

```
h = legend('$ d(t) $ ','$ \hat{d}(t) $ ');
set(h,'Interpreter','latex','fontsize',14')
xlabel('time(s)');ylabel('Disturbance(Nm)');
```

13.2 基于扰动观测器的输入受限控制算法 LMI 设计

13.2.1 控制器的设计与分析

在 13.1 节的 2 个 LMI 基础上，为了同时实现控制输入信号的限制，给出下面定理，设计 LMI 算法。

定理 13.2 对于 $\alpha>0$，$\sigma_1>0$，存在 $\boldsymbol{Q}_1>0$，$\boldsymbol{P}_1>0$，如果满足如下不等式

$$\begin{bmatrix} \varepsilon-\bar{\omega} & x_0^{\mathrm{T}} & \tilde{d}(0) \\ * & -\boldsymbol{Q}_1 & 0 \\ * & * & -1 \end{bmatrix} \leqslant 0 \tag{13.12}$$

$$\begin{bmatrix} k_0\boldsymbol{Q}_1 & \boldsymbol{0}_{2\times1} & \boldsymbol{0}_{2\times1} & \boldsymbol{R}_1^{\mathrm{T}} \\ * & k_0 & 0 & 1 \\ * & * & \dfrac{k_0}{D_1^2} & -1 \\ * & * & * & 1 \end{bmatrix} \geqslant 0 \tag{13.13}$$

其中 $k_0=(\bar{\omega}+1)^{-1}u_{\max}^2$。

则 $|u|\leqslant u_{\max}$。

证明：根据 Schur 补定理(见 1.5 节)，$\boldsymbol{x}_0^{\mathrm{T}}\boldsymbol{P}_1\boldsymbol{x}_0+\varepsilon-\bar{\omega}\leqslant 0$ 可写成

$$\begin{bmatrix} \varepsilon-\bar{\omega} & \boldsymbol{x}_0^{\mathrm{T}} \\ * & -\boldsymbol{P}^{-1} \end{bmatrix} \leqslant 0$$

将上式看成一个整体，进一步采用 Schur 补定理，$\varepsilon-\bar{\omega}+\boldsymbol{x}_0^{\mathrm{T}}\boldsymbol{P}_1\boldsymbol{x}_0+\tilde{d}^2\leqslant 0$ 可写成

$$\begin{bmatrix} \varepsilon-\bar{\omega} & \boldsymbol{x}_0^{\mathrm{T}} & \boldsymbol{d}^{\mathrm{T}} \\ * & -\boldsymbol{P}^{-1} & 0 \\ * & * & -1 \end{bmatrix} \leqslant 0$$

上式同式(13.12)，即式(13.12) 等价于

$$\boldsymbol{x}_0^{\mathrm{T}}\boldsymbol{P}_1\boldsymbol{x}_0+\tilde{d}^2+\varepsilon\leqslant\bar{\omega} \tag{13.14}$$

显然，式(13.14)等价于式(13.10)，即闭环系统一致有界。

将式(13.13)两边都乘以 $\mathrm{diag}\{\boldsymbol{P}_1,\boldsymbol{I}_3\}$

$$\begin{bmatrix} \boldsymbol{P}_1 & \\ & \boldsymbol{I}_3 \end{bmatrix} \begin{bmatrix} k_0\boldsymbol{Q}_1 & \boldsymbol{0}_{2\times1} & \boldsymbol{0}_{2\times1} & \boldsymbol{R}_1^{\mathrm{T}} \\ * & k_0 & 0 & 1 \\ * & * & \dfrac{k_0}{D_1^2} & -1 \\ * & * & * & 1 \end{bmatrix} \begin{bmatrix} \boldsymbol{P}_1 & \\ & \boldsymbol{I}_3 \end{bmatrix} \geqslant 0$$

可得

$$\begin{bmatrix} k_0 \boldsymbol{P}_1 & \boldsymbol{0}_{2\times1} & \boldsymbol{0}_{2\times1} & \boldsymbol{R}_1^{\mathrm{T}} \\ * & k_0 & 0 & 1 \\ * & * & \dfrac{k_0}{D_1^2} & -1 \\ * & * & * & 1 \end{bmatrix} \geqslant 0$$

由于$\boldsymbol{P}=\begin{bmatrix} \boldsymbol{P}_1 & \boldsymbol{0} \\ \boldsymbol{0} & I \end{bmatrix}$，则上式变为

$$\begin{bmatrix} \gamma & * \\ K_u & \boldsymbol{I} \end{bmatrix} \geqslant 0 \tag{13.15}$$

其中$\gamma=k_0\begin{bmatrix} \boldsymbol{P} & \boldsymbol{0}_{2\times1} \\ * & D_1^{-2} \end{bmatrix}$，$\boldsymbol{K}_u=[\boldsymbol{K} \quad 1 \quad -1]$。

根据Schur补定理，式(13.15)等价为$\gamma-K_u^{\mathrm{T}}\boldsymbol{I}^{-1}K_u\geqslant 0$，即

$$K_u^{\mathrm{T}}K_u \leqslant k_0\gamma \tag{13.16}$$

定义$\xi_u=[\boldsymbol{x}^{\mathrm{T}} \quad \tilde{d} \quad d]^{\mathrm{T}}=[\xi^{\mathrm{T}} \quad d]^{\mathrm{T}}$，由于$\gamma=k_0\begin{bmatrix} \boldsymbol{P} & \boldsymbol{0}_{2\times1} \\ * & D_1^{-2} \end{bmatrix}$，则

$$u=\boldsymbol{K}\boldsymbol{x}-\hat{d}(t)=[\boldsymbol{K} \quad 1 \quad -1]\,[\boldsymbol{x}^{\mathrm{T}} \quad \tilde{d} \quad d]^{\mathrm{T}}=\boldsymbol{K}_{\mathrm{u}}\xi_{\mathrm{u}}$$

$$\xi_u^{\mathrm{T}}\gamma\xi_u \leqslant k_0(\xi^{\mathrm{T}}\boldsymbol{P}\xi+d^2D_1^{-2})$$

从而

$$\begin{aligned} |u|^2 &= u^{\mathrm{T}}u^{\mathrm{T}}=\xi_u^{\mathrm{T}}\boldsymbol{K}_u^{\mathrm{T}}\boldsymbol{K}_u\xi_u \leqslant k_0\xi_u^{\mathrm{T}}\gamma\xi_u \\ &\leqslant k_0\xi^{\mathrm{T}}\boldsymbol{P}\xi+d^2D_1^{-2} \leqslant k_0(V+1) \leqslant k_0(\bar{\omega}+1) \leqslant u_{\max}^2 \end{aligned} \tag{13.17}$$

即$|u|\leqslant u_{\max}$。

13.2.2 仿真实例

被控对象为式(13.1)，取$D_1=1.0$，$D_2=1.0$。由于扰动取$d(t)=\cos t$，观测器初始状态取$d(0)=[0]$，则$\tilde{d}(0)=1.0$。

需要注意的是，根据式$\varepsilon=\dfrac{1}{\alpha\sigma_1}D_2^2$和$V(0)+\varepsilon\leqslant\bar{\omega}$，需要取足够大的$\bar{\omega}$，可取$\bar{\omega}=2.0$。取$u_{\max}=10$，$\alpha=5.0$，$\sigma_1=10$。

采用LMI程序chap13_2LMI.m，求解LMI式(13.8)、式(13.11)～式(13.13)，MATLAB运行后显示有可行解，解为$\boldsymbol{K}=[-0.3851 \quad -0.1201]$，$\boldsymbol{K}_1=[0 \quad 1.885]$。

控制律仍采用式(13.2)，观测器采用式(13.3)，将求得的$\boldsymbol{K}$和$\boldsymbol{K}_1$代入控制器和观测器中，仿真结果如图13.4～图13.6所示。

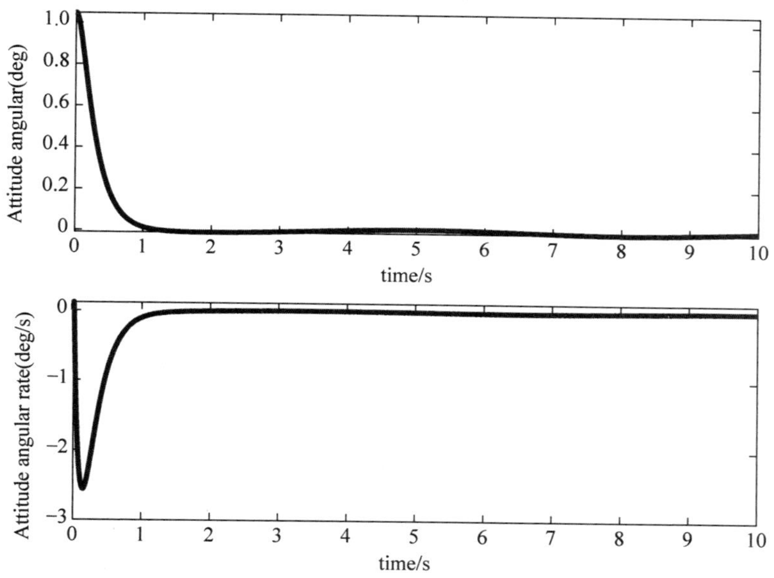

图 13.4 状态响应

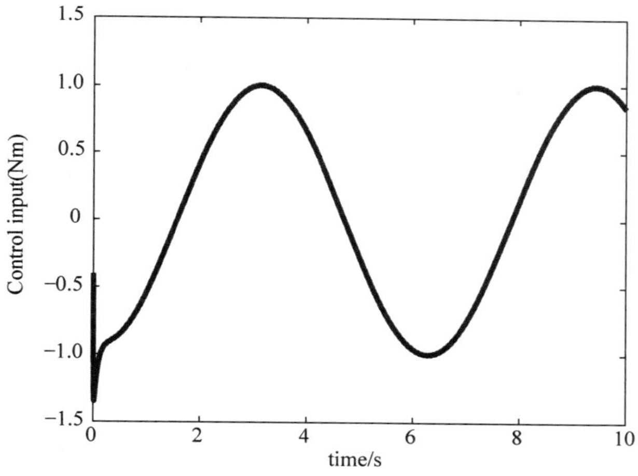

图 13.5 控制输入信号

仿真程序：

（1）LMI 不等式求 $\boldsymbol{K}$ 程序：chap13_2LMI. m

```
clear all;
close all;

A = [0 1;0 0];
B = [0;133];

K = sdpvar(1,2);
K1 = sdpvar(1,2);
K1(1) = 0;
```

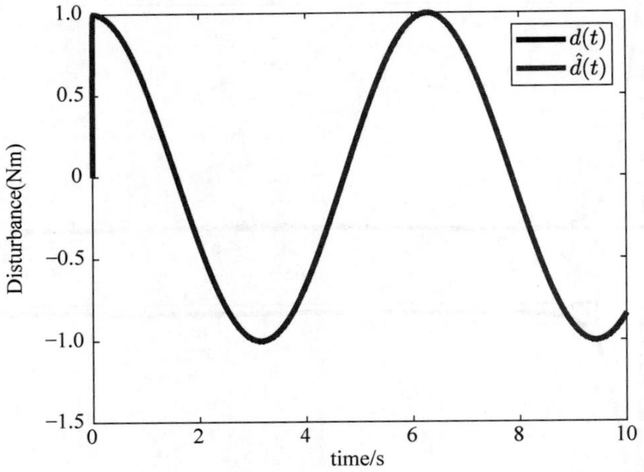

图 13.6 扰动及其观测结果

```
R1 = sdpvar(1,2);
P1 = sdpvar(2,2,'symmetric');
Q1 = sdpvar(2,2,'symmetric');

umax = 10;

alfa = 5;
x0 = [pi/3 0]';
de0 = 1.0;              % d(0) - dp(0)
rou1 = 10;
D1 = 1;D2 = 1;

epc = 1/(alfa * rou1) * D2^2;
w_bar = 2.0;
z0 = [0 0];

M1 = [A * Q1 + B * R1 + (A * Q1 + B * R1)' + alfa * Q1 B;B' - (K1 * B + (K1 * B)') + rou1 + alfa];
L1 = set(M1 <= 0);    % (13.8)

epc = 1/(alfa * rou1) * D2^2;
M2 = [epc - w_bar x0' de0;x0  - Q1 z0';de0 z0  - 1];
L2 = set(M2 <= 0);    % (13.12)

k0 = umax^2/(1 + w_bar);
M3 = [k0 * Q1 zeros(2) R1';0 0 k0 0 1; 0 0 0 k0/D1^2  - 1; R1 1  - 1 1];
L3 = set(M3 >= 0);    % (13.13)

L4 = set(Q1 > 0);     % (13.11)

L = L1 + L2 + L3 + L4;
solvesdp(L);

R1 = double(R1);
```

```
Q1 = double(Q1);
K1 = double(K1)
K = R1 * inv(Q1)
```

(2) Simulink 主程序：chap13_2sim.mdl

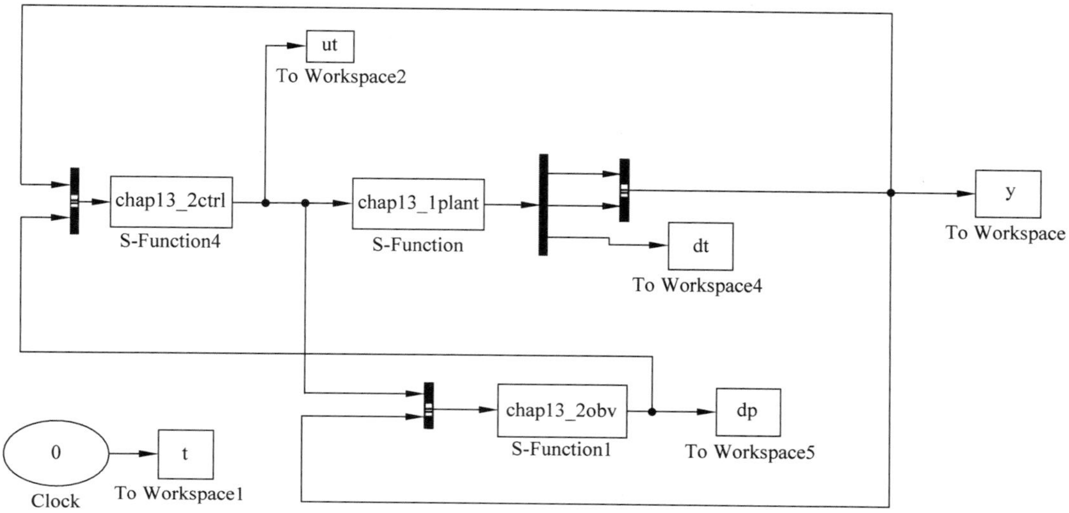

(3) 被控对象 S 函数：chap13_1plant.m

具体代码可参见 13.1.3 节 chap13_1plant.m 文件

(4) 控制器 S 函数：chap13_2ctrl.m

```
.function [sys,x0,str,ts] = s_function(t,x,u,flag)
switch flag,
case 0,
    [sys,x0,str,ts] = mdlInitializeSizes;
case 1,
    sys = mdlDerivatives(t,x,u);
case 3,
    sys = mdlOutputs(t,x,u);
case {1,2, 4, 9 }
    sys = [];
otherwise
    error(['Unhandled flag = ',num2str(flag)]);
end
function [sys,x0,str,ts] = mdlInitializeSizes
sizes = simsizes;
sizes.NumContStates = 0;
sizes.NumDiscStates = 0;
sizes.NumOutputs = 1;
sizes.NumInputs = 3;
sizes.DirFeedthrough = 1;
sizes.NumSampleTimes = 1;
sys = simsizes(sizes);
x0 = [];
str = [];
```

```
ts = [0 0];
function sys = mdlOutputs(t,x,u)
th = u(1);
dth = u(2);
dp = u(3);
X = [th dth]';

% From LMI
K = [ - 0.3851  - 0.1201];
ut = K * X - dp;

sys(1) = ut;
```

(5) 观测器 S 函数：chap13_2obv.m

```
function [sys,x0,str,ts] =  NDO(t,x,u,flag)
switch flag,
case 0,
    [sys,x0,str,ts] = mdlInitializeSizes;
case 1,
    sys = mdlDerivatives(t,x,u);
case 3,
    sys = mdlOutputs(t,x,u);
case {2, 4, 9 }
    sys  =  [];
otherwise
    error(['Unhandled flag = ',num2str(flag)]);
end
function [sys,x0,str,ts] = mdlInitializeSizes
sizes  =  simsizes;
sizes.NumContStates  =  1;
sizes.NumDiscStates  =  0;
sizes.NumOutputs  =  1;
sizes.NumInputs  =  3;
sizes.DirFeedthrough  =  1;
sizes.NumSampleTimes  =  0;
sys = simsizes(sizes);
x0 = [0];
str = [];
ts = [];
function sys = mdlDerivatives(t,x,u)
ut = u(1);
th = u(2);
dth = u(3);
z = x(1);
X = [th dth]';

A = [0 1;0 0];
B = [0;133];

K1  = [0 1.8850];        % From LMI
```

```
dp = z + K1 * X;
dz = - K1 * (A * X + B * (ut + dp));
sys(1) = dz;
function sys = mdlOutputs(t,x,u)
th = u(2);
dth = u(3);
z = x(1);
X = [th dth]';
K1  = [0 1.8850];      % From LMI

dp = z + K1 * X;
sys(1) = dp;
```

(6) 作图程序：chap13_2plot.m

```
close all
figure(1);
subplot(211);
plot(t,y(:,1),'b','linewidth',2);
xlabel('Time(s)');ylabel('Attitude angular(deg)');
subplot(212);
plot(t,y(:,2),'b','linewidth',2);
xlabel('Time(s)');ylabel('Attitude angular rate(deg/s)');

figure(2);
plot(t,ut,'b','linewidth',2);
xlabel('Time(s)');ylabel('Control input(Nm)');

figure(3);
plot(t,dt,'k',t,dp,'r','linewidth',2);
h = legend('$ d(t) $','$ \hat{d}(t) $');
set(h,'Interpreter','latex','fontsize',14')
xlabel('time(s)');ylabel('Disturbance(Nm)');
```

13.3 基于扰动观测器的输入及其变化率受限的控制算法 LMI 设计

13.3.1 控制器的设计与分析

在 13.1 节和 13.2 节的 4 个 LMI 基础上，为了同时实现控制输入及其变化率受限，设计如下 LMI 算法。

定理 13.3 对于 $\alpha>0,\sigma_1>0$，存在 $\boldsymbol{Q}_1>0,\boldsymbol{P}_1>0$，如果满足如下不等式

$$\begin{bmatrix} k_1\boldsymbol{Q}_1 & * \\ \boldsymbol{AQ}_1+\boldsymbol{BR}_1 & \boldsymbol{Q}_1 \end{bmatrix} \geqslant 0 \tag{13.18}$$

$$\begin{bmatrix} \dfrac{k_2}{2} & * & * \\ \boldsymbol{B} & k_0\boldsymbol{Q}_1 & * \\ \boldsymbol{K}_1\boldsymbol{B}_1 & \boldsymbol{0}_{2\times 1} & 1 \end{bmatrix} \geqslant 0 \tag{13.19}$$

其中，$k_0=(\bar{\omega}+1)^{-1}u_{\max}^2$，$k_1=(\bar{\omega}+1)\dfrac{v_{\max}^2}{2u_{\max}^2\bar{\omega}}$，$k_2=\dfrac{v_{\max}^2}{2\bar{\omega}}$。

则 $|\dot{u}|\leqslant v_{\max}$。

证明：

针对式(13.18)，将其左右两边都乘以 $\begin{bmatrix}\boldsymbol{P}_1 & 0\\ 0 & \boldsymbol{I}_2\end{bmatrix}$，可得

$$\begin{bmatrix}\boldsymbol{P}_1 & \\ & \boldsymbol{I}_2\end{bmatrix}\begin{bmatrix}k_1\boldsymbol{Q}_1 & *\\ \boldsymbol{AQ}_1+\boldsymbol{BR}_1 & \boldsymbol{Q}_1\end{bmatrix}\begin{bmatrix}\boldsymbol{P}_1 & \\ & \boldsymbol{I}_2\end{bmatrix}=\begin{bmatrix}k_1\boldsymbol{P}_1\boldsymbol{Q}_1 & \boldsymbol{P}_1(\boldsymbol{AQ}_1+\boldsymbol{BR}_1)^{\mathrm{T}}\\ \boldsymbol{AQ}_1+\boldsymbol{BR}_1 & \boldsymbol{Q}_1\end{bmatrix}\begin{bmatrix}\boldsymbol{P}_1 & \\ & \boldsymbol{I}_2\end{bmatrix}$$

$$=\begin{bmatrix}k_1\boldsymbol{P}_1 & *\\ \boldsymbol{A}+\boldsymbol{BK} & \boldsymbol{P}_1^{-1}\end{bmatrix}\geqslant 0$$

其中，$\boldsymbol{P}_1(\boldsymbol{AQ}_1+\boldsymbol{BR}_1)^{\mathrm{T}}=\boldsymbol{A}^{\mathrm{T}}+\boldsymbol{K}^{\mathrm{T}}\boldsymbol{B}^{\mathrm{T}}=(\boldsymbol{A}+\boldsymbol{BK})^{\mathrm{T}}$。

从而可得

$$\begin{bmatrix}k_1\boldsymbol{P}_1 & *\\ \boldsymbol{A}+\boldsymbol{BK} & \boldsymbol{P}_1^{-1}\end{bmatrix}\geqslant 0 \tag{13.20}$$

根据 Schur 补定理，式(13.20)可写为

$$k_1\boldsymbol{P}_1-(\boldsymbol{A}+\boldsymbol{BK})^{\mathrm{T}}\boldsymbol{P}_1(\boldsymbol{A}+\boldsymbol{BK})\geqslant 0 \tag{13.21}$$

针对式(13.19)，根据 Schur 补定理，其子式 $\begin{bmatrix}\dfrac{k_2}{2} & *\\ \boldsymbol{B} & k_0\boldsymbol{Q}_1\end{bmatrix}$ 可写为

$$\frac{k_2}{2}-\boldsymbol{B}^{\mathrm{T}}(k_0\boldsymbol{Q}_1)^{-1}\boldsymbol{B}\geqslant 0$$

从而根据 Schur 补定理，式(13.19)等价于

$$\left[\frac{k_2}{2}-\boldsymbol{B}^{\mathrm{T}}(k_0\boldsymbol{Q}_1)^{-1}\boldsymbol{B}\right]-(\boldsymbol{K}_1\boldsymbol{B}_1)^{\mathrm{T}}\boldsymbol{K}_1\boldsymbol{B}_1\geqslant 0$$

即

$$k_0\boldsymbol{B}^{\mathrm{T}}\boldsymbol{P}_1\boldsymbol{B}+\boldsymbol{B}^{\mathrm{T}}\boldsymbol{K}_1^{\mathrm{T}}\boldsymbol{K}_1\boldsymbol{B}\leqslant\frac{k_2}{2} \tag{13.22}$$

由于 $-(\boldsymbol{KB})^{\mathrm{T}}\boldsymbol{K}_1\boldsymbol{B}-(\boldsymbol{K}_1\boldsymbol{B})^{\mathrm{T}}\boldsymbol{KB}=-2(\boldsymbol{KB})^{\mathrm{T}}\boldsymbol{K}_1\boldsymbol{B}\leqslant(\boldsymbol{KB})^{\mathrm{T}}\boldsymbol{KB}+(\boldsymbol{K}_1\boldsymbol{B})^{\mathrm{T}}\boldsymbol{K}_1\boldsymbol{B}$，$\boldsymbol{K}^{\mathrm{T}}\boldsymbol{K}\leqslant k_0\boldsymbol{P}_1$，则

$$\begin{aligned}(\boldsymbol{KB}-\boldsymbol{K}_1\boldsymbol{B})^{\mathrm{T}}(\boldsymbol{KB}-\boldsymbol{K}_1\boldsymbol{B})&=(\boldsymbol{KB})^{\mathrm{T}}\boldsymbol{KB}+(\boldsymbol{K}_1\boldsymbol{B})^{\mathrm{T}}\boldsymbol{K}_1\boldsymbol{B}-(\boldsymbol{KB})^{\mathrm{T}}\boldsymbol{K}_1\boldsymbol{B}-(\boldsymbol{K}_1\boldsymbol{B})^{\mathrm{T}}\boldsymbol{KB}\\&\leqslant(\boldsymbol{KB})^{\mathrm{T}}\boldsymbol{KB}+(\boldsymbol{K}_1\boldsymbol{B})^{\mathrm{T}}\boldsymbol{K}_1\boldsymbol{B}+(\boldsymbol{KB})^{\mathrm{T}}\boldsymbol{KB}+(\boldsymbol{K}_1\boldsymbol{B})^{\mathrm{T}}\boldsymbol{K}_1\boldsymbol{B}\\&=2(\boldsymbol{KB})^{\mathrm{T}}\boldsymbol{KB}+2(\boldsymbol{K}_1\boldsymbol{B})^{\mathrm{T}}\boldsymbol{K}_1\boldsymbol{B}\leqslant 2k_0\boldsymbol{B}^{\mathrm{T}}\boldsymbol{P}_1\boldsymbol{B}+2(\boldsymbol{K}_1\boldsymbol{B})^{\mathrm{T}}\boldsymbol{K}_1\boldsymbol{B}\\&=k_2\end{aligned}$$

即

$$(\boldsymbol{KB}-\boldsymbol{K}_1\boldsymbol{B})^{\mathrm{T}}(\boldsymbol{KB}-\boldsymbol{K}_1\boldsymbol{B})\leqslant k_2 \tag{13.23}$$

根据 $\dot{\hat{d}}=\boldsymbol{K}_1\boldsymbol{B}\tilde{d}$，可得

$$\dot{u}=\boldsymbol{K}\dot{\boldsymbol{x}}-\dot{\hat{d}}=\boldsymbol{K}[\boldsymbol{A}\boldsymbol{x}+\boldsymbol{B}(u+d)]-\boldsymbol{K}_1\boldsymbol{B}\tilde{d}$$
$$=\boldsymbol{K}[\boldsymbol{A}\boldsymbol{x}+\boldsymbol{B}(\boldsymbol{K}\boldsymbol{x}-\hat{d}+d)]-\boldsymbol{K}_1\boldsymbol{B}\tilde{d}$$

即

$$\dot{u}=\boldsymbol{K}(\boldsymbol{A}+\boldsymbol{B}\boldsymbol{K})\boldsymbol{x}(t)+(\boldsymbol{K}\boldsymbol{B}-\boldsymbol{K}_1\boldsymbol{B})\tilde{d}(t)\tag{13.24}$$

则根据式(13.22)～式(13.24)，并采用引理 $\phi_1\phi_2\leqslant\frac{1}{2}\phi_1^2+\frac{1}{2}\phi_2^2$，可得

$$\begin{aligned}|\dot{u}|^2&=\dot{u}^{\mathrm{T}}\dot{u}^{\mathrm{T}}\\&=[\boldsymbol{K}(\boldsymbol{A}+\boldsymbol{B}\boldsymbol{K})\boldsymbol{x}(t)+(\boldsymbol{K}\boldsymbol{B}-\boldsymbol{K}_1\boldsymbol{B})\tilde{d}(t)]^{\mathrm{T}}[\boldsymbol{K}(\boldsymbol{A}+\boldsymbol{B}\boldsymbol{K})\boldsymbol{x}(t)+(\boldsymbol{K}\boldsymbol{B}-\boldsymbol{K}_1\boldsymbol{B})\tilde{d}(t)]^{\mathrm{T}}\\&\leqslant 2\boldsymbol{x}^{\mathrm{T}}(\boldsymbol{A}+\boldsymbol{B}\boldsymbol{K})^{\mathrm{T}}\boldsymbol{K}^{\mathrm{T}}\boldsymbol{K}(\boldsymbol{A}+\boldsymbol{B}\boldsymbol{K})\boldsymbol{x}+2\tilde{d}^{\mathrm{T}}(\boldsymbol{K}\boldsymbol{B}-\boldsymbol{K}_1\boldsymbol{B})^{\mathrm{T}}(\boldsymbol{K}\boldsymbol{B}-\boldsymbol{K}_1\boldsymbol{B})\tilde{d}\end{aligned}$$

根据 $\boldsymbol{K}^{\mathrm{T}}\boldsymbol{K}\leqslant k_0\boldsymbol{P}_1$、式(13.21)和式(13.23)，可得

$$|\dot{u}|^2\leqslant 2k_0k_1\boldsymbol{x}^{\mathrm{T}}\boldsymbol{P}_1\boldsymbol{x}+2k_2\tilde{d}^{\mathrm{T}}\tilde{d}\leqslant v_{\max}^2\bar{\omega}^{-1}(\boldsymbol{x}^{\mathrm{T}}\boldsymbol{P}_1\boldsymbol{x}+\tilde{d}^{\mathrm{T}}\tilde{d})=v_{\max}^2\bar{\omega}^{-1}V\leqslant v_{\max}^2$$

即 $|\dot{u}|\leqslant v_{\max}$。

13.3.2 仿真实例

被控对象为式(13.1)，同13.2节的仿真实例，取 $D_1=1.0$，$D_2=1.0$，$\tilde{d}(0)=1.0$，$\bar{\omega}=2.0$。

取 $u_{\max}=100$，$v_{\max}=100$，$\alpha=15$，$\sigma_1=1.0$，$\bar{\omega}=2.0$，采用LMI程序chap13_3LMI.m，求解LMI式(13.8)、式(13.11)、式(13.12)、式(13.13)、式(13.18)、式(13.19)，MATLAB运行后显示有可行解，解为 $\boldsymbol{K}=[-3.1415\quad -0.3875]$，$\boldsymbol{K}_1=[0\quad 0.1844]$。

控制律采用式(13.2)，观测器采用式(13.3)，将求得的 $\boldsymbol{K}$ 和 $\boldsymbol{K}_1$ 代入控制器和观测器中，仿真结果如图13.7～图13.9所示。

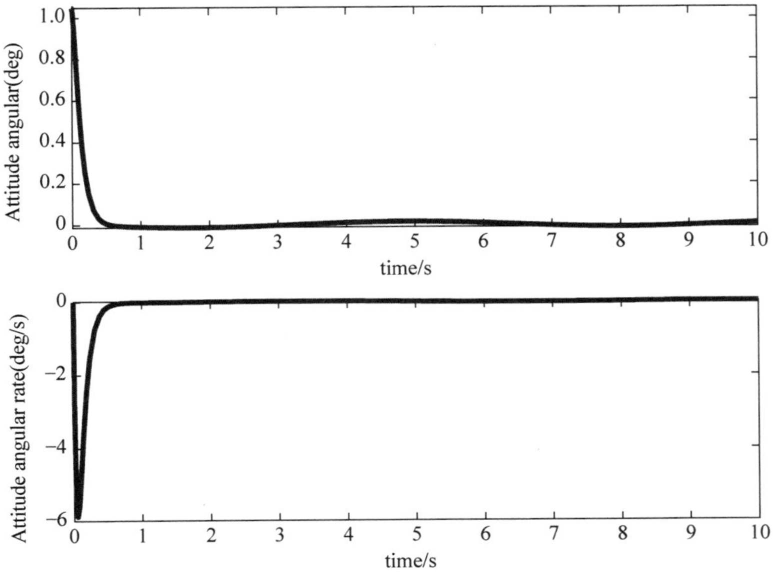

图13.7 状态响应

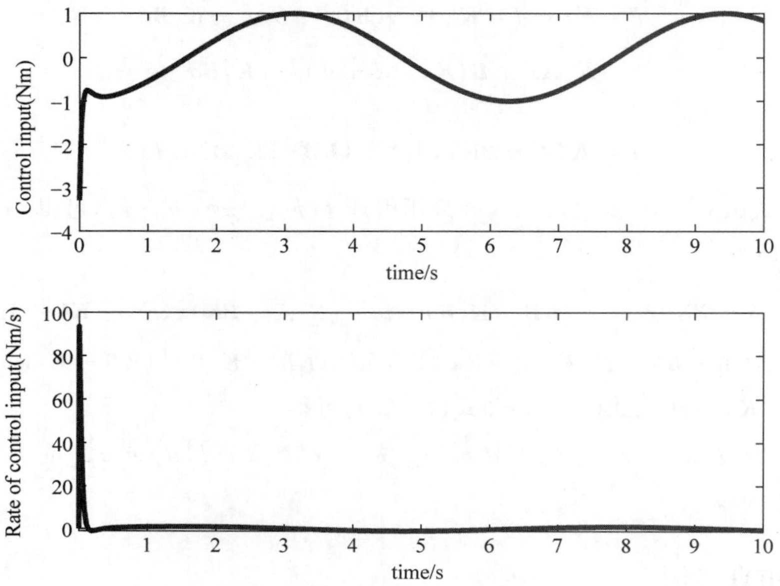

图 13.8　控制输入及其变化率信号

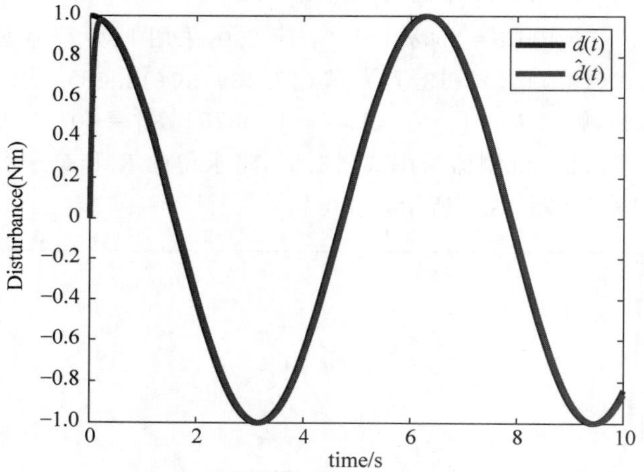

图 13.9　扰动及其观测结果

仿真程序：

(1) LMI 不等式求 ***K*** 程序：chap13_3LMI. m

```
clear all;
close all;

A = [0 1;0 0];
B = [0;133];

K = sdpvar(1,2);
K1 = sdpvar(1,2);
```

```
K1(1) = 0;
R1 = sdpvar(1,2);
P1 = sdpvar(2,2,'symmetric');
Q1 = sdpvar(2,2,'symmetric');

umax = 100;vmax = 100;                              % Important

alfa = 15;
x0 = [pi/3 0]';
de0 = 1;

rou1 = 1.0;
D1 = 1.0;D2 = 1.0;

epc = 1/(alfa * rou1) * D2^2;
w_bar = 2.0;

z0 = [0 0];

M1 = [A * Q1 + B * R1 + (A * Q1 + B * R1)' + alfa * Q1 B;B' - (K1 * B + (K1 * B)') + rou1 + alfa];
L1 = set(M1 <= 0);                                  % (13.8)

epc = 1/(alfa * rou1) * D2^2;
M2 = [epc - w_bar x0' de0;x0 - Q1 z0';de0 z0 - 1];  % (13.12)
L2 = set(M2 <= 0);

k0 = umax^2/(1 + w_bar);
M3 = [k0 * Q1 zeros(2) R1';0 0 k0 0 1; 0 0 0 k0/D1^2 - 1; R1 1 - 1 1];
L3 = set(M3 >= 0);                                  % (13.13)

k1 = (w_bar + 1) * vmax^2/(2 * umax^2 * w_bar);
M4 = [k1 * Q1 (A * Q1 + B * R1)';A * Q1 + B * R1 Q1]; % (13.18)
L4 = set(M3 >= 0);

k2 = vmax^2/(2 * w_bar);
M5 = [k2/2 B' (K1 * B)';B k0 * Q1 z0';K1 * B z0 1]; % (13.19)
L5 = set(M5 >= 0);

L6 = set(Q1 > 0);                                   % (13.11)

L = L1 + L2 + L3 + L4 + L5 + L6;
solvesdp(L);


R1 = double(R1);
Q1 = double(Q1);
K1 = double(K1)
K = R1 * inv(Q1)
```

（2）Simulink 主程序：chap13_3sim. mdl

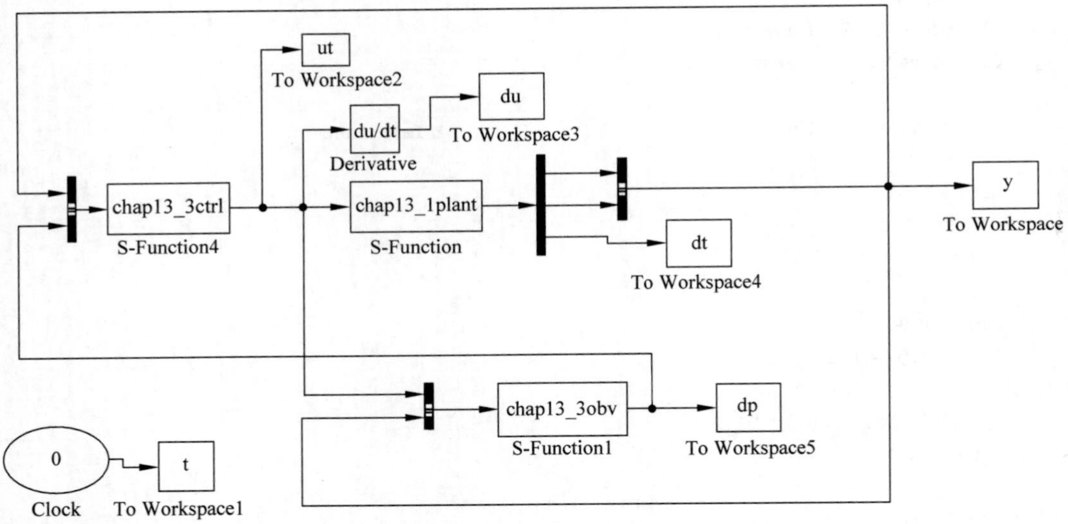

（3）被控对象 S 函数：chap13_1plant. m

具体代码可参见 13. 1. 3 节的 chap13_1plant. m 文件。

（4）控制器 S 函数：chap13_3ctrl. m

```
function [sys,x0,str,ts] = s_function(t,x,u,flag)
switch flag,
case 0,
    [sys,x0,str,ts] = mdlInitializeSizes;
case 1,
    sys = mdlDerivatives(t,x,u);
case 3,
    sys = mdlOutputs(t,x,u);
case {1,2, 4, 9 }
    sys = [];
otherwise
    error(['Unhandled flag = ',num2str(flag)]);
end
function [sys,x0,str,ts] = mdlInitializeSizes
sizes = simsizes;
sizes.NumContStates = 0;
sizes.NumDiscStates = 0;
sizes.NumOutputs = 1;
sizes.NumInputs = 3;
sizes.DirFeedthrough = 1;
sizes.NumSampleTimes = 1;
sys = simsizes(sizes);
x0 = [];
str = [];
ts = [0 0];
function sys = mdlOutputs(t,x,u)
th = u(1);
```

```
dth = u(2);
dp = u(3);
X = [th dth]';

 % From LMI
K = [ - 3.1415  - 0.3875];
ut = K * X - dp;

sys(1) = ut;
```

(5) 观测器 S 函数：chap13_3obv.m

```
function [sys,x0,str,ts] =  NDO(t,x,u,flag)
switch flag,
case 0,
    [sys,x0,str,ts] = mdlInitializeSizes;
case 1,
    sys = mdlDerivatives(t,x,u);
case 3,
    sys = mdlOutputs(t,x,u);
case {2, 4, 9 }
    sys = [];
otherwise
    error(['Unhandled flag = ',num2str(flag)]);
end
function [sys,x0,str,ts] = mdlInitializeSizes
sizes = simsizes;
sizes.NumContStates = 1;
sizes.NumDiscStates = 0;
sizes.NumOutputs = 1;
sizes.NumInputs = 3;
sizes.DirFeedthrough = 1;
sizes.NumSampleTimes = 0;
sys = simsizes(sizes);
x0 = [0];
str = [];
ts = [];
function sys = mdlDerivatives(t,x,u)
ut = u(1);
th = u(2);
dth = u(3);
z = x(1);
X = [th dth]';

A = [0 1;0 0];
B = [0;133];

K1  = [0 0.1844];                                  % From LMI

dp = z + K1 * X;
dz = - K1 * (A * X + B * (ut + dp));
```

```
sys(1) = dz;
function sys = mdlOutputs(t,x,u)
th = u(2);
dth = u(3);
z = x(1);
X = [th dth]';
K1  = [0 0.1844];                                  % From LMI

dp = z + K1 * X;
sys(1) = dp;
```

(6) 作图程序：chap13_3plot. m

```
close all
figure(1);
subplot(211);
plot(t,y(:,1),'b','linewidth',2);
xlabel('Time(s)');ylabel('Attitude angular(deg)');
subplot(212);
plot(t,y(:,2),'b','linewidth',2);
xlabel('Time(s)');ylabel('Attitude angular rate(deg/s)');

figure(2);
subplot(211);
plot(t,ut,'b','linewidth',2);
xlabel('Time(s)');ylabel('Control input(Nm)');
subplot(212);
plot(t,du,'b','linewidth',2);
xlabel('time(s)');ylabel('Rate of control input(Nm/s)');

figure(3);
plot(t,dt,'k',t,dp,'r','linewidth',2);
h = legend('$d(t)$','$\hat{d}(t)$');
set(h,'Interpreter','latex','fontsize',14')
xlabel('time(s)');ylabel('Disturbance(Nm)');
```

参考文献

[1] Liu Zhijie，Liu Jinkun，Wang Lijun. Disturbance observer based attitude control for flexible spacecraft with input magnitude and rate constraints[J]. Aerospace Science and Technology，2018，72：486-492.

图书资源支持

感谢您一直以来对清华大学出版社图书的支持和爱护。为了配合本书的使用，本书提供配套的资源，有需求的读者请扫描下方的“书圈”微信公众号二维码，在图书专区下载，也可以拨打电话或发送电子邮件咨询。

如果您在使用本书的过程中遇到了什么问题，或者有相关图书出版计划，也请您发邮件告诉我们，以便我们更好地为您服务。

我们的联系方式：

地　　址：北京市海淀区双清路学研大厦 A 座 701

邮　　编：100084

电　　话：010-83470236　010-83470237

资源下载：http://www.tup.com.cn

客服邮箱：tupjsj@vip.163.com

QQ：2301891038（请写明您的单位和姓名）

教学资源・教学样书・新书信息

人工智能科学与技术
人工智能|电子通信|自动控制

资料下载・样书申请

书圈

用微信扫一扫右边的二维码，即可关注清华大学出版社公众号。